Biologische Arbeitsbücher 28

Gerd Brucker / Rainer Flindt / Konrad Kunsch

Biologisch-ökologische Techniken

2., überarbeitete Auflage 1995

Quelle & Meyer Verlag Heidelberg · Wiesbaden

Dr. Gerd Brucker
Prof. Dr. Rainer Flindt
Prof. Dr. Konrad Kunsch
Pädagogische Hochschule
Fachbereich Biologie
Reutteallee 46
71634 Ludwigsburg

Die Deutsche Bibliothek - CIP-Einheitsaufnahme

Brucker, Gerd:
Biologisch-ökologische Techniken / Gerd Brucker/Rainer Flindt/Konrad Kunsch. - 2., überarb. Aufl. - Wiesbaden : Quelle und Meyer, 1995
(Biologische Arbeitsbücher ; 28)
1. Aufl. u.d.T.: Brucker, Gerd: Biologische Techniken
ISBN 3-494-01218-0
NE: Flindt, Rainer:; Kunsch, Konrad:; GT

Die 1. Auflage erschien unter dem Titel „Biologische Techniken".

Die im Text genannten Firmen, Geräte und Chemikalien sind nur beispielhaft genannt und beruhen auf Erfahrungswerten der Autoren. Geschützte Warennamen (Warenzeichen) werden *nicht* besonders kenntlich gemacht. Aus dem Fehlen eines solchen Hinweises kann also nicht geschlossen werden, daß es sich um einen freien Warennamen handelt.

Zeichnungen: Peter Lübke, Offersheim, und die Autoren
Einbandgestaltung: Klaus Neumann, Wiesbaden
Druck und Bindung: Druckhaus Thomas Müntzer, Bad Langensalza/Thüringen
Printed in Germany/Imprimé en Allemagne

ISBN 3-494-01218-0

Vorwort

Von den meisten Rezensenten der 1. Auflage sind wir darin bestärkt worden, Auswahl der Inhalte und Art der Bearbeitung im großen und ganzen wie bisher zu belassen.

Natürlich könnte eine solche Sammlung von Anleitungen um sehr viele spezielle Arbeitstechniken erweitert werden. Dies würde aber schon bald den Rahmen als auch die Gestaltung eines solchen Buches sprengen. Interessierte an derartig speziellen Techniken müssen auch weiterhin auf Spezialliteratur verwiesen werden. Dies gilt besonders auch für die Mehrzahl der in der Biologie neu entstehenden Arbeitsweisen, die durch Computer oder Datenbanken unterstützt werden. Lediglich auf die Bildverarbeitung ist diesbezüglich in dieser Auflage eingegangen worden. Dafür ist das Kapitel über die Fotografie gekürzt worden.

Dort, wo neue Erkenntnisse zu Veränderungen in den Arbeitstechniken oder der Auswertung der gewonnenen Daten geführt haben, ist dies berücksichtigt worden, so z. B. bei der biologischen Beurteilung der Gewässergüte und der ökologischen Bewertung von Flächen. Schließlich wurde den seit der ersten Auflage veränderten natur- und tierschutzrechtlichen Bestimmungen Rechnung getragen.

Ludwigsburg, Frühjahr 1995 — Die Verfasser

Aus dem Vorwort zur 1. Auflage

Es ist kein einfaches Unterfangen, ein Arbeitsbuch über biologische Techniken zu verfassen, das die Bedürfnisse einer breiten Leserschaft berücksichtigt. Dennoch erschien es uns wichtig, eine repräsentative Auswahl von Techniken und Themenbereichen aufzunehmen, die in der täglichen schulischen Praxis, bei Naturfreunden und Studenten gefragt sind. Selbst die aufwendigeren mikrotechnischen Verfahren bereiten in gut ausgestatteten Schulen keine Schwierigkeiten.

Ludwigsburg, im März 1979 — Die Verfasser

Inhaltsverzeichnis

Artenschutz, Biotopschutz, internationale Verpflichtungen

Ein Buch über biologische Techniken und Arbeitsweisen hat die Aufgabe, die Natur nicht als unbegrenzten Schatz zur Anfertigung von Naturpräparaten, Anschauungsmaterial und Ausstellungsgegenständen zu propagieren, sondern vor allem auch auf die Probleme der rapiden Veränderung auf dieser Erde hinzuweisen. Über 50 % des Gesamtartenbestandes wurden in den letzten Jahrzehnten ausgerottet oder der Ausrottung näher gebracht, so daß keine optimistische Grundstimmung aufkommen kann. Im Gegenteil; der Prozeß wird zunehmend beschleunigt. Viele Schutzbemühungen in speziellen Biotopen von Hochschul-, Schul- und naturnahen privaten Gärten erscheinen wie ein Tropfen auf dem heißen Stein. Wenn in diesem Band Ermittlungen und Erhebungen durchgeführt werden, so dienen diese ausschließlich bestimmten Zielen für den Erhalt von Arten und Lebensräumen. Reinen Sammeltechniken mit dem Preis vieler getöteter Tiere oder gepreßter Pflanzen zum Zwecke der privaten Bereicherung soll in diesem Buch nicht Vorschub geleistet werden. Wohl aber soll dem Interessierten, der tote, gespritzte oder massenhaft auftretende Tiere, die man leider immer noch als „Schädlinge" und nicht als Indikatoren für Landschaftsveränderungen bezeichnet, findet, eine sachgerechte Bearbeitung angeboten werden. Auch dem Fachmann, der zur Dokumentation Populationen ermitteln und bestimmte Dominanzverhältnisse herausfinden möchte, werden entsprechende Hilfen – wohlgemerkt als Dokumentationshilfen für Schutzbemühungen – angeboten.

Dazu sind jedoch bei allem wohlwollenden Bemühen gegenüber den Lebensräumen und ihren Organismen die gesetzlichen Bestimmungen einzuhalten, denn Arten- und Biotopschutz bedeuten auch für uns, die wir die Natur allzu intensiv nutzen, Lebensqualität und Verantwortung gegenüber den kommenden Generationen.

Jeglicher Fang mit Tötung von Tieren ist grundsätzlich nach dem **Bundesnaturschutzgesetz** vom 20. Dez. 1976 verboten. § 21,2 lautet: „Es ist verboten, wildlebende Tiere mutwillig zu beunruhigen oder ohne vernünftigen Grund zu fangen, zu verletzen oder zu töten." § 22 (2), 2 ergänzt: „Es ist verboten, Tieren der besonders geschützten Arten nachzustellen, sie zu fangen, zu verletzen, zu töten und ihre Eier, Larven, Puppen oder sonstige Entwicklungsformen wegzunehmen, zu zerstören oder zu beschädigen."

In der Verordnung zum Schutz wildlebender Tiere und Pflanzenarten (**Bundesartenschutzverordnung** vom 19. Dez. 1986) sind besonders geschützte Arten aufgelistet. Dazu gehören z. B. alle heimischen Libellenarten, so weit sie nicht ohnedies als vom Aussterben bedrohte Arten gesondert aufgelistet sind. Das gleiche gilt zum Beispiel für alle Großlaufkäfer (*Carabus* spp.), alle heimischen Bienen und Hummelarten und sehr viele Tag- und Nachtfalterarten. Daher bedürfen alle, auch alle wissenschaftlichen, mit Tierfang u. ä. verbundenen Aktionen bzw. Forschungsprogramme unbedingt einer Genehmigung bzw. Absprache mit der jeweiligen zuständigen Naturschutzbehörde. Genehmigungen können nach § 13 BArtSchV erteilt werden. Es heißt dort im Abs. 3,3: „Die nach Landesrecht zuständige Behörde kann im Einzelfall weitere Ausnahmen von den Verboten des Abs. 1 zulassen, soweit dies für Zwecke der Forschung oder Lehre oder zur Nachzucht für einen dieser Zwecke erforderlich ist, ...". Der Antrag auf Genehmigung muß begründet werden und sollte frühzeitig gestellt werden, da die Entscheidung häufig länger dauert.

Nationale Vorschriften: Bundesnaturschutzgesetz vom 20.12.1976 in der Fassung vom 12.03.1987; Biotopschutzgesetz vom 19. November 1991; Bundesartenschutzverordnung vom 19.12.1986; Tierschutzgesetz vom 24.07.1972 in der Fassung vom 18.08.1986; Bundesjagdgesetz in der Fassung vom 29.09.1976; Bundeswildschutzverordnung vom 25.10.1985.

Gemäß dem förderativen Aufbau der Bundesrepublik Deutschland obliegt die Ausgestaltung der vom Bund erlassenen Bundesgesetze für den Naturschutz und den Jagdbereich den Bundesländern. Diese erstellen daher im Rahmen der Ermächtigungsgrundlage eigene Vorschriften. Die jeweiligen Sonderbestimmungen der einzelnen Länder übersteigen jedoch den Rahmen einer Einführung; es soll daher an dieser Stelle auf eine ausführliche Erläuterung verzichtet werden. Wegen der besonderen Bedeutung für den Artenschutz wird lediglich auf das Naturschutzrecht, das Tierschutzgesetz und das Jagdrecht näher eingegangen.

Das **Naturschutzgesetz** berücksichtigt im Gegensatz zum Tierschutzgesetz wildlebende Tiere und darüber hinaus die wildwachsenden Pflanzen. Das Bundesnaturschutzgesetz dient der Verwirklichung der Ziele des Naturschutzes **und** der Landschaftspflege, wie beispielsweise der Erhaltung der Leistungsfähigkeit des Naturhaushaltes, der Nutzungsfähigkeit der Naturgüter, der Pflanzen- und Tierwelt sowie der Vielfalt, Eigenart und Schönheit von Natur und Landschaft als Lebensgrundlage des Menschen.

Die **Bundesartenschutzverordnung** stellt einheimische und auch nicht heimische Tier- und Pflanzenarten unter besonderen Schutz. Damit setzt die Bundesrepublik Deutschland durch die Unterzeichnung und Ratifizierung internationale Artenschutzabkommen wie beispielsweise die EG-Vogelschutzrichtlinie in nationales Recht um. In der Bundesartenschutzverordnung werden die besonders geschützten Arten aufgelistet und die vom Aussterben bedrohten Arten unter den besonders geschützten Arten besonders gekennzeichnet.

Biotopschutzgesetze der Bundesländer versuchen, die Gesetzeslücken zu überbrücken, die dadurch gegeben sind, daß Naturschutzgebiete und Naturdenkmale durch Einzelverordnungen meist mühsam gegen rechtliche Widerstände und unter erheblichem Zeitaufwand durchgesetzt werden müssen.

Oft werden immer noch wertvolle Flächen in Unkenntnis – aber auch in voller Kenntnis – zerstört oder umgenutzt. Solche Handlungen können von der Naturschutzverwaltung auch im Randbereich geschützter Biotope untersagt werden.

Allerdings werden diese Gesetze dadurch unterlaufen, daß selbst ehemalige Umweltminister die Nutzungs- und Schutzverantwortung vollständig in die Hände der Gemeinden und Städte delegieren wollen, der Staat sich somit seiner konkreten Verantwortung entzieht. Nicht zuletzt aus diesem Grund werden in diesem Buch Erfassungs- und Ermittlungstechniken praxisnah vorgestellt, damit Dokumentationen für engagierte Arbeitsgruppen möglich werden, die dann wiederum die Analyse politischer Aktivitäten und Schutzkonzepte ermöglichen. Die meisten Länder der Bundesrepublik haben die folgenden Biotoptypen als besonders schutzwürdig herausgestellt:

Moore, Sümpfe, naturnahe Bruchwälder, naturnahe Sumpfwälder, naturnahe Auwälder, Streuwiesen, Röhrichtbestände und Riede, Seggen- und binsenreiche Naßwiesen, naturnahe und unverbaute Bach- und Flußabschnitte einschließlich der Ufervegetation, Altarme fließender Gewässer einschließlich der Ufervegetation, Hülen und Tümpel einschließlich der Ufervegetation, Quellbereiche, Verlandungsbereiche stehender Gewässer, naturnahe Uferbereiche und naturnahe Bereiche der Flachwasserzonen der Seen, offene Binnendünen, Zwergstrauchheiden, Wachholderheiden, Trockenrasen, Magerrasen, Gebüsche und naturnahe Wälder trockenwarmer Standorte einschließlich ihrer Staudensäume, offene Felsbildungen, offene natürliche Block- und Geröllhalden, Höhlen, Dolinen, Feldhecken und Feldgehölze, Hohlwege, Trockenmauern, Steinriegel.

Im Rahmen des Individualschutzes bezweckt das **Tierschutzgesetz** den Schutz des Lebens der Tiere. Da Tierpopulationen jedoch aus der Summe der Einzelglieder (Individuen) bestehen, erfaßt es als kollektiver Tierschutz auch Tierarten. Neben den wildlebenden Tieren umsorgt das Tierschutzgesetz auch die in Menschenobhut gehaltenen Exemplare. Danach ist es verboten, einem Tier (im Sinne des Mitgeschöpfes) ohne vernünftigen Grund (gemeint ist hier „vermeidbare") Schmerzen, Leiden oder Schäden zuzufügen. Die Strafbestimmungen und Bußgeldvorschriften nach § 17 ff. des Tierschutzgesetzes sind für den Artenschutz von besonderer Bedeutung, da hier ein Verbot der Haltung oder des Handelns ausgesprochen werden kann.

Das **Jagdrecht** umfaßt alle diejenigen wildlebenden Tierarten, die dem Aneignungsrecht des Jagdausübungsberechtigten unterliegen.

Die **Bundeswildschutzverordnung** enthält Verbote, bestimmte dem Jagdrecht zugeordnete Tierarten in Besitz zu nehmen, regelt die Weiterveräußerung erlegter Tiere sowie die Haltung heimischer Greifvögel zusätzlich zu den auch für diese Arten geltenden naturschutzrechtlichen Verbotsnormen.

Internationale Vorschriften: Ramsar-Konvention vom 2.2.1971; Washingtoner Artenschutzübereinkommen vom 3.3.1973; EG-Verordnung zur Anwendung des Washingtoner Artenschutzübereinkommens (3626/82 EWG) vom 3.12.1982; EG-Vogelschutzrichtlinie (79/409 EWG) vom 2.4.1979; Übereinkommen zur Erhaltung der wandernden wildlebenden Tierarten (Bonner Konvention) vom 23.6.1979; Übereinkommen über die Erhaltung der europäischen wildlebenden Pflanzen und Tiere und ihrer natürlichen Lebensräume (Berner Konvention) vom 19.9.1979, Fauna-Flora-Habitate-Richtlinie vom 21.5.1992 (FFH-Richtlinie)

Ramsar-Konvention: In diesem Übereinkommen werden Feuchtgebiete von internationaler Bedeutung, vor allem als Lebensraum für Wasser- und Watvögel, geschützt.

Washingtoner Artenschutzübereinkommen (WA): Bedrohte wildlebende Tier- und Pflanzenarten, die durch den internationalen Handel beeinträchtigt werden, werden durch besondere Regelungen geschützt. Dabei soll nicht der Handel selbst verboten , sondern auf eine für den Bestand der Art vertretbare Menge beschränkt werden. Das Abkommen ist ein guter anthropozentrisch ausgerichteter Ansatz zum Schutz wildlebender Tiere und Pflanzen. Wildtiere und -pflanzen sollen vor einer bestandsgefährdenden, übermäßigen Ausbeutung geschützt werden.

EG-Vogelschutzrichtlinie: Im Wunsche, die europäischen Vogelarten zu erhalten, beschränkte die Europäische Gemeinschaft mit dieser Richtlinie die kommerziellen Interessen bei der Vermarktung von Vögeln. In ihr wird grundsätzlich festgestellt, daß eine allgemeine Vermarktung von wildlebenden Vögeln verboten werden muß und jedwede Ausnahmeregelung ausschließlich auf diejenigen Vogelarten zu beschränken ist, deren biologischer Status dies zuläßt. Insbesondere Artikel 5 verbietet die Haltung von Vögeln der Arten, die nicht bejagt oder gefangen werden dürfen. In umfangreichen Anlagen werden die Vogelarten aufgelistet, die im Bereich der Europäischen Gemeinschaft (seit dem Maastrichter Vertrag Europäische Union) gefangen, bejagt oder vermarktet werden dürfen.

Bonner Konvention: Durch internationale Zusammenarbeit soll der Schutz der Tierarten gewährleistet werden, die periodische Wanderungen über Staatsgrenzen und Kontinente hinweg unternehmen. In Mitteleuropa ist das Übereinkommen insbesondere für ziehende Vogelarten von Bedeutung. Wie bei der EG-Vogelschutzrichtlinie unterliegen die einbezogenen Vogelarten auf dem Gebiet der Bundesrepublik Deutschland teils dem Naturschutzrecht, teils dem Jagdrecht.

Berner Konvention: Die Unterzeichnerstaaten bezwecken mit diesem Übereinkommen die Erhaltung der europäischen wildlebenden Tiere und Pflanzen sowie den Schutz ihrer Lebensräume.

EG-Verordnung zur Anwendung des Washingtoner Artenschutzübereinkommens: Das Übereinkommen regelt den internationalen Handel mit gefährdeten Arten freilebender Tiere und Pflanzen zwischen den Staaten der EU und Drittländern. Die Verordnung verschärft die zwischenstaatlichen Rechtsvorschriften für den Handel mit bedrohten Arten. Zusätzlich zu den nach dem Washingtoner Artenschutzübereinkommen notwendigen Exportgenehmigungen bedürfen bestimmte Arten danach noch der Importgenehmigung des jeweiligen EU-Staates.

FFH-Richtlinie: Das Aktionsprogramm der Europäischen Union für den Umweltschutz enthält Bestimmungen zur Erhaltung der Natur und der natürlichen Ressourcen. Hauptziel der FFH-Richtlinie (Fauna-Flora-Habitate) ist es, die Erhaltung der biologischen Vielfalt zu fördern, wobei jedoch die wirtschaftlichen, sozialen, kulturellen und regionalen Anforderungen berücksichtigt werden sollen. Der Zustand der natürlichen Lebensräume im europäischen Gebiet der Mitgliedstaaten verschlechtert sich unaufhörlich. Zahlreiche Arten wildlebender Tiere und Pflanzen sind in zunehmender Zahl ernstlich bedroht. Die bedrohten Lebensräume und Arten sind Teil des Naturerbes der Gemeinschaft, und die Gefährdung, der sie ausgesetzt sind, ist oft grenzüberschreitend (z B. Zugvögel, Wanderfischarten). Daher sind zu ihrer Erhaltung Maßnahmen auf Gemeinschaftsebene erforderlich.

Zur Wiederherstellung oder Wahrung eines günstigen Erhaltungszustandes der natürlichen Lebensräume und der Arten sind besondere Schutzgebiete auszuweisen, um nach einem festgelegten Zeitplan ein zusammenhängendes europäisches ökologisches Netz zu schaffen. Diese Gebiete werden jeweils von den einzelnen Mitgliedsstaaten vorgeschlagen. Darüberhinaus ist auch ein Verfahren vorzusehen, wonach in Ausnahmefällen auch ohne

Vorschlag eines Mitgliedsstaates die Ausweisung eines Schutzgebietes möglich ist, wenn die Gemeinschaft dies für die Erhaltung eines natürlichen Lebensraums oder für das Überleben einer hochgradig gefährdeten Art für unbedingt erforderlich hält. Die Mitgliedsstaaten sollen die nach dieser Richtlinie ausgewiesenen Gebiete durch eigens hierzu erarbeitete Gemeinschaftsschilder kennzeichnen.

Für die Durchführung dieser Richtlinien ist ein Ausbau der wissenschaftlichen und technischen Zusammenarbeit unerläßlich. Daher gilt es, die hierzu erforderliche Forschung und wissenschaftliche Arbeit im Bereich des Umweltschutzes zu fördern.

Zur Überwachung und Umsetzung dieser Richtlinien erstellt eine Kommission in regelmäßigen Zeitabständen einen zusammenfassenden Bericht, der insbesondere auf den Ergebnissen der in den Mitgliedsstaaten durchgeführten Maßnahmen beruht. Für eine wirksame Durchführung dieser Richtlinien sind Aufklärungsmaßnahmen und eine Unterrichtung der Verwaltung und der allgemeinen Öffentlichkeit über die Ziele der FFH-Richtlinie unerläßlich. Die FFH-Richtlinie enthält 6 Anhänge (I, II, III, IV, V und VI).

Anhang I beinhaltet die natürlichen Lebensräume, die von bedeutendem gemeinschaftlichem Interesse sind (z. B. Lagunen, Riffe, Meeresarme, Hochmoore).
Anhang II enthält Tier- und Pflanzenarten von gemeinschaftlichem Interesse, für deren Erhaltung besondere Schutzgebiete ausgewiesen werden müssen (z. B. Biber, Luchs, Bodenseeveilchen). Anhang II ist die Ergänzung des Anhangs I zur Verwirklichung eines zusammenhängenden Netzes von besonderen Schutzgebieten.
Anhang III beschreibt die Kriterien zur Auswahl der Gebiete, die als Gebiete von gemeinschaftlicher Bedeutung bestimmt und als besondere Schutzgebiete ausgewiesen werden könnten.
Anhang IV beinhaltet streng zu schützende Tier- und Pflanzenarten von gemeinschaftlichem Interesse (z. B. Braunbär, Wildkatze).
Anhang V enhält Tier- und Pflanzenarten von gemeinschaftlichem Interesse, deren Entnahme aus der Natur und Nutzung Gegenstand von Verwaltungsmaßnahmen sein können (z. B. Weinbergschnecken, medizinischer Blutegel).
Anhang VI nennt verbotene Methoden und Mittel des Fangs, der Tötung und der Beförderung von Tieren (z. B. Fallen und Netze, die in ihrer Funktion unselektiv wirken bzw. unselektiv ausgebracht werden, das Fangen mit Gift oder Sprengstoff – „Dynamitfischen“).

Wer allerdings diese wichtigen Schutzbestimmungen innerhalb der EU an der europäischen Realität mißt, sieht, wie weit hier Anspruch und Wirklichkeit auseinanderklaffen.

So wird beispielsweise gerade mit riesigen Geldmengen durch die Europäische Union selbst eine der größten Landschafts- und Tiervernichtungsprozesse aller Zeiten eingeleitet. Daran haben auch Stiftungen und Vereinigungen zur Erhaltung des „Europäischen Naturerbes“ nichts bewirkt: Riesige Ackerflächen werden als Intensivproduktionsgebiete in alte Deltalandschaften gelegt, von der Europäischen Kommission finanziert. Alte naturnahe Waldlandschaften und die letzten Urwälder in den Auen von Flüssen und in den Gebirgen werden abgeholzt oder durch Pappel- und Eukalyptus-Plantagen ersetzt, von der Europäischen Kommission gefördert und finanziert. Flüsse werden umgeleitet und mit Staubecken werden alte Kulturlandschaften zugedeckt, amphibische Landschaften trocknen aus, die kleinbäuerlichen, stabilen und naturnahen Produktionsformen werden systematisch zerstört. Von den vielen, von den Verfassern selbst aufgesuchten Regionen seien nur einige stichwortartig genannt: Die alten Kulturlandschaften der Estremadura, die zu Tode gespritzten und nun der europäischen Vernichtungsstrategie ausgesetzten Korkeichenwälder Spaniens, die früher unglaublich stabilen, abwechslungsreichen Landschaften des griechischen Acheloos, die Baumwolle-Todes-Landschaften Nordgriechenlands, die Bärenwälder in den phantastischen Buchenwaldarealen der Rhodopen zwischen Griechenland und Bulgarien und die Intensivproduktionssteppen und Gülleländereien in der Bundesrepublik Deutschland. Die europäische Uniformierung spricht dem gesetzlichen Schutz Europas Hohn.

I. Geländearbeit

I.1 Die Ermittlung abiotischer Faktoren

I.1.1 Wechselbeziehungen zwischen abiotischen und biotischen Faktoren

Bei der Abgrenzung von Lebensgemeinschaften muß berücksichtigt werden, daß sich biotische und abiotische Faktoren gegenseitig beeinflussen (Abb. I/1). Substanzerwerb, Fortbewegung und passive Ausbreitung, Resistenz, Soziabilität, Reproduktion und Brutfürsorge sowie klimatische, jahreszeitliche, chemische, hydrographische und mechanische Faktoren sind direkt oder – über eine Wirkungskette – indirekt voneinander abhängig.

Die massiven Eingriffe des biotischen Faktors Mensch in dieses vermaschte System beinflussen in raschem Wechsel die erdgeschichtlich längerfristig vorhandenen biotischen und abiotischen Faktoren. Großversuche ermöglichen dazu exakte Ausagen. Dabei wird deutlich, daß eine Beschränkung der Untersuchungen auf einzelne abiotische Faktoren berechtigt und – je nach Fragestellung – unabdingbar ist. Denn dadurch wird die Komplexität der Wechselbeziehungen zwischen Pflanze, Tier und Lebensraum erst kontrollierbar. In Abb. I/2 werden die Ergebnisse eines Großversuchs dargestellt, der im Hubbard Brook Experimental Forest in New Hampshire (USA) durchgeführt wurde. In diesem Waldgebiet erfolgte die Abholzung mehrerer Hektar Wald im Bereich von sechs Wasserscheiden. Die Auswaschung des Bodens und die damit verbundenen Folgen konnten so über mehrere Jahre hinweg verfolgt werden.

Die Vegetation wurde während dieser Zeit durch Herbizide künstlich niedergehalten.

In Abb. I/2 wird deutlich, welche Faktoren durch den experimentellen Eingriff verändert wurden. Erst an solchen Beispielen wird einsichtig, wie schwerwiegend die Eingriffe in stabilisierte Wechselbeziehungen sein können.

Aber nicht nur Faktorenkomplexe, sondern auch Einzelbeziehungen müssen untersucht werden. So werden z. B. bei Amphibien erhöhte Mutationsraten durch Temperatursprünge ausgelöst, und Vorzugstemperaturen bedingen genetische Isolationsmechanismen (HERTER 1962, PRECHT, CHRISTOPHER, HENSEL et al. 1973). Die abiotischen Charakteristika eines bestimmten Lebensraumes sind somit in Verbindung mit populationsökologischen Ermittlungen und mit Untersuchungen über bestimmte Verhaltensmuster und den physiologischen Bedingungen einer Art zu sehen. Welche ökologischen Grundprinzipien werden nun durch die Ermittlung abiotischer Faktoren eines bestimmten Lebensraumes interpretierbar?

1. Wirkung der Umweltfaktoren (Minimumgesetz): Die Zusammensetzung einer Lebensgemeinschaft nach Art und Anzahl wird durch denjenigen Faktor bestimmt, der sich am stärksten einem Minimum nähert.
2. Variabilität der Lebensbedingungen: Je variabler die abiotischen und biotischen Bedingungen in einem Lebensraum sind, umso größer ist die Artenzahl einer bestimmten Lebensgemeinschaft. Die Arten treten jedoch in einer relativ geringen Individuenzahl auf.
3. Extremwerte – Artenarmut – Spezialisierungen: Je stärker sich die Lebensbedingungen in einem Biotop Extremwerten nähern, umso artenärmer aber individuenreicher kann die Lebensgemeinschaft werden.

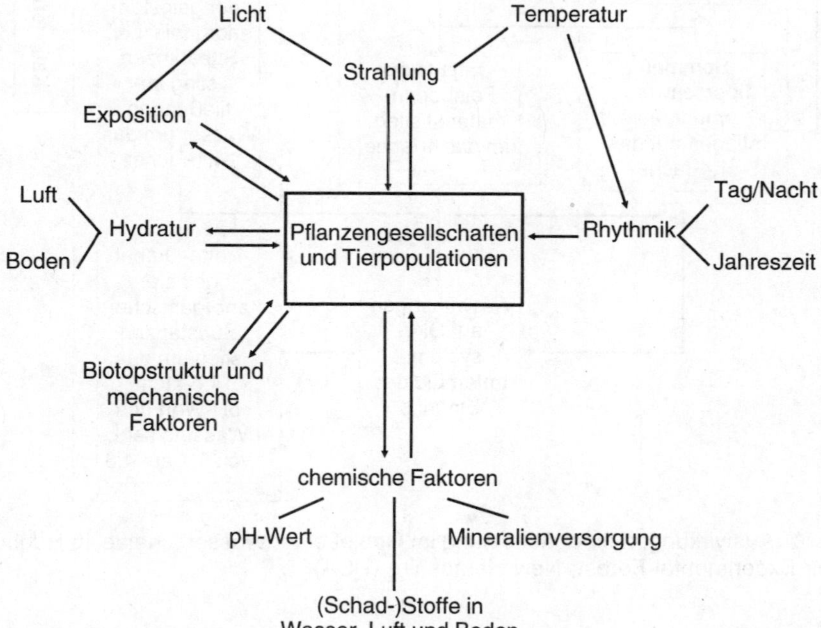

Abb. I/1: Abiotische Faktoren.

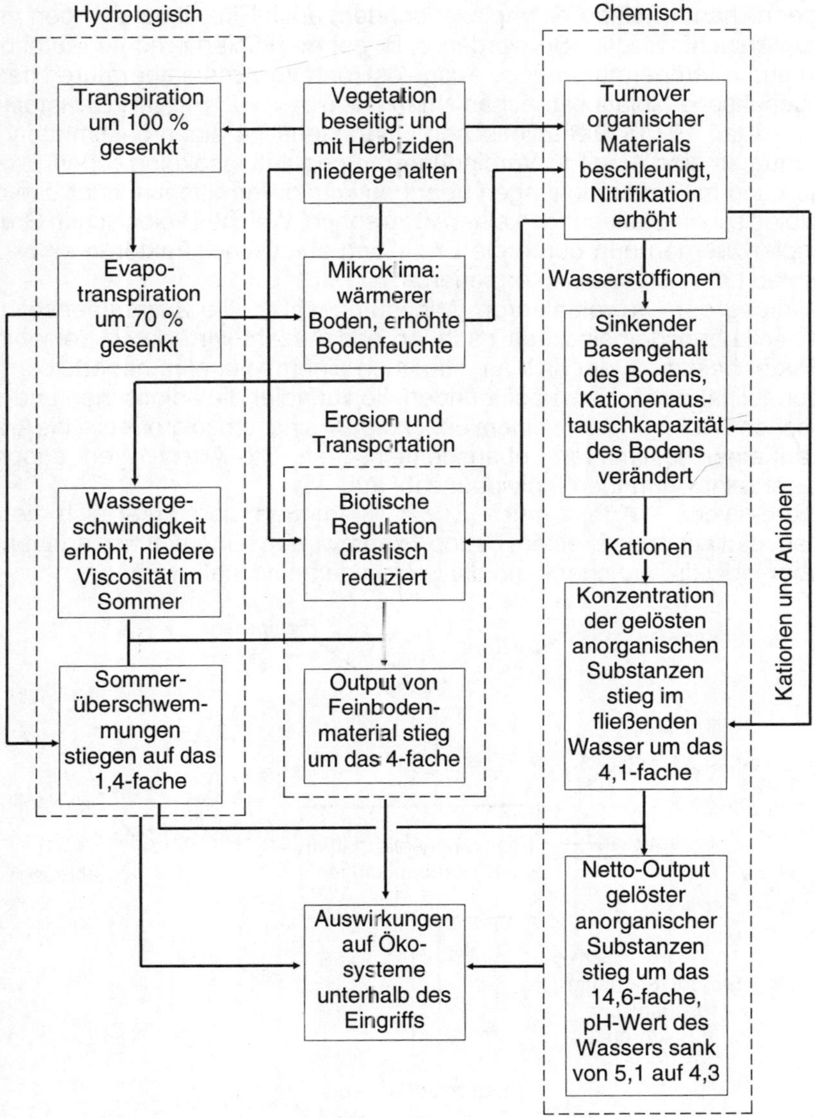

Abb. I/2: Auswirkungen einer Abholzung im Gebiet einer Wasserscheide im Hubbard Brook Experimental Forest, New Hampshire (USA).

Je einseitiger ein Lebensraum ist, umso leichter ist seine Lebensgemeinschaft als „spezialisierte“ Lebensgemeinschaft erkennbar. Z. B.: Wechsel von Wasserangebot und Trockenheit bei „Tintenstrich“-Algenpopulationen an Felsen, Sauerstoffmangel und energetische Spezialisierungen bei Faulschlammpopulationen, Temperaturextreme bei Tierpopulationen in der Arktis, den Tropen und gemäßigten Breiten (Bergmann-Allen-Regel).

4. Je öfter und nachhaltiger ein Lebensraum kulturellen Umwandlungen unterworfen ist, desto instabiler und artenärmer sind seine Lebensgemeinschaften.
5. Die Punkte eins bis vier münden in die Regel der ökologischen Potenz: In vielseitigen Lebensräumen erreichen Tiere und Pflanzenarten mit großer Reaktionsbreite den höchsten Artenzahlenwert (Abundanz). In Lebensräumen, welche durch abiotische Faktoren einseitig beeinflußt werden, erhalten Arten mit spezifischer Reaktionsbreite die größere Artenzahl.
6. Die Regel der Gleichwertigkeit verschiedener Umweltwirkungen relativiert die Bedeutung bestimmter abiotischer Faktoren. Danach ist es gleichgültig, durch welche Faktoren die Lebensbedingungen für eine bestimmte Art erfüllt werden. Diese Regel macht auf die Wechelwirkungen zwischen biotischen und abiotischen Faktoren aufmerksam. Vor allem kulturell beeinflußte Lebensräume müssen dabei berücksichtigt werden. So nimmt z. B. ein Turmfalke ein Hochhaus in der Nähe naturnaher Gebiete als Nistplatz gleichermaßen an wie Felsbiotope; Tropfkörperanlagen und Belebtschlammbecken sind analog zur Selbstreinigung der Flüsse zu sehen.

I.1.2 Die Ermittlung des Temperaturfaktors von Boden und Luft

Zur Ermittlung von Boden-, Luft-, Wasser-, Pflanzen- und Tiertemperaturen können Meßgeräte mit Thermofühlern verwendet werden. Diese reagieren schneller als Quecksilber- und Alkoholthermometer. Die Geräte sind als Feld- und Laborgeräte einsetzbar. Die Anzeige erfolgt über eine Skala oder digital. Die stabilen Meßfühler zerbrechen nicht, wenn sie zu Boden fallen. Die Sonden können ohne Schwierigkeit auch in tiefere Bodenschichten gedrückt werden.

Bodentemperatur

Bestimmte Böden, klimatische Verhältnisse, Hangneigung und Bewuchs beeinflussen die Lebensgemeinschaften im und über dem Boden. Das zentrale Bezugssystem der Temperaturverhältnisse ist in Abb. I/3 dargestellt.

Die Temperaturen werden immer an den Stellen untersucht, an denen man Tiere und Pflanzen aufnimmt. Besonders instruktiv sind die aktuellen Bodentemperaturen, wenn man Bodenproben aus verschiedenen Tiefen auf Tiere untersucht. Jahreszeitliche Rhythmen und Tagesschwankungen sollten vor

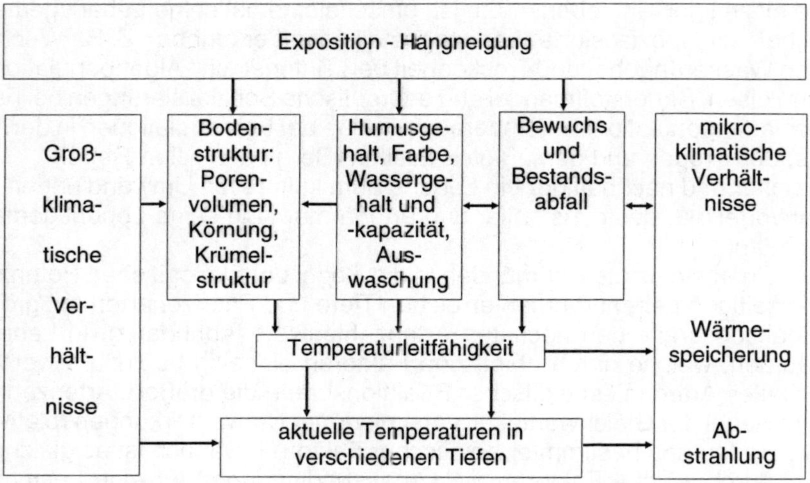

Abb. I/3: Bezugssystem der Temperaturverhältnisse.

allem bei festgestellten Extremwerten an der Bodenoberfläche berücksichtigt werden. Zum Spektrum der Bodenorganismen bei verschiedenen Temperaturen vergleiche man die Bestimmungshilfen in Brucker/ Kalusche 1990.

Die Populationsgröße, die Artenvielfalt, Entwicklungsgeschwindigkeit, ja sogar die Vermehrungsrate wird drastisch durch Temperaturen beeinflußt (Abb. I/4). Die Grundlagen zur Beurteilung der Aktivitäten von Wirbellosen im Boden bilden die an einem Tag an einem oder mehreren Standorten ermittelten Temperaturautochthonen (Abb. I/5). Auf der Abszisse werden die Temperaturwerte und auf der Ordinate die Bodentiefe eingetragen. Solche Diagramme verdeutlichen die Temperaturverhältnisse im Tagesgang und die Abhängigkeiten von Bodenwirbellosen von Temperatureinflüssen. So kann man z. B. früh morgens 'Tiefenformen von Springschwänzen und Milben in den oberen Bodenschichten neben Symphylen (Zwergfüßern) finden, während man diese unpigmentierten Formen um die Mittagszeit an einem heißen Tag erst wieder in 10 – 15 cm Tiefe an derselben Stelle antrifft.

Lufttemperatur

Bei der Messung von Lufttemperaturen muß die direkte Sonneneinstrahlung auf das messende Element ausgeschaltet werden. Dazu beschattet man Quecksilber- und Alkoholthermometer mit einem Stück Pappe. Bei Thermosonden fällt die direkte Sonneneinstrahlung beim Meßvorgang nicht ins Gewicht.

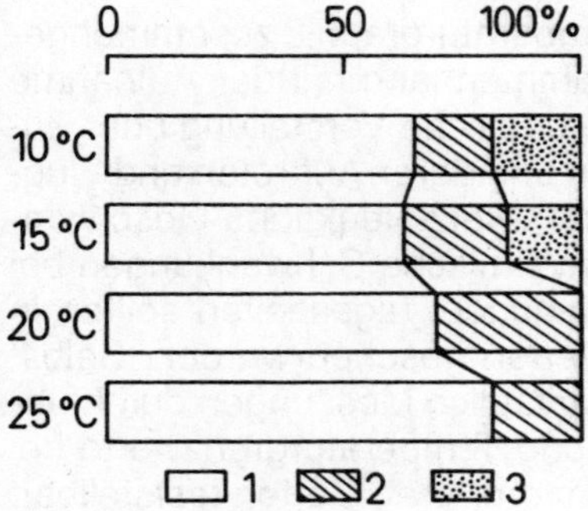

Abb. I/4: Reproduktionsrate und Temperaturen bei Regenwürmern. 1 = Kokons mit weniger als 2 Würmern, 2 = Kokons mit 3 Würmern, 3 = Kokons mit mehr als 4 Würmern. (TSUKAMOTO und WATANABE).

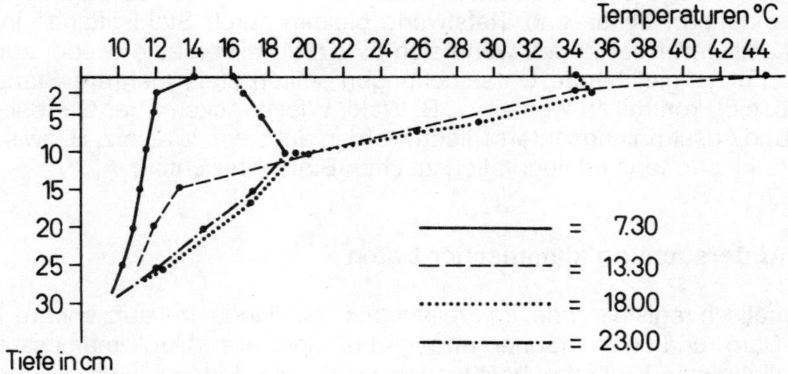

Abb. I/5: Temperaturtautochtonen bei einem Kalkbraunerdeboden, südexponiert an einem warmen Sommertag.

Neben kontinuierlich zu messenden und dann zu mittelnden Temperaturwerten interessieren stets die auffallenden Temperaturextremwerte (vgl. die unter I.1 genannten ökologischen Prinzipien 3, 5 und 6) und der Vergleich von Luft - Boden - Wassertemperaturen mit Blättertemperaturen oder mit Temperaturen der Wirbellosen im entsprechenden Biotop. Dazu sind jedoch dünne Thermofühler und für Blattflächen kleine Flächensonden erforderlich (z. B. Fa. Ultrakust). Der Unterschied zwischen Lufttemperaturen und den Extremwerten eines Standortes läßt so z. B. anschaulich das Resistenzvermögen einzelner Pflanzengesellschaften und Wirbellosen erkennen. Bestimmte physiologisch-morphologisch bedingte Merkmale und Verhaltensweisen werden dadurch erst interessant (vgl. PRECHT, CHRISTOPHER, HENSEL, LARCHER 1973). Die Messung der Lufttemperaturen, etwa in den verschiedenen Schichten eines Waldes oder einer Hecke, sollten gerade auch bei eintägigen Untersuchungen nicht nur einmal, sondern mehrfach erfolgen. Auch für Lufttemperaturen kann die in Abb. I/5 vorgestellte Temperaturgraphik zusammengestellt werden. Die Graphik vermittelt im Zusammenhang mit der Aufnahme der Artenhäufigkeit bestimmter Insekten eine deutliche Vorstellung über Zusammenhänge von bestimmten Temperaturen und deren Auftreten und Flugfähigkeit (physiologisch bedingte Grenzwerte; Reiz-Reaktions-Geschwindigkeits-Temperaturregel). Aber auch tagesrhythmische Schwankungen bei der Zusammensetzung der Arten an verschiedenen Tageszeiten sollten in Verbindung mit den ermittelten Temperaturwerten gesehen werden. Selbst von November bis Dezember lassen sich dazu täglich Messungen durchführen. So sind z. B. jahreszeitliche Rhythmen und Temperaturgrenzwerte bei Wintermücken (*Trichocera annulatus*) in jedem größeren Garten feststellbar.

Ein Vergleich der Temperaturextreme innerhalb einer bestimmten Zeit läßt sich durch sogenannte Minimum-Maximumthermometer durchführen. Die entstandenen Höchst- und Tiefstwerte bleiben durch Stahlstiftchen in den Meßkapillaren fixiert, auch wenn sich die Quecksilbersäule wieder zurückzieht. Für vergleichende Untersuchungen sollten stets mehrere Standorte gleichzeitig kontrolliert werden (z. B. Wald, Wiese, Acker- oder Gartenerde). Ein- und Ausstrahlungsunterschiede werden auf diese Weise z. B. zwischen vegetationsarmen und vegetationsreichen Biotopen sichtbar.

I.1.3 Untersuchung klimatischer Daten

Automatisch registrierende, im Freiland aufzustellende und aufziehbare Thermo-, Baro- und Hydrographen ermöglichen spezielle Mikroklimamessungen und allgemeine Wetterbeobachtungen (z. B. folg. Firmen: Lufft, Friedrichs, Fuess, außerdem elektronische Geräte mit Digitalanzeige, die preiswert über den Elektronikhandel bezogen werden können). Die Kombination aller drei Meßgeräte in einem stabilen Gehäuse ist für längere Meßreihen erforderlich, bei denen exakte Aussagen über mikroklimatische Verhältnisse gewünscht werden. Dazu sollte man das Meßgerät unter einem Wetterdach aufstellen. –

Als Ergänzung bei der mikroklimatischen Erfassung eines Biotops kann die Sonnenscheindauer registriert werden. Dafür gibt es sogenannte Heliographen. (Z. B. Fa. Thies, Göttingen u. a.) Die durch eine Glaskugel zentrierten Sonnenstrahlen bringen eine Papierskala, die in eine Metallschale eingelegt wird, durch den wandernden Brennpunkt zum Glimmen. Geringe Bräunungen weisen auf eine schwächere Isolation hin. Es gibt Schreibstreifen für Frühjahr, Sommer, Herbst und Winter, die jeweils an bestimmten Stellen der Metallschale angeheftet werden. Aus der Brennspur des Streifens ist die Sonnenscheindauer und die Uhrzeit ablesbar. –

Die Windrichtung, die z. B. bei der Verdriftung kleiner gleitender Insekten eine Rolle spielt (Thripse, Blattläuse, Waldschaben, kleine Käfer), kann leicht gemessen werden. Dazu kann man für stationäre Aufgaben eine einfache Windfahne oder einen Windsack an einem Pfahl befestigen (Abb. I/6). Um

Tab. I-1: Beaufort-Skala

Beau-fortgrad	Bezeichnung Windgeschwindigkeit	Auswirkung der Windstärke im Binnenland
0	still 0 bis 0,5 m/s 0 bis 1 km/h	Windstille, Rauch steigt gerade empor
1	leiser Zug 0,6 bis 1,7 m/s 2 bis 6 km/h	Windrichtung angezeigt nur durch Zug des Rauches, aber nicht durch Windfahne
2	leise Brise 1,8 bis 3,3 m/s 7 bis 12 km/h	Wind fühlbar am Gesicht, Blätter säuseln, gewöhnliche Windfahnen werden bewegt
3	schwache Brise 3,4 bis 5,2 m/s 13 bis 18 km/h	Blätter und dünne Zweige in ständiger Bewegung, Wind streckt einen Wimpel
4	mäßige Brise 5,3 bis 7,4 m/s 19 bis 26 km/h	hebt Staub und loses Papier, bewegt Zweige und dünnere Äste
5	frische Brise 7,5 bis 9,8 m/s 27 bis 35 km/h	kleine Laubbäume beginnen hin und her zu schwanken
6	starker Wind 9,8 bis 12,4 m/s 36 bis 44 km/h	starke Äste in Bewegung, Pfeifen in Telegrafenleitungen, Regenschirme schwierig zu benutzen
7	steifer Wind 12,5 bis 15,2 m/s 45 bis 54 km/h	ganze Bäume in Bewegung, fühlbare Hemmung beim Gehen gegen den Wind
8	stürmischer Wind 15,3 bis 18,2 m/s 55 bis 65 km/h	bricht Zweige von den Bäumen, erschwert erheblich das Gehen im Freien
9	Sturm 18,3 bis 21,5 km/h 66 bis 77 km/	kleinere Schäden an Häusern, Dachziegel werden abgworfen
10	schwerer Sturm 21,6 bis 25,1 m/s 78 bis 90 km/h	kommt selten im Binnenland vor, Bäume werden entwurzelt, bedeutende Schäden an Häusern
11	orkanartiger Sturm 25,1 bis 29,0 m/s 91 bis 104 km/h	kommt sehr selten im Binnenland vor, verursacht verbreitete Sturmschäden
12	Orkan über 29 m/s	

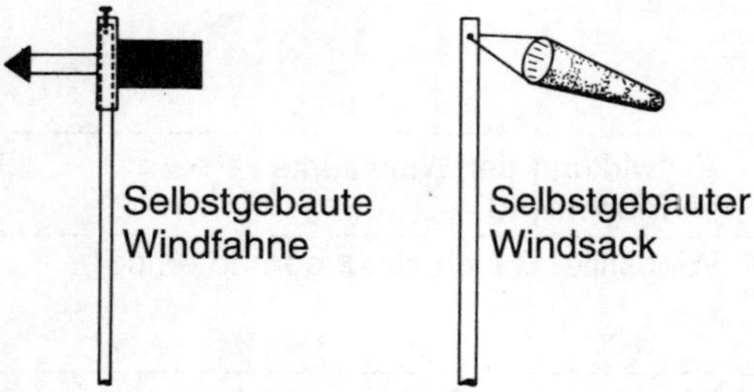

Abb. I/6: Selbstgebaute Windfahne (links) und selbstgebauter Windsack (rechts).

den Pfahl wird eine Windrose mit Hilfe eines Kompasses markiert. Die Windgeschwindigkeit kann im Gelände mit Hilfe der Beaufort-Skala (Tab. I-1) notiert werden.

Zur exakten Bestimmung der Windgeschwindigkeit sind sogenannte Schalenkreuz-Anemometer erhältlich. Sie können stationär und als Handgeräte eingesetzt werden (z. B. Fuess; Lambrecht u. a., z. B. auch als Surfgeräte über den Sport- und Elektronikhandel). – Zur Messung der Regenmenge in verschiedenen Biotopen benötigt man wenigstens 10 Regenmesser. Diese Geräte sind auch im Eigenbau herstellbar. Das auf dem Sammelgefäß aufsitzende Auffanggefäß muß jedoch eine Auffangfläche von 200 cm^2 besitzen. Die aufgefangene Regenmenge kann dann mit 50 multipliziert werden. So erhält man die Regenmenge pro Quadratmeter im betreffenden Biotop. Bei käuflichen Regenmessern ist ein Meßgefäß beigegeben, mit dem man sofort die Regenmenge pro Quadratmeter ablesen kann. 1 mm des aufgefangenen Regens entsprich 1 l/m^2. An stationären Meßstellen werden die Regenmesser 1 m über dem Boden aufgestellt.

Vergleicht man z. B. Niederschläge in drei verschiedenen Baumbeständen mit dem Niederschlag im offenen Gelände, so stellt man einen Regenmesser im offenen Gelände über der Vegetation auf. Jeweils drei Regenmesser stellt man in je einem Bestand so auf dem Boden auf, daß die Auffangfläche über die Krautschicht ragt. Man bildet Mittelwerte und vergleicht sie mit der Niederschlagsmenge im offenen Gelände. Nadelbaumbestände halten im Vergleich zu Laubwaldbeständen mehr Niederschläge in den Kronen zurück. Bei Dauerregen trifft dies jedoch nicht mehr zu.

I.1.4 Luftfeuchtigkeit, Evaporation und Bodenfeuchtigkeit

Die Luftfeuchtigkeit läßt sich rasch mit ausgelegten Haarhygrometern messen. Haarhygrometer werden jedoch mit der Zeit ungenau.

Die Ungenauigkeiten von Haarhygrometern können durch Aspirationspsychrometer nach Assmann vermieden werden. In diesem Gerät befinden sich zwei Thermometer, an welchen die Luft durch den Aspirator vorbeigesaugt wird (Abb. I/7). Über den Quecksilberbulbus des einen Thermometers wird eine vor der Messung befeuchtete Manschette geschoben. Die entstandene Temperaturdifferenz zwischen trockenem und feuchtem Thermometer ermöglicht die Ermittlung der relativen Luftfeuchtigkeit anhand von Skalen, die dem Gerät beigegeben sind.

Die Luftansaugöffnungen dürfen nicht berührt oder angehaucht werden. Die Befeuchtungsmanschette wird mit destilliertem Wasser angefeuchtet. In die Röhren darf kein zusätzliches Wasser geraten. Das Gerät wird ausgelegt oder an einem Ast aufgehängt. Nach 2 - 3 Minuten hat sich ein Minimumwert beim feuchten Thermometer ergeben. Nun können beide Thermometer abgelesen werden. Die Verdunstungsmesser oder Evaporimeter werden an unterschiedlichen Standorten aufgestellt. Sie lassen bei gleicher Luftfeuchte unterschiedliche Verdunstungsgeschwindigkeiten erkennen, wenn man z. B. beschattete und der Sonne ausgesetzte Stellen aufsucht.

In der Regel bestehen Evaporimeter aus einseitig geschlossenen Glasröhren mit 0,1 mm-Graduierung. Man füllt die Röhrchen mit destilliertem Wasser und drückt ein grünes Filterpapierscheibchen oder Löschpapierscheibchen mit einer Feder gegen die Öffnung. Das Filterpapierscheibchen wird für den erforderlichen Luftzutritt in der Mitte mit einer Stecknadel durchstochen. Das Röhrchen wird umgedreht, so daß die Verdunstungsfläche der Filterpapierscheibe unten ist. Darauf wird das Röhrchen mit einem Reagenzglashalter erschütterungsfrei aufgehängt. Die Verdunstungswerte und -zeiten werden in ein Koordinatensystem eingetragen (Abb. I/8).

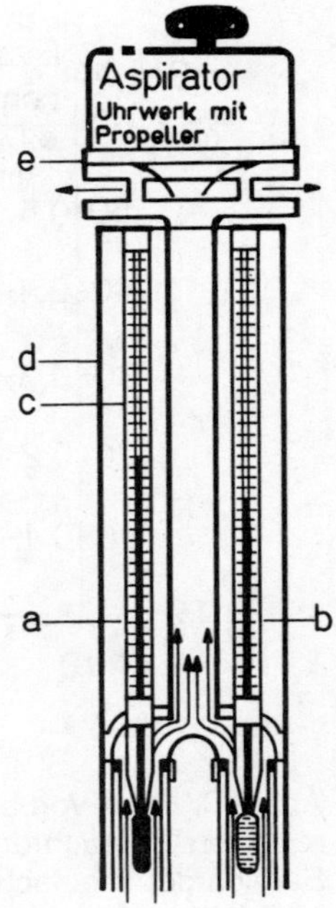

Abb. I/7: Aspirationspsychrometer. a = trockenes Thermometer, b = feuchtes Thermometer, c = inneres Hüllrohr, d = äußeres Hüllrohr, e = Kopfteil mit Aspirator.

Tab. I-2: Tagesgänge der Evaporation am Boden verschiedener Braunerdebuchenwälder. Nach Angaben von Hartmann, van Eimern und Jahne (1959)[1].

Tageszeit[2]							
	von	6.30	9.00	11.15	14.45	17.00	19.30
	bis	9.00	11.15	14.45	17.00	19.30	6.30
Schatthang		0,5	0,8	**1,3**	1,1	1,0	0,5
Tal		0,5	0,5	**0,9**	**0,9**	0,7	0,4
Sonnenhang		0,7	1,2	**1,8**	**1,8**	1,3	1,3

[1] Gemessen mit Piche-Evaporimetern (weiße 5 cm-Scheiben), Mittelwerte vom 15., 16., 18., und 19.6. 1954

[2] Verdunstungsmenge zwischen den Terminen jeweils auf 150 Minuten umgerechnet. Halbfett = **Höchstwerte** (nach Ellenberg)

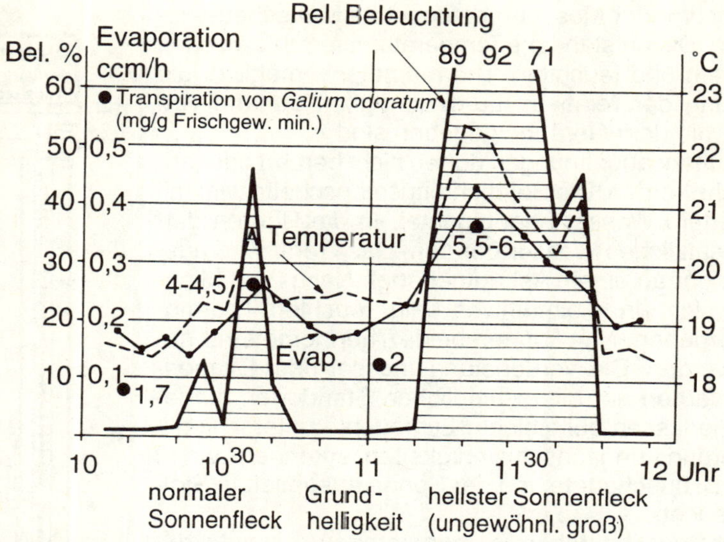

Abb. I/8: Beim Vorüberwandern von Sonnenflecken am Waldboden steigen mit der relativen Beleuchtungsstärke (schraffiert) auch Temperatur und Evaporation im Bereich der Krautschicht plötzlich an. Die Transpiration von *Galium odoratum* (dicke Punkte), die bei der „Grundhelligkeit" von 1 - 2 % nur etwa 2 mg/g Frischgewicht/min beträgt, wird dadurch vervielfacht. Nach Messungen am 22. September 1959 in einem frischen Buchenmischwald bei Zürich. (Nach Ellenberg.)

Zur Bestimmung des Bodenwassergehalts werden Bodenproben an den Entnahmestellen in Plastiktüten oder Aluminiumfolien luftdicht verpackt. Am besten entnimmt man dafür die Proben mit Hilfe von Stechzylindern oder kleinen Konservendosen.

Die Proben sind auf diese Weise verdunstungssicher transportabel. Nach der Bestimmung des Frischgewichts läßt man die Proben für mehrere Stunden bei 105 °C im Trockenschrank. Tonböden müssen länger getrocknet werden als sandige Böden, da die Schichtpakete der Tonmineralien Wasser sehr stark binden. Man kann nun die Gewichtsdifferenz in Prozentwerten auf das Frisch- oder Trockengewicht der Proben umrechnen. Wenn in wissenschaftlichen Tabellen nicht anders vermerkt, sind die angegebenen Prozentwerte des Wassergehalts auf das Bodenfrischgewicht bezogen.

Eine rasche Bestimmung der Bodenfeuchte ist an Ort und Stelle mit Hilfe der Calciumcarbid-Methode möglich. Dazu werden auf einer Briefwaage im Gelände einige Gramm Boden aus mehreren gleichwertigen Proben des Standortes abgewogen und rasch in eine druckfeste Stahlflasche gegeben. Dazu gibt man noch einige Stahlkugeln. Vorsichtig wird danach die Calciumcarbid-Ampulle hineingeschoben. Nachdem die Flasche mit dem Manometerverschluß versehen wurde, muß man die Flasche schütteln, damit die Calcium-

unterschiedlich exponierte Entnahmestellen in einem Kiefernwald

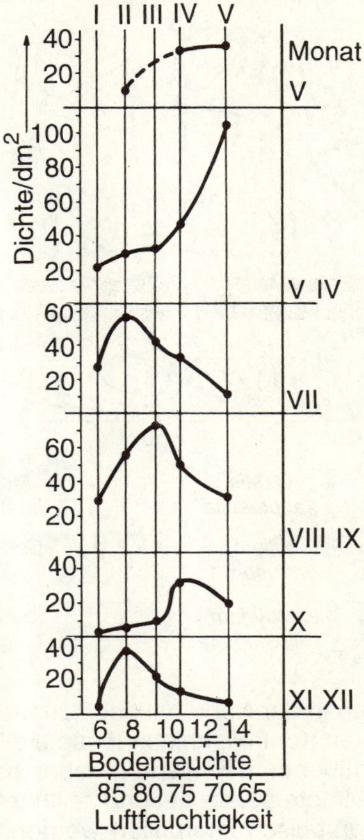

Abb. I/9: Darstellungsmöglichkeiten beim Vergleich der Besiedlungsdichte bei Bodeninsekten an Stellen mit unterschiedlichen Feuchtigkeitsverhältnissen bis in 10 cm Tiefe (KACMAREK 1975).

carbid-Ampulle zertrümmert wird. Das Bodenwasser bildet zusammen mit dem Calciumcarbid Acetylen. Der entstandene Gasdruck und das Gewicht der Probe wird auf der dem Gerät beigegebenen Tabelle aufgesucht (z. B. Riedel de Haen); der Wassergehalt kann in Prozenten abgelesen werden. –

Das Beispiel in Abb. I/9 soll nun wiederum deutlich machen, daß bei einer bestimmten Fragestellung – hier: die Populationsdynamik bei bestimmten Bodentieren – immer mehrere Parameter herangezogen werden müssen.

I.1.5 Beleuchtungsstärke und Lichtkartierung

Die photoelektrische Messung der Beleuchtungsstärke wird mit einem Belichtungsmesser oder mit einem Luxmeter durchgeführt. Die Angaben in „Lux“ variieren u. U. stark, wenn man mehrere Geräte vergleicht. Derselbe Effekt ist bei Belichtungsmessern festzustellen, so daß eine Umrechnung der Belichtungsmeßwerte über DIN-Angaben auf Lux-Werte eine Scheingenauigkeit darstellt. Wesentlich jedoch sind die relativ zu erfassenden Unterschiede der Lichtwerte. Beginnt man eine Meßreihe, so sollte man immer wieder dieselben Geräte verwenden (z. B. Lange oder Metrawatt).

Zur Lichtkartierung der Krautschicht wählt man 10 x 10 m große Probeflächen in Waldgesellschaften an einem Tag mit gleichmäßig bedecktem Himmel aus. In dieser Fläche wird ein Kontrollpunkt ermittelt, dessen Differenz zu den Werten in offenem Gelände unverändert bleibt.

Die Beleuchtungsstärke ist nun jeweils an den Schnittpunkten der Quadratnetzflächen von 1 m Seitenlänge in Höhe der jeweils höchsten Sproßspitze,

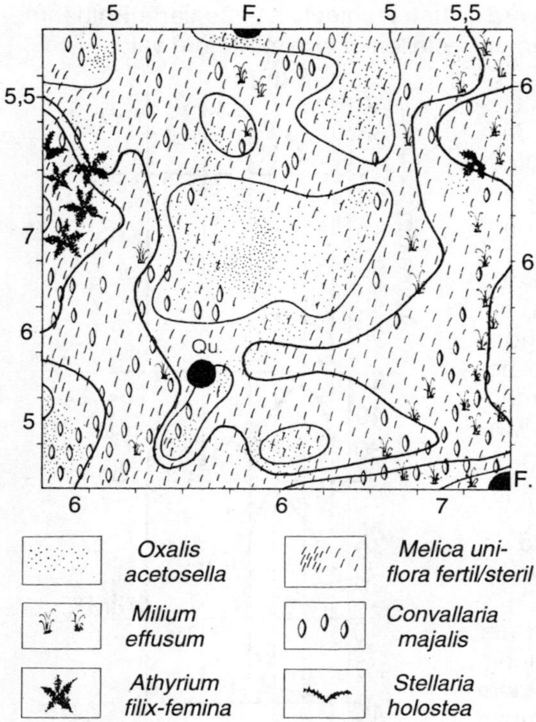

Abb. I/10: Verteilung der relativen Beleuchtungsstärke und der Pflanzenarten in der Krautschicht auf 10 x 10 m großer Probefläche in einem Buchenmischwald. (Nach ELLENBERG 1963.)

die sich in der Nähe befindet, zu messen. Der Vergleich mit dem zuvor festgelegten Kontrollpunkt läßt nun die Errechnung des Lichtwertes zu, der sich gegenüber dem Freiland ergeben hat. Nun trägt man die ermittelten Punkte auf Milimeterpapier auf und zeichnet die Linien gleicher Helligkeit ein. Dabei muß graphisch interpoliert werden. Schließlich fertigt man auf demselben Blatt noch eine Darstellung der Pflanzenverteilung an (Abb. I/10).

I.1.6 Chemische Faktoren – pH-Wert, Kalkgehalt, Mineralsalze, einfache Bodentests, Luftanalysen

Für **pH-Wert-Bestimmungen** eignen sich Papierstreifen, die mit der dazugehörigen Farbskala zur pH-Wertbestimmung erhältlich sind (z. B. Merck). Der Teststreifen wird an den feuchten oder angefeuchteten Boden gedrückt.

Rasche und eindeutige Ergebnisse liefern die Boden-pH-Meter der Fa. Hellige. Die Bodenproben werden in eine Vertiefung der Testplatte mit den beigegebenen Löffelchen eingestreut, Indikatorflüssigkeit darübergegossen und kreisförmig bewegt. Danach läßt man die entsprechend gefärbte Flüssig-

Tab. I-3: Einschätzung des Kalkgehalts.

HCl (1 Teil konz. HCl + 3 Teile Aqua dest.) auf Bodenprobe träufeln	Kalkgehalt in %	Beurteilung des Bodens
keinerlei Aufbrausen	unter 0,5	kalkfrei bis kalkarm
schwaches, nicht anhaltendes Brausen	0,5-2	schwacher Kalkgehalt
deutliches Brausen, nicht anhaltend	3-4	mäßiger Kalkgehalt
starkes, anhaltendes Brausen	5 und mehr	starker Kalkgehalt

keit in einer Rinne der Testplatte an der Farbskala vorbeirinnen. Der pH-Wert ist leicht aufgrund der Färbung der Flüssigkeit ablesbar. Das Testbesteck muß immer gründlich mit Blättern oder Papiertaschentüchern abgewischt werden. Nie sollten Löffelchen und Testplatte mit den Fingern abgewischt werden.

Die exakte Ermittlung von pH-Werten kann mit Hilfe von Glasstabelektroden und Milli-Voltmetern erfolgen (z. B. pH-Meter der Fa. WTW). Mit diesen Geräten kann man nur in wäßrigen Lösungen messen. Dazu verwendet man eine 0,01 m $CaCl_2$-Lösung. Aus der luftgetrockneten Bodenprobe siebt man Krümel von 2 mm Durchmesser aus und gibt bei stark tonhaltigen Böden den doppelten Volumteil $CaCl_2$-Lösung, bei leichten, sandigen Böden denselben Volumteil der Lösung zu. –

Der Kalkgehalt wird nach Tab. I-3 analysiert.

Mineralsalze sind exakt nur über langwierige Analysen quantitativ zu ermitteln (Brucker/Kalusche 1990).

Eine einfache Möglichkeit für qualitative Vergleiche ist mit Testbestecken gegeben (Morgan-Test u. a.), die man u. U. bei Verkaufsstellen der landwirtschaftlichen Genossenschaften erwerben kann.

Die Fa. Neundorff, Postfach 12 09, D-31860 Emmerthal, bietet einen Testkit für alle gängigen Mineralsalze an.

Humustest

Bei sandigen oder lehmigen Böden kann anhand der Farbe des Bodens der Humusgehalt abgeschätzt werden.

Mit einem Spaten wird ein Ausschnitt freigelegt. So kann die Humusfarbe der oberen Bodenschicht mit dem darunterliegenden, helleren Mineralboden verglichen werden.

Die Beurteilung ist deshalb sinnvoll, weil die hochpolymeren Humusverbindungen die ebenfalls aus Abbauvorgängen entstandenen Mineralsalze, wachstumsfördernden Pflanzenhormone, Antibiotika der mikrobiellen Nützlinge und eine große Anzahl verschiedener wachstumsfördernder Enzyme und Aminosäuren anlagern, speichern und gegen die Atmungskohlensäure austauschen und an die Pflanzenwurzeln abgeben.

Liegt einmal der Humuswert vor, dann ist auch die Wasserspeicherfähigkeit rasch abschätzbar (vgl. Tab. I-5).

Tab. I-4: Bodenfeuchte und Humusgehalt.

Dauerhumus Prozentwerte %	Humus in Tonnen pro Hektar je cm Bodentiefe	sandige Böden	Farbe bei feuchtem Boden	lehmige, klebrige (bindige) Böden	Humus in Tonnen pro Hektar je cm Bodentiefe	Dauerhumus Prozentwerte %
			hellgrau	humusarm	1	1
1	2	humusarm	grau	humushaltig	2	1-2
1-2	3	humushaltig	dunkelgrau	humos	3	1-2
2-4	5	humos	schwarzgrau	humusreich	5	4-8
4-8	8	humusreich	schwarz	sehr humusreich	8	8-15

Die Spatenprobe vermittelt bei leicht feuchtem („frischem") Zustand einen guten Einblick in die Bodenverhältnisse. Verdichtungen, Verschlämmung, Durchlüftung, die Drainage des Bodenwassers und damit die Wachstumsmöglichkeiten für die Wurzeln sind gut abschätzbar. Vor allem auch die tieferen Schichten des durchwurzelten Humushorizonts können getestet werden. Aufreißprobe: Der Spaten wird senkrecht eingestochen und der Stiel daraufhin wie ein Hebel langsam nach hinten gedrückt. Lockerer Boden läßt sich dabei hochheben, ohne Nachbarteile mitzunehmen. Je dichter der Boden, um so länger werden die seitlich aufreißenden Spalten.

Abwurfprobe: Nachdem die möglicherweise lockere oder gelockerte obere Krumenschicht abgehoben ist, sticht man den Spaten wiederum ein, hebt einen Brocken etwa eineinhalb Meter hoch und läßt ihn auf eine nicht allzu lockere Stelle fallen. Zerbröckelt der Boden in gerundete Krümel, ist das ein Zeichen für eine gute Gare, zerbricht er nur in einige große Stücke, dann ist der Boden nur wenig belebt.

Schichtenprobe: Plattige Verdichtungen aus der Pflugsohle oder Verdichtungszone werden ermittelt, indem man die lockeren Schichten von oben her langsam abhebt. Beurteilung:

Volle Krümelung = biologisch gewachsene Schicht mit rundlichen Krümeln; beste Zustandsform

Teilkrümelung = wenigstens die Hälfte der Bodenteile weist biogene, rundliche Krümel auf; gute Zustandsform

Verdichtete Lagerung = Abwurfprobe erst bei Druck krümelnd und bröckelnd mit gröberen kantigen Teilen, befriedigende bis ausreichende Zustandsform

Geschlossene Lagerung = kantig-muschelig brechend oder scharfkantig brechend; fast nicht mehr ausreichender Zustand

Verfestigung = nur bei Schlag zu spalten oder zu zertrümmern; mangelhafter Zustand

Abb. I/11: Bodenart und Beurteilung.

Bodenart und Beurteilung

Proben bei Trockenheit anfeuchten – feuchte und nasse Proben durchkneten und mit saugfähigem Papier abtrocknen!

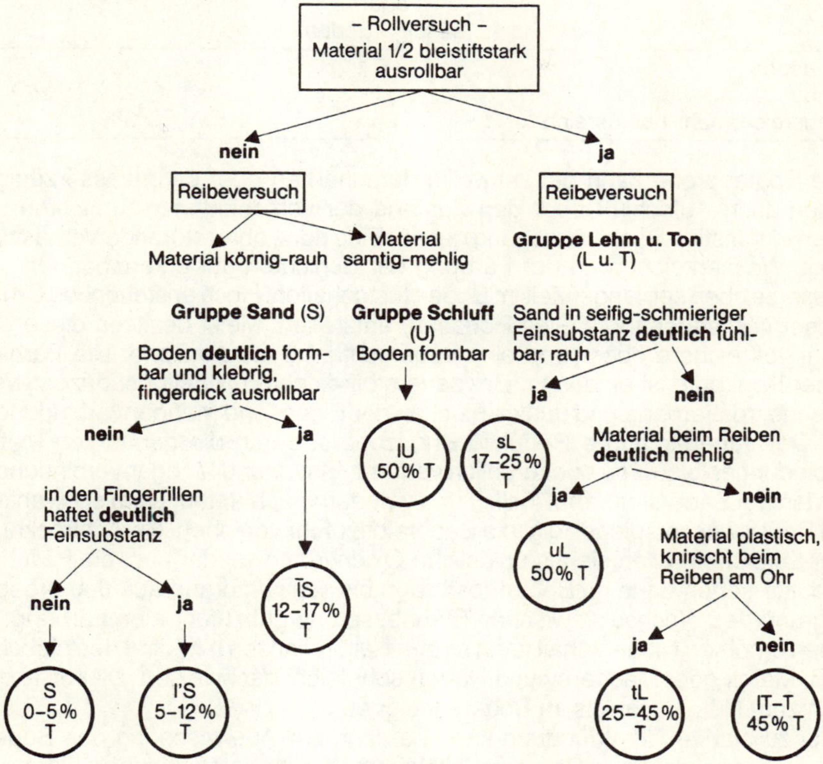

Benotung \ Bodenart	Sand	Schluff	Lehm	Ton
Bodenbearbeitung	1	3–4	2	5
Nährsalzspeicherung	5	4	2	1
Nährsalznachlieferung	3	2	1	4
Wasserspeicherung	5	1–2	1	1–2
Wassernachlieferung	4	1	2	4
Dränung	1	4	3	5

Großbuchstaben: Hauptgruppen, Kleinbuchstaben: mitbestimmende Nebengruppen
(l = lehmig, l̄ = stark lehmig, l' = schwach lehmig, u = schluffig [fein mehlig], t = tonig, s = sandig)

Noten: 1 = sehr gut / sehr hoch, 2 = gut / hoch, 3 = befriedigend / mittel, 4 = schlecht / wenig, 5 = sehr schlecht / sehr wenig.

Bei der Benotung von L ist vor allem der schluffige Lehm, der aus den Lößböden stammt, zugrunde gelegt.

Tab. I-5: Wasserspeicherfähigkeit verschiedener Böden (in Volumenprozent).

	leicht sandige oder sandige Böden	Lehmböden
humusarm	5	20
humos	11	25
humusreich- sehr humusreich	25	38

Eine Spatenprobe kann bei zeitweilig durchnäßten oder sehr wasserzügigen Böden auch Aufschluß über den Zustand der verschiedenen Schichten und deren langfristige Beeinträchtigung geben. Eine den Anbau störende Vernässung ist als Wasserzeichen an der Färbung der Schichten gut erkennbar. Oft sind Wasserzeichen seit langer Zeit im Boden festgehalten. Hoch anstehendes Grundwasser läßt sogenannte Gley-Horizonte entstehen. Meist besitzen diese eine sauerstoffreichere obere und eine sauerstoffarme untere Zone. Die Färbung dieser Horizonte ist eindeutig. Der sauerstoffreichere Oxidationshorizont weist typische, rostfarbene und dunkle Flecken der Eisen- und Manganverbindungen auf. Der sauerstoffarme Reduktionshorizont ist durch die genannten Metallverbindungen blaugrau oder grünlich verfärbt. Eisen- und Manganverbindungen werden bei Sauerstoffarmut löslich und wandern nach unten. Dem schwankenden Bodenwasserspiegel folgt die Sauerstoffzufuhr von oben. Bei Austrocknung oder Luftzufuhr fallen sie als unlösliche Oxidhydrate wieder aus; die Fällungsprodukte sehen dann im Boden rostbraun bis schwarzbraun aus und ergeben aufgrund des Wechsels zwischen Staunässe und Luftzufuhr eine Färbung.

Den erhöhten Nitrat-Gehalt kann man in Kulturpflanzen mit Nitrat-Teststäbchen (z. B. Merck oder Macherey und Nagel) sehr leicht nachweisen. Dieser Text ist auch zum NO_2-Nachweis im Boden geeignet.

Bei zu starker Nitratdüngung kann es auch zur Auswaschung des Bodens und zur Anreicherung im Grundwasser kommen (Nitrat-Nitrosaminprobleme vgl. Brucker 1993).

Luftanalysen in verkehrsreichen und industrienahen Wohngebieten und Biotopen werden mit Hilfe einfacher Analysepumpen (Fa. Dräger) durchgeführt. Ein großes Spektrum einsetzbarer Analysenröhrchen ermöglichen den Nachweis über Dauer- und Momentanbelastungen der Luft. So können Benzinkohlenwasserstoffe, Nitrose, Gase, Kohlenstoffmonoxid, Schwefeldioxid, Fluorkohlenwasserstofft u.v.a. exakt bestimmt werden (vgl. Brucker 1993, S. 149 ff, Selbstbaugeräte). Elektronische Ozonmeßgeräte gibt es bei Fa. Feger, Traunstein.

I.1.7 Exposition und Gefälle

Die Exposition des zu untersuchenden Standortes bestimmt man mit Hilfe eines Kompasses. Die Hangneigung kann man durch Gefällemesser ermit-

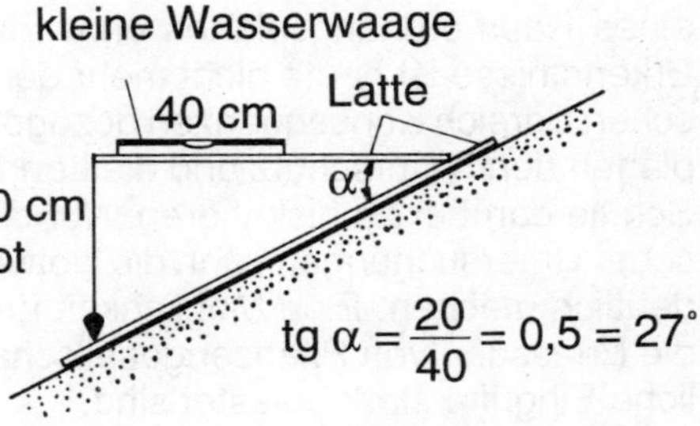

Abb. I/12: Hangneigung (Beispiel leicht verändert nach STEUBING 1965).

teln. Fehlt ein solches Gerät, so kann man auch zwei Latten verwenden. Eine (kleine) Wasserwaage ist ebenfalls notwendig. Die obere Latte wird gemessen und in der Horizontalen gehalten. Die zweite Latte legt man der Böschung an. Mit Hilfe des gefällten Lotes kann der Böschungswinkel (tg *) mit dem Taschenrechner berechnet werden (Abb. I/12).

Temperaturen, Wärmespeicherung, Bodenstruktur, Bewuchs u. a. müssen in direktem Zusammenhang mit Exposition und Hangneigung untersucht werden.

I.2 Erfassen von Pflanzengesellschaften

Pflanzen stellen bestimmte Ansprüche an das Faktorengefüge ihres Standorts. Sind diese Ansprüche sehr speziell, wird das Vorkommen der entsprechenden Arten auf eng umgrenzte Lebensräume beschränkt sein. Andere Arten findet man dagegen an sehr unterschiedlichen Standorten. In beiden Fällen leben die Pflanzen jedoch nicht einzeln, sondern sind mit Individuen der gleichen oder anderen Arten vergesellschaftet.

Die Vergesellschaftung verschiedener Arten ist nicht rein zufällig. Bestimmte Kombinationen treten immer wieder auf und charakterisieren dadurch die Pflanzendecke oder Vegetation. Die Gesetzmäßigkeiten dieser Vergesellschaftung versucht eine Teildisziplin der Geobotanik zu ergründen, die Vegetationskunde oder Pflanzensoziologie.

Die Arbeit der Pflanzensoziologen in Mitteleuropa ist stark durch die Lehre BRAUN-BLANQUETS geprägt worden. Er hat eine Methode für Vegetationsaufnahmen entwickelt, nach der fast überall gearbeitet wird. Sie besticht durch Einfachheit und durch die Schnelligkeit, mit der Ergebnisse erzielt werden. Das Ziel der Pflanzensoziologie ist jedoch nicht nur das Erkennen, Abgrenzen und Charakterisieren von Pflanzengesellschaften. Gleichzeitig müssen die Funktion ihrer Glieder im Gesellschaftshaushalt, die Einpassung in die Umgebung und die geschichtliche Entwicklung dieser Pflanzengesellschaften untersucht werden. Aus der Gesamtheit dieser Untersuchungen ergeben sich dann Maßnahmen zum Schutz, zur Pflege und Entwicklung unserer Wirtschafts- und Erholungsgebiete auf ökologischer Grundlage. Damit wird die Bedeutung klar, die heute der Pflanzensoziologie zukommt. Die Entwicklung eines Raumordnungsplanes ohne Berücksichtigung pflanzensoziologischer Erkenntnisse ist heute nicht mehr denkbar. Daraus sollten auch im erzieherischen Bereich Konsequenzen gezogen werden. Es genügt nicht mehr, in Lehrplänen den Naturschutz und die Landschaftspflege anzusprechen und in der Schule darüber zu diskutieren. Nur die Durchführung entsprechender praktischer Untersuchungen kann die Notwendigkeit einschneidender Maßnahmen deutlich machen. Eine Möglichkeit für solche praktische Untersuchungen ist die Erfassung von Pflanzengesellschaften an Standorten, die durch menschliche Eingriffe stark belastet sind.

I.2.1 Pflanzengesellschaften

Das Nebeneinander von Pflanzen in Pflanzengesellschaften wird bestimmt durch die verschiedenen ökologischen Faktoren, die einen Standort kennzeichnen. In Monokulturen kann leicht überprüft werden, ob die ökologischen Gegebenheiten mit dem physiologischen Optimum einer Art übereinstimmen. Nun gibt es an jedem Standort meist mehrere Arten mit gleichem physiologischem Optimum. Werden diese Arten im Labor zusammen kultiviert, so verschiebt sich das Optimum des Wachstums gegenüber dem physiologischen Optimum. Dies kann bei der einen Art mehr, bei der anderen weniger in Erscheinung treten, so daß die Zusammensetzung einer Pflanzengesellschaft demnach auch vom Durchsetzungsvermögen der Arten unter Konkurrenzbedingungen abhängig ist. Ein Pflanzengesellschaft kann durch eine Reihe von Merkmalen charakterisiert werden. Abb. I/13 gibt einen Überblick.

Die **Gesamtartenzahl** für eine bestimmte Gesellschaft darf nur in engen Grenzen schwanken. Die Zuordnung eines Pflanzenbestandes zu einer Gesellschaft ist nur erlaubt, wenn neben den typischen Arten nur eine geringe Zahl von rein zufälligen Arten festgestellt wird. Die Anordnung der Arten in Sippen, d. h. in Pflanzenfamilien, kann dann aufschlußreich sein, wenn diese Sippen einen bestimmten Zeigerwert haben. Unabhängig von ihrer systemati-

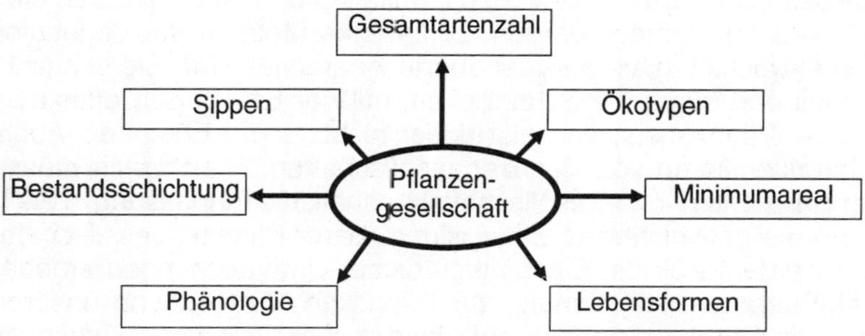

Abb. I/13: Kennzeichnende Merkmale von Pflanzengesellschaften.

schen Zugehörigkeit können die Pflanzen einer Gesellschaft bestimmte Ökotypen repräsentieren. Möglich sind Licht-, Schatten-, Kalk-, Stickstoff-, Nässe- oder Trockenheitsanzeiger.

Sehr charakterisierend kann auch die **Bestandsschichtung** sein. Waldgesellschaften zeigen die höchste Differenzierung mit Baum-, Strauch-, Kraut- und Moosschicht. Am einfachsten gebaut ist eine Wasserlinsengesellschaft, die auf der Wasseroberfläche nur eine einzige Schicht bildet. Entsprechend der Zugehörigkeit zu einer Schicht können die Pflanzen bestimmten **Lebensformtypen** zugeordnet werden. Zu den *Phanerophyten* (Luftpflanzen) gehören Bäume und Sträucher. *Chamaephyten* (Zwergsträucher) tragen ihre Knospen in einer Höhe von 25 - 50 cm. *Hemikryptophyten* (Oberflächenpflanzen) liegen dem Erdboden auf, *Geophyten* überwintern mit Erneuerungsknospen im Boden und *Therophyten* oder *Annuelle* (Einjährige) bilden nur widerstandsfähige Samen.

Durch Beobachtungen zur **Phänologie** läßt sich der jahreszeitliche Rhythmus einer Gesellschaft darstellen. Blattentfaltung, Auf- und Abblühen, Fruchten und Welken sind wichtige, festzuhaltende Termine.

Für eine spätere Bestandsaufnahme ist die Bestimmung des **Minimumareals** von Bedeutung. Es ist der Mindestraum, in dem die für die Gesellschaft charakteristische Artenverteilung noch erkennbar ist.

I.2.2 Die Assoziation als Grundeinheit der Systematik von Pflanzengesellschaften

Assoziationen sind die Grundeinheiten eines Systems der Pflanzengesellschaften. Sie werden gekennzeichnet durch Charakter- und Differentialarten und haben bei einheitlichen Standortbedingungen und einheitlicher Physiognomie eine bestimmte floristische Zusammensetzung.

Charakterarten (= **Kennarten**) sind solche, die fast nur in einer ganz bestimmten Gesellschaft vorkommen, sich also durch Gesellschaftstreue auszeichnen. Findet man zum Beispiel im höheren Bergland Wirtschaftswiesen mit Goldhafer, dann ist der Goldhafer (*Trisetum flavescens*) die Charakterart der Assoziation „Goldhafer-Wiese" (Trisetetum flavescentis). Daneben gibt es Assoziationen, die ebenfalls durch die Charakterart Goldhafer gekennzeichnet sind, die aber noch zusätzlich besondere Arten enthalten. Man nennt solche Arten, die sehr ähnliche Assoziationen voneinander trennen, **Differential**- oder **Trennarten**. Sie können außerhalb des Verbandes eine weite Verbreitung haben. Im Falle der Goldhaferwiesen werden durch die Differentialarten Bärwurz (*Meum athamanticum*) die „Bärwurzreiche Berg-Fettwiese" und durch die Große Sterndolde (*Astrantia major*) die „Sterndoldenreiche Goldhafer-Wiese" unterschieden (vgl. RUNGE 1973).

Charakter- und Differentialarten müssen innerhalb einer Assoziation von der Individuenzahl her nicht dominierend sein. Deshalb werden bei der Be-

Tab. I-6: Hierarchisch gegliedertes Gesellschaftssystem am Beispiel der Glatthaferwiesen. (Neu zusammengestellt nach WILMANNS 1993, Artnomenklatur nach SCHMEIL/FITSCHEN 1993.)

Klasse: Wirtschaftsgrünland (Molinio-Arrhenather*etea*)

Klassen-Charakterarten:
Wiesen-Fuchsschwanz (*Alopecurus pratensis*)
Wiesen-Schaumkraut (*Cardamine pratensis*)
Herbstzeitlose (*Colchicum autumnale*)
Wiesen-Schwingel (*Festuca pratensis*)
Wolliges Honiggras (*Holcus lanatus*)
Wiesen-Rispengras (*Poa pratensis*)
Scharfer Hahnenfuß (*Ranunculus acris*)
Kleiner Klappertopf (*Rhinanthus minor*)
Großer Sauerampfer (*Rumex acetosa*)
u.a.

---

1. Ordnung: Fettwiesen und -weiden (Arrhenather*etalia*)

Ordnungs-Charakterarten:
Flaumiger Wiesenhafer (*Helictotrichon pubescens*)
Wiesen-Wucherblume (*Chrysanthemum ircutianum* s.str.)
Wiesen-Knäuelgras (*Dactylis glomerata*)
Acker-Witwenblume (*Knautia arvensis*)
Wiesen-Bocksbart (*Tragopogon pratensis*)
Weiß-Klee (*Trifolium repens*)
Wiesen-Glatthafer (*Trisetum flavescens*)
u.a.

1. Verband: Fettweiden der Ebene und mittleren Gebirgslagen (Cynosurion)

2. Verband: Alpen-Fettweiden (Po*ilon* alpinae)

3. Verband: Glatthaferwiesen (Arrhenather*ion* elatioris)

4. Verband: Goldhaferwiesen (Triset*ion* flavescentis)

Assoziation: Sterndoldenreiche Goldhafer-Wiese (Astrantio-Triset*etum*)

Assoziations-Charakterarten:
Große Sterndolde (*Astrantia major*)
Bergampfer (*Rumes alpestris*)
Trollblume (*Trollius europaeus*)

---

schreibung von Pflanzengesellschaften auch **Begleiter** genannt. Das sind Arten, die keinen ausgesprochenen Gesellschaftsanschluß zeigen.

Haben verschiedene Assoziationen mehrere Arten gemeinsam und treten diese Arten in anderen Assoziationen nicht regelmäßig auf, so können Assoziationen zu **Verbänden**, **Ordnungen** und **Klassen** zusammengefaßt werden. Entsprechend gibt es dann *Verbands-*, *Ordnungs-* und *Klassen-Charakterarten.* Insgesamt erhält man so ein hierarchisch gegliedertes Gesellschaftssystem. Die einzelnen taxonomischen Kategorien werden nach den Charakterarten benannt, wobei der lateinische Wortstamm eine bestimmte Endung erhält (s. Tab. I-6). Assoziationen selbst können in weitere Untereinheiten zerfallen, die Subassoziationen. Diese wiederum werden in Varianten, in Subvarianten und Fazies eingeteilt.

Biologielehrer und Fachdidaktiker führen pflanzensoziologische Untersuchungen nicht nur mit der Zielsetzung durch, typische Pflanzengesellschaften zu demonstrieren. Ihnen kommt es zum Beispiel auch darauf an, die Auswirkungen eines Straßenneubaus auf die Vegetation zu zeigen. Dazu werden Vegetationsaufnahmen am Rande der neuen Straße und an unbelasteten Standorten durchgeführt. Ein Vergleich beider Aufnahmen ergibt dann Einsichten in die Belastbarkeit der Landschaft. Hinter dieser Zielsetzung treten syntaxonomische Gesichtspunkte etwas zurück. Trotzdem sollten die methodischen Erfahrungen der Pflanzensoziologen bei den Vegetationsaufnahmen übernommen werden. Zu leicht ergeben sonst Vereinfachungen und Abänderungen im Vorgehen methodische Fehler.

I.2.3 Die Vegetationsaufnahme

Unter einer Vegetationsaufnahme versteht man die Untersuchung eines Pflanzenbestandes und der Standortbedingungen in einem eng umgrenzten Untersuchungsgebiet. Dazu gehört die Feststellung des Pflanzenarten-Bestandes und das Beschreiben der Eigenschaften des Standortes, besonders des Bodens.

I.2.3.1 Vorbereitung einer Vegetationsaufnahme

In Abb. I/14 sind die vorbereitenden Schritte für eine Vegetationsaufnahme zusammengefaßt.

Je nach der **Fragestellung**, die einer vegetationskundlichen Untersuchung zugrunde liegt, muß das *Literaturstudium* mehr in die floristische, ökologische oder landschaftspflegerische Richtung gehen (siehe Literaturliste).

Bei einer **Vorbegehung** verschafft man sich einen Überblick über den Pflanzenbestand. Gleichzeitig wird kritisch geprüft, ob das Gebiet für Untersuchungen geeignet ist, die zur Klärung der Fragestellung beitragen können.

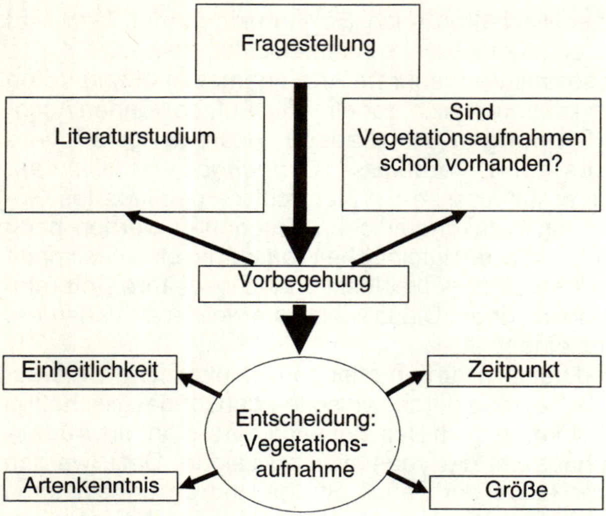

Abb. I/14: Die Vorbereitung einer Vegetationsaufnahme.

Wichtig sind auch Nachforschungen nach bereits vorliegenden Vegetationsaufnahmen. Forst-, Wasserwirtschafts- und Naturschutzstellen können darüber Auskunft geben.

Ist die Entscheidung gefallen, daß in einem bestimmten Gebiet eine Vegetationsaufnahme gemacht werden soll, müssen die Aufnahmeflächen und der Zeitpunkt der Aufnahme festgelegt werden. Der **Zeitpunkt** der Aufnahme muß so gewählt werden, daß möglichst die ganze Artenkombination erfaßt wird. So ist z. B. eine Ackerunkraut-Gesellschaft einem starken jahreszeitlichen Wechsel unterworfen. Im Frühjahr wachsen auf einem Winterroggenfeld Ehrenpreis-Arten, Vogelmieren, Hirtentäschelkraut, Taubnesseln und Gelbes Kreuzkraut. Nach dem Schossen des Getreides entfalten sich die typischen Ackerunkräuter wie Klatschmohn, Kornblume, Kornrade. Kurz vor dem Schnitt des Roggens wird in diesem Fall also der günstigste Zeitpunkt für die Vegetationsaufnahme liegen. In Tab. I-7 sind günstige Zeiten für Vegetationsaufnahmen angegeben.

Bei der Wahl der Aufnahmefläche ist auf die **Einheitlichkeit** der Standortbedingungen zu achten. Nur dann kann man erwarten, daß auch das Artengefüge einheitlich ist. Dies trifft in besonderem Maße für den Boden zu. Seine Eigenschaften sollten mit einem Bodenprober an mehreren Stellen überprüft werden. Weiterhin müssen Hangneigung und Exposition überall gleich sein. Die Aufnahmeflächen werden dann normalerweise als Quadrate oder Rechtecke ausgesteckt. Jede andere Form ist jedoch möglich, wenn dadurch die Einheitlichkeit der Aufnahmefläche erreicht wird.

Die **Größe** der Aufnahmefläche ist mit dem Minimumareal (vgl. I.2.1) nicht identisch, sondern immer größer. Durch das Erstellen einer Artenzahl-Areal-

Tab. I-7: Günstige Zeiten für Vegetationsaufnahmen. (Nach KNAPP, 1958 verändert.)

Wiesen	Ende Mai bis Anfang Juni, vor dem ersten Schnitt
Wälder	Ende April bis Anfang Juni
Fluß-Auenwälder	Ende Juni bis Ende September
Flachmoore	Ende Mai bis Anfang Juli
Halmfrucht Äcker	Letzte Woche vor der Getreideernte
Hackfrucht Äcker	September bis Oktober

kurve kann die Größe der Aufnahmefläche empirisch bestimmt werden (s. Abb. I/15). Man zählt zunächst die Arten in einer kleinen Fläche und verdoppelt dann diese Fläche und zählt wieder. Im Bereich, wo die Kurven nach steilem Anstieg in eine Waagerechte übergeben, liegt die günstigste Größe für die Aufnahmefläche.

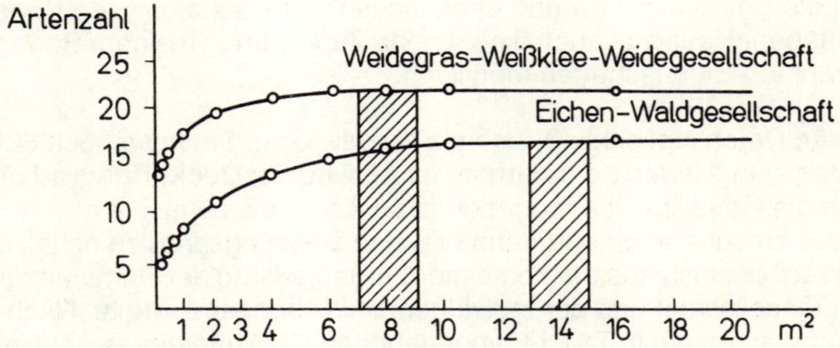

Abb. I/15: Artenzahl-Arealkurve zur Bestimmung der Größe der Aufnahmefläche (schraffierte Fläche). (Nach KNAPP 1958, verändert.)

Große Schwierigkeiten wird jeder bekommen, dessen **Artenkenntnisse** gering sind. Es ist deshalb unerläßlich, daß man sich mit den in Frage kommenden Pflanzenarten vorher beschäftigt. Bei der eigentlichen Aufnahme sollte grundsätzlich nicht bestimmt werden. Unbekannte Arten werden unter einer vorläufigen Nummer protokolliert und später nachbestimmt.

I.2.3.2 Durchführung einer Vegetationsaufnahme

Der oberste Grundsatz bei einer Vegetationsaufnahme muß sorgfältiges Arbeiten sein. Fehler, die hier gemacht werden, sind auch durch die scharfsinnigste Analyse und Interpretation der Ergebnisse nicht auszugleichen.

Die einzelnen Vegetationsaufnahmen werden am besten auf lose Blätter protokolliert. Zunächst werden notwendige Daten eingetragen.

1. *Aufnahmedatum.*
2. *Ort der Aufnahme*: Muß so abgefaßt werden, daß ein Wiederfinden der Aufnahmefläche jederzeit möglich ist. Eintragen in eine entsprechende Karte.
3. *Größe der Aufnahmefläche.*
4. *Exposition*: Es kommt nicht darauf an, ob ein Hang im Norden oder Süden liegt, sondern nach welcher Himmelsrichtung er exponiert ist. Auch die Hangneigung (Inklination) und die Lage der Fläche am Hang müssen angegeben werden.
5. *Schichten und deren Deckung*: Für jede Schicht wird der Flächenanteil des Bodens in Prozent geschätzt, der von der jeweiligen Vegetation bedeckt wird.
6. *Angaben über Bewirtschaftung*: Bei Wäldern zum Beispiel Betriebsarten und die damit zusammenhängende Beeinflussung der Vegetation.
7. *Angaben über den Boden*: Am besten wird ein Bodenprofil ausgegraben und die physikalischen und chemischen Eigenschaften des Bodens beschrieben. Häufig ist auch eine direkte Zuordnung zu einem Bodentyp mit bekannten Eigenschaften möglich.

An diesen Datenkopf schließt sich die Artenliste an. Sie kann nach Schichten gegliedert sein. Neben dem Namen der Art wird der **Deckungsgrad** und häufig auch die Geselligkeit angegeben. Günstig ist es, zunächst alle vorhandenen Arten aufzunehmen und dann erst den Deckungsgrad zu schätzen. Das ist ein Wert, der sich aus der kombinierten Beurteilung der Dominanz einer Art in einer Gesellschaft und der Individuenzahl (Abundanz) ergibt. Nach BRAUN-BLANQUET werden die in Tab. I-8 angegebenen Deckungsgrade verwendet.

Zur Schätzung des Deckungsgrades stellt man sich zuerst die Frage, ob mehr oder weniger als 50 % der Fläche bedeckt werden. Dann engt man den Bereich entsprechend der oben genannten Prozentzahlen schrittweise weiter ein. Zur Schätzung können auch Vergleichstafeln nach SCHLICHTING/BLUME 1966 eine Hilfe sein (s. Abb. I/16).

Tab. I-8: Deckungsgrade nach BRAUN-BLANQUET (1964.)

r	Nur ganz wenige Individuen (1-5 Stück) mit sehr geringen Bedeckungsanteilen in der Aufnahmefläche.
+	Wenig vorhanden. Bedeckungsanteile gering. (Das Zeichen wird „Kreuz“ gesprochen.)
1	Reichlich vorhanden. Jedoch weniger als 5 % der Aufnahmefläche bedeckend.
2	5-25 % der Aufnahmefläche bedeckend. Nach BRAUN-BLANQUET auch sehr zahlreiche Individuen, aber weniger als 5 % der Aufnahmefläche bedeckend.
3	25-50 % der Aufnahmefläche bedeckend.
4	50-75 % der Aufnahmefläche bedeckend.
5	75-100 % der Aufnahmefläche bedeckend.

Als zweiter Wert kann, durch einen Punkt getrennt, noch die **Geselligkeit** der Art angegeben werden. Darunter versteht man Angaben darüber, ob eine Pflanze z. B. nur einzeln oder horstweise wächst. Nach BRAUN-BLANQUET wird die Geselligkeit nach einer fünfteiligen Skala geschätzt (Tab. I-9a).

Zusätzlich zu den Angaben über den Deckungsgrad und die Geselligkeit kann durch Exponenten der momentane Lebenszustand, die Vitalität einer Pflanze zum Ausdruck gebracht werden. Tab. I/9 b gibt eine Übersicht über die nach BRAUN-BLANQUET zu verwendenden Zeichen.

Tab. I-9a: Geselligkeit nach BRAUN-BLANQUET (1964).

1	einzeln wachsend,
2	gruppen- und horstweise wachsend,
3	truppweise wachsend (kleine Flecken oder Polster),
4	in kleinen Kolonien wachsend oder ausgedehnte Flecken und Teppiche bildend,
5	in großen Herden.

Tab. I-9b: Exponenten für die Vitalität von Pflanzen. (Nach BRAUN-BLANQUET 1964.)

°°	sehr kümmerlich (z. B.: r.1°°)
°	kümmerlich (z. B.: +.1°)
	kein Exponent: normal entwickelt
•	üppig (z. B.: 3.3•)

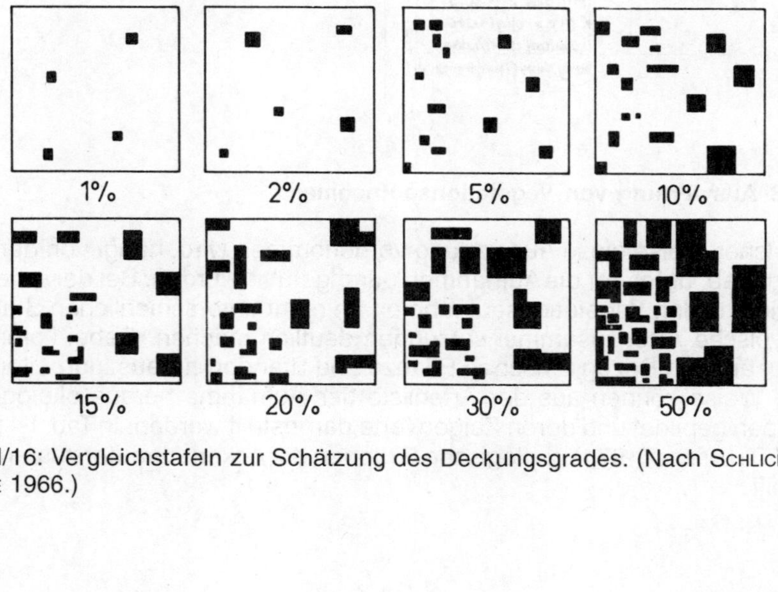

Abb. I/16: Vergleichstafeln zur Schätzung des Deckungsgrades. (Nach SCHLICHTING/BLUME 1966.)

Als Beispiel einer Vegetationsaufnahme ist das Material einer Aufnahme nach SEBALD (1970) wiedergegeben (Tab. I-10). Bewußt wird hier nur der Deckungsgrad angegeben. Gerade dem weniger Geübten erleichtert das den Überblick.

Tab I-10: Beispiel einer Vegetationsaufnahme mit Artenliste. (Nach SEBALD 1970.)

Serie: WK Nr. 48 am: 3.6.62
Blatt 1:25000: 7617 Sulz/Neckar
R 68 km 280 m H 58 km 100 m
Ort: Eckkapf 1,5 km S Hopfau
Höhe 540 m NN Fläche 400 qm
Exp. NNO Neig. 20° Lage: Unterhang
Boden, Geologie: steiniger Boden vom Rendzina-Typ / oberer Muschelkalk
Formation: Buchen-Tannen(Fichten)-Baumholz
Deckung: B 80% S 10% K 60% M 50%

Baumschicht:		Krautschicht:	
Abies alba	3	Mercurialis perennis	3
Fagus sylvatica	2	Asperula odorata	2
Picea abies	1	Oxalis acetosella	2
		Lathyrus vernus	1
Strauchschicht:		Anemone nemorosa	1
Fagus sylvatica	1	Asarum europeum	1
Picea abies	1	Actaea spicata	1
Lonicera xylosteum	+	Dentaria digitata	1
Corylus avellana	+	Dryopteris filix-mas	1
Daphne mezereum	+	Fraxinus juv.	+
		Phyteuma spicata	+
		Viola reichenbach	1
		Fragaria vesca	+
		Milium effusum	1
		Carex digitata	+
		Lamium galeobdolon	1
		Athyrium filix-femina	+

Vicia sepium	+	Moosschicht:	
Prenanthes purpurea	+	Plagiochila asplenoides	1
Paris quadrifolia	+	Thuidium tamariscifolium	1
Myosotis sylvatica	+	Eurynchium striatum	2
Melica nutans	+	Mnium undulatum	2
		Hylocomium splendens	2
		Rhytidiadelphus triquetrus	1

I.2.3.3 Auswertung von Vegetationsaufnahmen

In welcher Weise diese Auswertung vorgenommen wird, hängt von der Zielsetzung ab, unter der die Aufnahmen durchgeführt wurden. Bei der Arbeit mit Schülern sollen Vegetationsaufnahmen an recht unterschiedlichen Standorten typische Artenzusammensetzungen deutlich machen. Dabei kommt es darauf an, den Bezug zwischen Pflanze und Standort herauszuarbeiten. Auf diese Weise können aus der Artenliste der Aufnahme heraus ökologische Gruppen gebildet und deren Zeigerwerte dargestellt werden. In Tab. I-11 sind nach ELLENBERG (1974) ökologische Gruppen der Ackerunkräuter zusammengestellt.

Tab. I-11: Ökologische Gruppen der Ackerunkräuter. (Nach ELLENBERG (1950.)

I.	Beherrschender Faktor: Bodenreaktion	
	a) Kalkzeiger	
	Trockenheitsertragende	
	nicht stickstoffbedürftige	1. Hasenohr-Gruppe
	mäßig stickstoffbedürftige	2. Schöterich-Gruppe
	tiefwurzelnde	3. Sichelmöhren Gruppe
	frische-liebende	4. Rittersporn-Gruppe
	zur Gruppe 5 neigende	4a. Ackerröte-Gruppe
	b) Kalk-bevorzugende	
	frische-liebende	5. Ackersenf-Gruppe
	nässe-ertragende	6. Ackersaudistel-Gruppe
	c) Säure-bevorzugende	
	nässe-ertragende	7. Kamillen-Gruppe
	indifferente	8. Hederich-Gruppe
	d) Säureanzeiger	
	indifferente	9. Knäuel-Gruppe
	trockenheits-ertragende	10. Vogelfuß-Gruppe
	frische-liebende	
	wenig stickstoff-bedürftige	11. Leimkraut-Gruppe
	stickstoff-bedürftige	12. Sandhohlzahn-Gruppe
II.	Beherrschender Faktor: Wasserhaushalt	
	e) Staunässe-Ertragende	
	flachwurzelnde	13. Kriechhahnenfuß-Gruppe
	tiefwurzelnde	14. Huflattich-Gruppe
	f) Krumenfeuchtigkeits-liebende	
	indifferente	15. Sumpfruhrkraut-Gruppe
	säure-ertragende	16. Krötenbinsen-Gruppe
	Lebermoose	17. Sternlebermoos-Gruppe
III.	Beherrschender Faktor: Stickstoffreichtum	
	g) Stickstoffzeiger	
	indifferente	
	kälte-ertragende	18. Vogelmieren-Gruppe
	wärme-liebende	19. Hühnerhirsen-Gruppe
	Kalk-bevorzugende	
	kälte-ertragende	20. Gartenwolfsmilch-Gruppe
	wärme-liebende	21. Bingelkraut-Gruppe
IV.	Indifferente Arten	
	einjährige Indifferente	22. Vergißmeinnicht-Gruppe
	mehrjährige Indifferente	23. Löwenzahn-Gruppe
V.	Sondergruppen	
	Saatunkräuter	24. Kornraden-Gruppe
	Trittpflanzen	25. Wegerich-Gruppe

Für Schülerarbeiten sollten die Aufnahmeflächen so ausgewählt werden, daß der Artenbestand typisch für eine bestimmte Pflanzengesellschaft ist. Die Schüler ordnen dann ihre Artenliste nach abnehmendem Deckungsgrad und bestimmen durch Vergleichen mit der Literatur (RUNGE 1973) die Pflanzengesellschaft. Charakterarten und Trennarten der Gesellschaft werden gesondert gekennzeichnet.

Soll das Ziel von Vegetationsaufnahmen die Erstellung einer Vegetationskarte eines bestimmten Gebiets sein, so muß zunächst die Zahl der Aufnahmen erhöht werden. Nur so lassen sich statistisch abgesicherte Ergebnisse gewinnen. Die Artenlisten der Aufnahmen werden dann in **Tabellen** so umgearbeitet, daß daraus abgelesen werden kann, was allen Beständen einer Gesellschaft gemeinsam ist und durch welche Arten sie von anderen Gesellschaften unterschieden sind.

In der ersten Tabelle werden die Arten in einer senkrechten Spalte untereinander geschrieben. In waagrechten Spalten werden die Deckungsgrade und eventuell die Geselligkeit der jeweiligen Aufnahmenummer zugeordnet (vgl. Tab. I-12).

In der Rohtabelle fällt auf, daß einige Arten in fast allen Aufnahmen vorkommen. Diese Arten zeichnen sich durch eine hohe **Stetigkeit** aus. Da die Stetigkeit eine sehr wesentliche Eigenschaft der Arten einer Pflanzengesellschaft ist, werden die Arten in der Rohtabelle nach ihrer Stetigkeit geordnet. 100 % Stetigkeit bedeutet, daß die Art in allen Aufnahmen vertreten ist, bei 50 % nur in der Hälfte der Aufnahmen. Neben der Prozentangabe ist auch die Angabe von Stetigkeitsklassen üblich (s. Tab. I-13).

Das Ergebnis der Umordnung der Arten aus der Rohtabelle I-12 nach ihrer Stetigkeit ist in Tab. I-14 dargestellt.

Über die bisher beschriebene Tabellenarbeit hinaus wird in der Fachliteratur beschrieben, wie zu verfahren ist, wenn in den Vegetationsaufnahmen mehrere Pflanzengesellschaften erfaßt wurden oder wenn die quantitative Erfassung der Arten gefordert wird (vgl. KNAPP 1958, FUKAREK 1964 u. a.). Je

Tab. I-12: Rohtabelle einer Vogelknöterich-Gesellschaft. (Aus KNAPP 1958.)

Aufnahme Nr.	1	2	3	4	5	6	7	8	9	10	11	12	13	14	Stetigkeit	
															%	Klasse
Polygonum aviculare	2	2	2	4	3	4	4	2/3	3	3	2/3	4	3	3	100	V
Poa annua		+	r	r	+	+	+		+	+	r	+	+	+	86	V
Plantago major	r		+		+		+	r	+	+	r	+	+	l	79	IV
Taraxacum officinale	r	+		+		+		r	r			r		r	57	III
Chenopodium album	r	+			+	r									29	II
Senecio vulgaris				r			r								14	I
Erigeron canadensis			r°		-										14	I
Bryum argenteum			+												7	I
Sisymbrium officinale			r												7	I
Artemisia vulgaris							r°								7	I
Capsella bursa-pastoris								r							7	I
Lolium perenne													r		7	I

Tab. I-13: Stetigkeitsklassen.

Stetigkeit in %		Stetigkeits-klasse	Stetigkeit in %		Stetigkeits-klasse
1-20 %	=	I	61-80 %	=	IV
21-40 %	=	II	81-100 %	=	V
41-60 %	=	III			

nach Fragestellung ergeben sich dann unterschiedliche Gruppierungen der Pflanzen. Am häufigsten ist jedoch die Anordnung nach pflanzensoziologisch-systematischen Gesichtspunkten. Dabei werden den jeweiligen taxonomischen Kategorien die entsprechenden Charakter- und Trennarten zugeordnet und zuletzt die Begleiter aufgeführt (vgl. I.2.2).

I.2.4 Flechtenkartierung zum Erkennen einer Umweltbelastung

Flechten sind Pionierorganismen, die aufgrund ihres symbiontischen Komplexes aus Algen und Pilzen relativ substratunabhängig sind und deshalb auch auf für Pflanzen sonst nicht besiedelbaren Unterlagen wachsen können. So finden wir sie hauptsächlich auf der Rinde von Bäumen, auf Mauern oder Felsen. Bei den Flechten gibt es in der Hauptsache drei Wuchstypen: 1. **Krustenflechten**, die der Unterlage direkt anliegen, 2. **Blattflechten**, die oft nur locker dem Substrat aufliegen, und 3. **Strauchflechten**, die in der Regel als strauchförmige Büsche wachsen.

Obwohl Pionierorganismen, sind Flechten, besonders die Rindenbewohner, zum Teil doch stark empfindlich gegenüber Luftverschmutzungen, da sie u. a. kein leistungsfähiges Abschlußgewebe besitzen. Hier ist es besonders das SO_2 aus Kraftfahrzeugen, der Industrie und dem Hausbrand, das viele

Tab. I-14: Nach der Stetigkeit der Arten umgeordnete Rohtabelle. (Aus KNAPP 1958.)

Aufnahme Nr.	1	2	3	4	5	6	7	8	9	10	11	12	13	14	Stetigkeit %	Klasse
Polygonum aviculare	2	2	2	4	3	4	4	2/3	3	3	2/3	4	3	3	100	V
Poa annua		+	r	r	+	+	+		+	+	r	+	+	+	86	V
Plantago major	r		+		+		+	r	+	+	r	+	+	I	79	IV
Taraxacum officinale	r	+		+		+		r	r			r		r	57	III
Chenopodium album	r	+			+	r									29	II
Senecio vulgaris				r			r								14	I
Erigeron canadensis			r°		r										14	I
Bryum argenteum			+												7	I
Sisymbrium officinale			r												7	I
Artemisia vulgaris							r°								7	I
Capsella bursa-pastoris								r							7	I
Lolium perenne													r		7	I

Flechten schädigt und auf das sie derart empfindlich reagieren, daß hochgradig belastete Gegenden an Flechten sehr stark verarmt sind. Liegt der Gehalt an SO_2 sogar über ca. 16 mg/m^3 Luft, so kommt es zu Ausbildung regelrechter **Flechtenwüsten**. Allerdings sind die einzelnen Flechtenarten unterschiedlich empfindlich gegenüber Schwefeldioxid, wobei generell gilt, daß Krustenflechten weniger empfindlich reagieren als Blattflechten und diese wiederum weniger empfindlich als Strauchflechten. Sogar innerhalb dieser Wuchsformtypen gibt es eine von Art zu Art unterschiedliche Empfindlichkeit. Wenn man diese Empfindlichkeit gegenüber SO_2 kennt, so kann man aus dem Vorkommen oder Fehlen von Flechten auf die Belastung der Luft mit Schwefeldioxid schließen. Flechten können also als **Bioindikatoren** für die Umweltbelastung mit SO_2 dienen. Eine Kartierung von Flechten kann somit etwas über die Luftbelastung aussagen. Über den Zusammenhang zwischen der Art des Flechtenbewuchses auf der Rinde von Bäumen und der Schwefeldioxidbelastung der Luft gibt Tab. I-15 Auskunft.

Auch eine einfache Kartierung, wie sie z. B. für die Schule in Frage kommt, muß gewisse Bedingungen einhalten, damit die Ergebnisse vergleichbar sind und eine generelle Aussage möglich ist. Flechten reagieren nämlich außer auf die Verschmutzung der Luft auch auf die Beschaffenheit des Substrates, auf dem sie wachsen. Deswegen kann man nicht den Bewuchs einer Steinmauer mit dem einer Baumrinde vergleichen, sondern muß Stellen auswählen, die untereinander vergleichbar sind. Häufig wird empfohlen, die Untersuchung auf die Rinde von Bäumen auf der Wetterseite in der Höhe zwischen einem und zwei Metern zu beschränken. Dort wird ein Meßfenster, z. B. eine Folie, aufgelegt und alle in diesem Quadranten vorkommenden Flechten erfaßt. Da bei der Belastung der Luft mit Schwefeldioxid die Artenzahl und der

Tab. I-15: Flechtenbewuchs und Umweltbelastung. (Nach Jahns 1980.)

Vorkommender Bewuchs	Menge an SO_2 (g/m^3)
Sticta limbata, Usnea articulata, Lobaria scrobiculata, Teloschistes flavicans	Kein SO_2
Lobaria pulmonaria, Usnea florida, Ramalina fraxinea, Physcia leptalea	<30
Usnea ceratina, Parmelia perlata, Anaptychia ciliaris (fertil)	35
Physcia aipolia, Ramalina fastigiata, Parmelia caperata, Anaptychia ciliaris (steril)	40
Pertusaria-Arten, Parmelia exasperatula, Xanthoria parietina, Physconia pulverulenta, Pseudevernia furfuracea	50
Hypogymnia physodes, vereinzelt Xanthorina parietina und Physcia ascendens	60
Hypogymnia physodes, Parmelia saxatilis	70
Lecanora conizaeoides	125
Keine Flechten	150-170

Deckungsgrad geringer werden, kann man beide Phänomene für die Untersuchung benutzen. Soll nur die Artenzahl festgestellt werden, ohne die speziellen Arten mit ihrem Namen zu erfassen, so kann man auf die genaue Determination verzichten und nur die Zahl der Arten bestimmen. Genauere Werte über die Belastung der Luft ergeben sich aber erst, wenn man die vorkommenden Arten determiniert und an Hand der Tabelle abliest, wie hoch die Luftverunreinigung ist. Besonders im Großraum der Städte ergeben sich hier reizvolle Untersuchungen.

Wie man sieht, ist für derartige Untersuchungen, wenn sie exakte Werte liefern sollen, eine gute Artenkenntnis nötig, und man braucht ein gutes Bestimmungsbuch.

I.3 Methoden der Gewässer- und Wasseruntersuchung

Im Rahmen des Biologie-Unterrichts nehmen Besprechungen und Untersuchungen von Ökosystemen immer größeren Raum ein. Gerade in Zusammenhang mit Umweltbelastungen sind es dabei die Ökosysteme der Gewässer, denen eine besondere Bedeutung und Beachtung zukommt. Dabei kann sich der Biologie-Unterricht nicht nur auf biologische Untersuchungen beschränken, sondern muß auch physikalische und chemische Faktoren berücksichtigen, da ihre Größen Ökosysteme wesentlich in ihrer Zusammensetzung beeinflussen. Es sollen daher zu Anfang die Untersuchungsmöglichkeiten für abiotische Faktoren angesprochen werden. Die hier erfolgende Auswahl beschränkt sich allerdings auf die für die Biologie relevanten Faktoren und Stoffe. Auf spezielle Untersuchungen belasteter Gewässer wird hier nicht eingegangen. Dafür gibt es ausreichend Spezialliteratur (z. B. BÖHLMANN 1991).

I.3.1 Physikalische und chemische Untersuchungen

I.3.1.1 Entnahme von Wasserproben

Oberflächenwasser zu entnehmen, bereitet normalerweise keine allzu großen Schwierigkeiten. Für exakte Untersuchungen sollte man am besten Glasflaschen verwenden, die sich mit einem eingeschliffenen Glasstöpsel verschließen lassen. Für schulische Zwecke eignen sich sowohl zur Entnahme als auch zum Transport die leichten und dicht verschraubbaren Polyethylenflaschen, die heute überall erhältlich sind.

Einen etwas größeren Aufwand muß man treiben, wenn man Wasserproben aus verschiedenen Tiefen entnehmen will. Die für exakte Untersuchungen gebräuchlichen RUTTNERschen Wasserschöpfer sind sicher in den meisten

Fällen in einer Materialsammlung einer Schule nicht vorhanden. Man kann sich aber eine Schöpfflasche mit einfachen Mitteln selbst bauen, die sogenannte MEYERsche Schöpfflasche (Abb. I/17). Dazu nimmt man eine größere Glasflasche – gut eignen sich Sektflaschen – und beschwert sie mit Blei oder einem Stein. Man befestigt das Gewicht am besten in einem Netz, mit dem man die Flasche umgibt. Am Flaschenhals wird eine längere kräftige Schnur befestigt, die zum Herablassen in das Wasser dient. Die Schnur sollte nicht zu elastisch sein, Kunststoffschnüre sind daher weniger geeignet. In die Leine lassen sich Markierungen in Form von Knoten oder Fähnchen anbringen, an denen die Tiefe abgelesen werden kann.

Der Verschlußkorken wird so an der Leine befestigt, daß er bei gestraffter Schnur nicht ganz bis zur Flaschenöffnung heranreicht. Beim Verschließen sollte man darauf achten, daß der Korken nicht zu fest in die Flaschenöffnung gesteckt wird, man kann sonst die Flasche unter Wasser nicht mehr öffnen. Die verschlossene Flasche kann nun in die gewünschte Tiefe herabgelassen werden. Ist die Tiefe erreicht, zieht man mit einem kräftigen Ruck an der Leine den Korken heraus. Daß der Stöpsel sich wirklich gelöst hat, erkennt man an den aufsteigenden Luftblasen. Die MEYERsche Schöpfflasche eignet sich für Untersuchungen bis zu einer Tiefe von ungefähr 30 m. In größeren Tiefen wird der Wasserdruck so groß, daß man meistens den Stöpsel nicht mehr aus dem Flaschenhals lösen kann.

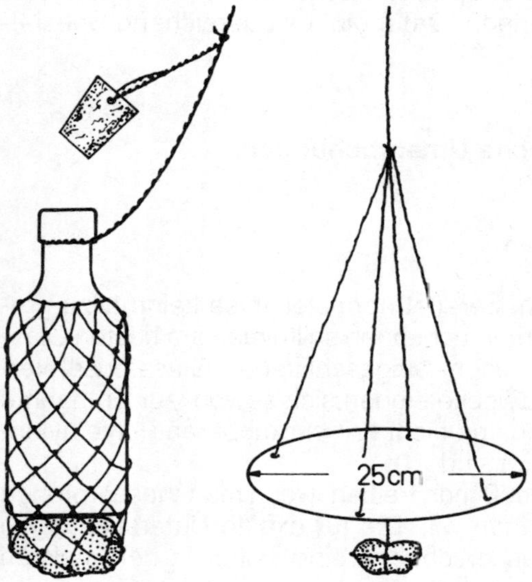

Abb. I/17: Links: Selbstgebastelte MEYERsche Schöpfflasche zur Entnahme von Wasserproben aus unterschiedlichen Tiefen. Rechts: Secchi-Scheibe zur Ermittlung der Sichttiefe.

I.3.1.2 Temperatur und Licht

Temperatur und Licht sind diejenigen Faktoren, die im Wasser entweder direkt oder aber indirekt über die Veränderung anderer abiotischer Faktoren die Verteilung von Organismen stark steuern.

Die **Temperatur** beeinflußt nicht nur die Stoffwechselrate der wechselwarmen Organismen in einem Gewässer, sondern begrenzt auch über die Veränderung der Sauerstoffkapazität (s. Kap. I.3.1.4) des Wassers nachhaltig das Vorkommen von Tier und Pflanze.

Zur Messung reichen Quecksilber-Thermometer mit einer Genauigkeit von 0,5 °C aus. Man lese die Werte immer ab, wenn sich das Thermometer im Wasser befindet. Zieht man es während des Ablesens heraus, wird die Temperatur durch die entstehende Verdunstungskälte sehr schnell verändert (verringert). Für die Erstellung von vertikalen Temperaturprofilen oder punktuellen Messungen in der Tiefe eignet sich die vorher beschriebene MEYERsche Schöpfflasche. Die Werte sind bei zügigem Hinaufziehen und unmittelbar danach erfolgendem Messen in der Schöpfflasche infolge der hohen Wärmekapazität des Wassers mit dieser Methode hinreichend genau.

Das **Licht** kommt hauptsächlich als begrenzender Faktor für das Auftreten von Pflanzen in einem Gewässer in Betracht. Der Lichteinfall in die Tiefe ändert sich nicht nur bei Verschmutzungen oder Einschlämmungen nach Regenfällen, sondern erfährt auch durch den Massenwechsel des Planktons jahreszeitliche Schwankungen.

Die Klarheit oder Trübung des Wassers läßt sich anhand der Sichttiefe bestimmen. Dazu verwendet man eine SECCHIsche Scheibe, die man an einer markierten Leine versenkt. Man bestimmt nun im Schatten (z. B. der Bootswand) die Tiefe, bei der die Scheibe gerade nicht mehr erkannt werden kann. Die gemessene Entfernung ist die Sichttiefe. Die SECCHIsche Scheibe ist eine weiße Scheibe von ca. 25 cm Durchmesser aus lackiertem Blech. Für Untersuchungen im Rahmen des Biologie-Unterrichts kann man sich eine derartige Scheibe leicht selbst herstellen, oder man nimmt eine weiße Kachel von etwa diesem Durchmesser; zur Not tut es ein mit Schnüren über Kreuz festgebundener Porzellanteller (Abb. I/17).

I.3.1.3 pH-Wert, Leitfähigkeit, Härte

Der pH-Wert zeigt an, ob ein Wasser sauer ist oder mehr basisch reagiert. Der pH-Wert 7 bedeutet, daß wir ein neutrales Wasser vor uns haben, geringere pH-Werte kennzeichnen saures Wasser, höhere basisches Wasser. Organismen bevorzugen in der Hauptsache den Bereich zwischen pH 6,8 und 7,8, d. h. ungefähr neutrales Wasser. Extremwerte natürlicher Gewässer liegen bei pH 3 und pH 13.

Die Messung des pH-Wertes erfolgt mit Indikatoren, die von verschiedenen Firmen (MERCK, HELLIGE) angeboten werden. Sie beruhen alle darauf, daß mit unterschiedlichen pH-Werten Farbänderungen der Indikatoren auftreten, die mit Norm-Farben verglichen werden. Auf diese Weise sind Schätzungen bis zu 0,2 Einheiten möglich. Genauere Messungen erfolgen mit elektrischen Meßgeräten.

Die elektrische **Leitfähigkeit** oder der Leitwert eines Wassers richtet sich nach den in ihm enthaltenen Ionen, d. h. hier, der gelösten Salze. Je mehr Salze im Wasser gelöst sind, desto höher ist der Leitwert. Gemessen wird er in S/m (Siemens pro Meter; bei der normalerweise geringen Leitfähigkeit natürlicher Gewässer in µS/m). Da $S = 1/\Omega$ ist, läßt sich eine Meßapparatur aus zwei Kohleelektroden, einer Batterie, einem Volt- und einem Ampere-Meter leicht selbst herstellen. Leichter geht es natürlich mit käuflichen Leitwertmessern (Konduktometern).

Eine biologisch wichtige Größe des Wassers ist seine **Härte**. Sie ist bedingt durch die im Wasser vorhandenen Calcium- und Magnesium-Salze. Je nachdem, ob die Salze in Form von Carbonaten oder nicht vorliegen, unterscheidet man die Carbonat- und die Nichtcarbonathärte. Beide zusammen bilden die **Gesamthärte**, deren Messung meistens für biologische Fragen, zumindest aber für schulische Zwecke, ausreichend ist. Gemessen wird die Gesamthärte in Grad deutscher Härte (°dH). 1°dH entspricht einem Gehalt von 10 mg Calciumoxid pro Liter Wasser.

Zur Messung, die auch im Gelände durchgeführt werden kann, stehen Titrationssätze zur Verfügung, wie etwa „Aquamerck“. Man richtet sich nach den Arbeitsanweisungen auf der Packungsbeilage. Noch einfacher, vor allem im Gelände, läßt sich mit Titrationstabletten „Durognost T“ (Fa. HEYL, Hildesheim) arbeiten. Hierbei wird zu 100 ml der zu untersuchenden Wasserprobe ein Indikatorpulver zugegeben, das das Wasser färbt. Nun setzt man dem Wasser so lange Tabletten zu, bis es zu einer Entfärbung kommt. Da jede Tablette 5 oder 1°dH entspricht, kann man aus der Zahl der verbrauchten Tabletten direkt auf die Gesamthärte des Wassers schließen.

I.3.1.4 Sauerstoff und Kohlenstoffdioxid

Der Sauerstoffgehalt des Wassers ist eine der wichtigsten Größen für die biologische Klassifizierung eines Gewässers. Nährstoffanreicherung oder, was auf dasselbe herauskommt, Verunreinigungen mit organischem Material, lassen den Sauerstoffgehalt eines Wassers infolge Sauerstoffzehrung durch Bakterien stark sinken. Die Besiedlung durch Lebewesen wird dadurch u. U. erheblich eingeschränkt.

Die Menge des im Wasser gelösten Sauerstoffs ist von der Temperatur des Wassers stark abhängig: Wasser geringerer Temperatur kann weitaus mehr Sauerstoff binden als wärmeres Wasser, wie Tab. I-16 ausweist.

Tab. I-16: Sauerstoffsättigung des Wassers in Abhängigkeit von der Temperatur bei normaler Atmosphäre (760 Torr). Gemessen in mg O_2/Liter Wasser.

Temperatur	0	5	10	15	20	25	30	35
O_2-Gehalt	14,16	12,37	10,92	9,76	8,84	8,11	7,53	7,04

Für die Messung des Sauerstoffgehalts benötigt man spezielle Sauerstoffflaschen, sogenannte WINKLER-Flaschen. Bei ihnen handelt es sich um geeichte Glasflaschen, die einen eingeschliffenen, abgeschrägten Glasstöpsel besitzen, mit dem sie luftblasenfrei verschlossen werden können.

Als Reagentien benötigt man: Iodkaliumhaltige Natronlauge (33 g NaOH und 10 g KI in 100 ml destilliertem Wasser lösen), Mangan(II)-Chloridlösung (40g $MnCl_2$ in 100 ml destilliertem Wasser lösen), n/100 Natriumthiosulfatlösung (wird aus einer n/10 Stammlösung hergestellt), konzentrierte Salzsäure und lösliche Stärke.

In die luftblasenfrei gefüllten WINKLER-Flaschen wird mit einer langen Pipette 0,5 ml iodkaliumhaltige NaOH und gleich anschließend 0,5 ml Mangan(II)-Chlorid-Lösung bis auf den Boden der Flasche gebracht (für jedes Reagenz eine eigene Pipette verwenden!), die Flasche wird verschlossen, gut geschüttelt und stehen gelassen. Es entsteht weißes Manganohydroxyd (I). Der im Wasser gelöste Sauerstoff bindet einen Teil davon zu Manganoxyhydrat (II). Man läßt den Niederschlag, der den gesamten im Wasser gelösten Sauerstoff enthält, sich gut absetzen. Dann wird die Flasche geöffnet, vorsichtig ca. 3 ml konzentrierte Salzsäure hinzugeben, wieder verschlossen und gut geschüttelt. Der Niederschlag löst sich nun unter Ausscheidung von Iod (III). Nun werden genau 50 ml aus der Flasche in einen Erlenmeyerkolben gefüllt und mit n/100 Natriumthiosulfatlösung aus einer Bürette titriert (IV), bis die gelbe Iodfärbung fast verschwunden ist. Damit der genaue Umschlagspunkt besser erkannt werden kann, setzt man nun etwas Stärke hinzu. Das restliche Iod gibt mit der Stärke eine tiefblaue Färbung. Nun wird zu Ende titriert, bis die blaue Farbe gerade verschwindet. Die bei dieser Messung beteiligten chemischen Reaktionen sind folgende:

			Manganohydroxyd
I)	$MnCl_2 + 2\ NaOH$	$\longrightarrow$	$Mn(OH)_2 + 2\ NaCl$
			Manganoxyhydrat
II)	$2Mn(OH)_2 + O_2$	$\longrightarrow$	$2\ MnO_2 + H_2O$
III)	$MnO_2 + H_2O + 6HCl$	$\longrightarrow$	$MnCl_2 + 6\ H_2O + Cl_2$
	$Cl_2 + 2\ KI$	$\longrightarrow$	$2\ KCl + I_2$
IV)	$I_2 + 2\ Na_2S_2O_3$	$\longrightarrow$	$2\ Na_2S_4O_6$

1 ml n/100 Natriumthiosulfatlösung entspricht 0,08 mg O_2 = 0,056 ml. Die Anzahl der verbrauchten ml Titrierlösung multipliziert man mit 20 x 0,056 = 1,12, da nur mit 1/20 Liter gearbeitet wurde, und erhält den Sauerstoffgehalt des Wassers in ml/Liter.

Für eine Grobbeurteilung des Sauerstoffgehalts, wie er u. U. für schulische Zwecke ausreicht, kann man die Färbung des Niederschlags, wie er sich bei der Bildung des Manganoxyhydrats zeigt (II), heranziehen. Bleibt der Niederschlag weiß, so ist im Wasser kein Sauerstoff gelöst, bei Elfenbeinfärbung sind 2-3 mg O_2 in einem Liter Wasser vorhanden, und ist er dunkelbraun, enthält das Wasser mehr als 5 mg/Liter.

Neben den beschriebenen quantitativen und halbquantitativen Methoden stehen heute elektrische Meßgeräte zur Verfügung, mit denen auch im Freiland einfach und schnell exakte Bestimmungen möglich sind.

Der Kohlenstoffdioxidgehalt des Wassers ist viel einfacher zu messen, er hat allerdings für die Beurteilung eines Gewässers auch eine weitaus geringere Bedeutung. Hierzu benötigt man eine 0,1 n Natronlauge und ein 1%ige Phenolphthaleinlösung. An Geräten werden benötigt: ein Erlenmeyerkolben (200 ml) und eine Titrierbürette. 100 ml des zu untersuchenden Wassers werden im Erlenmeyer mit ein paar Tropfen Phenolphthaleinlösung versetzt. Man sollte dabei allzu starkes Schütteln vermeiden, damit kein CO_2 entweicht. Nun wird solange die 0,1 n NaOH zugetropft, bis gerade eine leichte Rotfärbung entsteht. Chemisch passiert folgendes:

$$NaOH + H_2CO_3 \longrightarrow NaHCO_3 + H_2O.$$

1 Mol NaOH entspricht also 1 Mol CO_2 (44 g). 1 ml 0,1 n NaOH entspricht demnach 4,4 mg CO_2. Man muß nun lediglich die verbrauchten ml NaOH mit 4,4 multiplizieren, um die Menge CO_2 zu erhalten. Um den CO_2-Gehalt von einem Liter Wasser zu berechnen, muß man noch das obige Ergebnis mit 10 multiplizieren, denn es wurden ja nur 100 ml Wasser untersucht.

I.3.2 Biologische Untersuchungen an Gewässern

I.3.2.1 Planktonuntersuchungen

Unter dem Begriff Plankton wird die Gesamtheit der im Wasser freischwebenden Tiere und Pflanzen zusammengefaßt, die keine großen Eigenbewegungen zeigen und hauptsächlich mit den Wasserbewegungen von einer Stelle zur anderen gelangen. Tierisches Plankton heißt Zooplankton, pflanzliches Phytoplankton. Je nach der Größe der Organismen unterscheidet man Ultraplankton (< 5 µm), Nanoplankton (5 - 50 µm), Mikroplankton (50 - 500 µm), Mesoplankton (0,5 - 1 mm), Makroplankton (1 - 5 mm) und

Mega- oder Megaloplankton (> 5 mm). Man erkennt aus diesen Angaben, daß der Fang des Planktons gewisse Schwierigkeiten bereitet und daß seine Untersuchung fast ausnahmslos mit dem Mikroskop erfolgen muß.

Der Fang erfolgt mit Planktonnetzen, die aus sogenannter MÜLLER-Gaze mit besonders kleinen Maschenweiten gefertigt werden. Die Nummer der MÜLLER-Gaze gibt die jeweilige Maschenweite an. Nr. 0 besitzt eine Maschenweite von 500 µm, Nr. 50 eine solche von 50 µm. Dazwischen gibt es viele Übergänge. Für Planktonnetze eignet sich besonders Gaze mit den Nummern 12 (100 µm Maschenweite) bis 25. Ultra- und Nanoplankton kann mit einem solchen Netz nicht erbeutet werden. Es wird für Untersuchungen, die für die Schule allerdings weniger in Betracht kommen, durch Zentrifugieren von Wasserproben gewonnen.

Das Planktonnetz eignet sich lediglich für qualitative Untersuchungen. Sollen Aussagen über die Zahl der Organismen pro Volumeneinheit gemacht werden (s. u.), muß man Wasser mit geeichten Schöpfern entnehmen (z. B. RUTTNERscher Wasserschöpfer). Natürlich hilft hier auch wieder eine selbst gefertigte MEYERsche Schöpfflasche (s. Kap. I.3.1.3).

In der Regel wird man die mit dem Planktonnetz erzielten Fänge nicht an Ort und Stelle untersuchen und bestimmen können. Zum Transport werden Thermosflaschen verwendet, da viele der zarten Organismen keine größeren Temperaturschwankungen vertragen. Auch sollte das Plankton in dem ursprünglichen Wasser belassen werden, ohne anderes Wasser hinzuzugießen. Dies ist erforderlich, da vor allem das Phytoplankton am besten in frischem Zustand bestimmt werden kann. Deswegen sollte beim Bestimmen auch mit ihm begonnen werden. Zooplankton läßt sich dagegen meistens auch noch in fixiertem Zustand determinieren, wobei die Fixierung mit Formalin erfolgt. Von dem handelsüblichen 40%igen Formalin wird soviel zu der Planktonprobe gegossen, bis es ungefähr um das 10fache verdünnt ist. Besondere Exaktheit ist nicht vonnöten. In dieser 4%igen Formalinlösung läßt sich Plankton über längere Zeit aufbewahren. Soll die Zahl der Planktonorganismen pro Volumeneinheit (z. B. 1 ml) oder ihre Masse bestimmt werden, muß man entweder auszählen oder eine Sedimentation vornehmen. Das Auszählen geschieht unter dem Mikroskop in einer KOLKWITZschen Zählkammer. Bei ihr handelt es sich um eine flache Glas- oder Plexiglasplatte, in der eine platte, scheibenförmige Aussparung von 0,5, 1 oder 2 ml Inhalt vorhanden ist, die die Wasserprobe aufnimmt. Zum Auszählen müssen die Organismen mit einer Iodiodkaliumlösung fixiert werden, die zugegeben wird, bis das Wasser gelblich verfärbt ist. Die Schwierigkeit besteht nun darin, aus der großen Probe die zu untersuchenden 1 ml so abzutrennen, daß dieser einen repräsentativen Ausschnitt darstellt. Vor Füllung der Zählkammer wird das Probenwasser gut aufgewirbelt. Möglichst zählt man mehrere Proben aus und bildet den Mittelwert. In der KOLKWITZschen Zählkammer muß die Probe mit den fixierten Organismen eine genügend lange Zeit stehen bleiben, damit die Tiere und Pflanzen sich gut absetzen können. Dann zählt man mit einem Mikroskop, am besten mit einem umgekehrten Mikroskop, aus.

Wird kein Wert auf die artliche Zusammensetzung des Planktons und die Zahl pro Volumeneinheit gelegt, sondern soll nur die Biomasse bestimmt werden, kommt man ohne Mikroskop aus. Eine genügend große Wassermenge (z. B. 2 oder 5 Wassereimer à 10 l) wird dazu durch ein Planktonnetz gegossen. Die im Netz zurückbleibenden Organismen werden mit einem Liter klaren Wassers ausgewaschen und mit Formalin oder Iodiodkaliumlösung fixiert. Dann läßt man das Plankton in einem hohen graduierten Meßzylinder, am genauesten ist ein konisch nach unten zulaufendes Sedimentiergefäß nach IMHOFF, sedimentieren und liest den gefundenen Wert direkt ab. Natürlich muß man anschließend auf die ursprünglich entnommene Wassermenge zurückrechnen. Diese Methode erfaßt außer den Planktonorganismen auch sämtliche absetzbaren Stoffe, die im Planktonnetz zurückgehalten werden. Sie gibt aber trotzdem sehr gute Werte für den Vergleich zwischen nährstoffreichen (eutrophen) und nährstoffarmen (oligotrophen) Seen, die sich wenigstens in ihrem Planktongehalt deutlich unterscheiden.

I.3.2.2 Untersuchungen zur biologischen Beurteilung der Gewässergüte

Früher beschränkten sich Untersuchungen zur Beurteilung der Gewässergüte auf chemische und physikalische Methoden. Diese führen zu exakten Werten der abiotischen Faktoren. Eine der wichtigsten dieser Größen ist der Sauerstoffgehalt des Wassers. Er unterliegt aufgrund der Tätigkeit der im Wasser lebenden Organismen großen Schwankungen. Jedem Gewässer werden normalerweise organische Stoffe zugeführt. Dabei handelt es sich nicht nur um Abwasser. Pflanzen und Tiere, die das Gewässer besiedeln, bilden Abfallstoffe und sterben ab, Laub und Pflanzenteile werden von außen in das Gewässer hineingeweht. Alle diese Stoffe werden von Mikroorganismen angegriffen. Die Tätigkeit der zersetzenden Mikroben verbraucht den im Wasser gelösten Sauerstoff (Sauerstoffzehrung). Ist bei starker Belastung und damit hoher mikrobieller Zersetzungstätigkeit und Sauerstoffzehrung schließlich kein oder nur noch sehr wenig Sauerstoff im Wasser vorhanden, kommt es zu einer anaeroben Zersetzung des Materials, zur **Fäulnis**. Deren Endprodukte sind nicht Kohlenstoffdioxid und Wasser wie bei der Zersetzung mit Sauerstoff, sondern u. a. die giftigen Stoffe Ammoniak, Methan und Schwefelwasserstoff. Eine große Menge organischen Materials im Wasser führt also zu geringen Sauerstoffwerten.

Dort, wo eine starke Sauerstoffzehrung herrscht, werden daher also die Organismen keine Lebensgrundlage mehr finden, die einen hohen Sauerstoffbedarf haben. Es überleben nur diejenigen Organismen, die einen geringeren Sauerstoffbedarf haben oder sogar Fäulnisbewohner sind. Fäulnisbewohner werden als **Saprobien** bezeichnet.

Die biologische Untersuchungsmethode von Gewässern macht sich diesen Zusammenhang zwischen dem im Wasser vorhandenen organischen

Material, dem daraus resultierenden Sauerstoffgehalt des Wassers und dem Sauerstoffbedarf der Organismen zunutze und schließt von den vorhandenen Organismen auf den Sauerstoffgehalt und damit die Belastung des Wassers. Hierfür ist ein **Saprobiensystem** erstellt worden, das für die verschiedenen Belastungsstufen eines Gewässers Zeigerorganismen oder Charakterarten ausweist, die allerdings nicht sämtliche Fäulnisbewohner (Saprobien) zu sein brauchen. Dieses Saprobiensystem gilt nur für Fließgewässer, es läßt sich auf Teiche und Seen nicht anwenden. Die eingangs erwähnten chemischen und physikalischen Meßmethoden liefern zwar exakte Werte, diese gelten aber nur punktuell für den Meßzeitpunkt. Organismen benötigen aber ununterbrochen einen speziellen Zustand und sind deswegen auf Dauer die verläßlicheren Anzeiger für den Zustand eines Gewässers.

Mit Hilfe des Saprobiensystems wird ein Gewässer allein aufgrund biologischer Untersuchungen einer von vier Güteklassen zugeordnet, wobei zwischen diesen Großklassen durch Zwischenstufen weitere Unterklassen geschaffen wurden, wodurch eine größere Differenzierung möglich ist (Tab. I-17).

Tab I-17: Gewässergüte und Verschmutzungsgrad.

Güteklasse	Saprobienstufe	Saprobienindex	Verschmutzungsgrad	Sauerstoffgehalt
I	oligosaprob	1,5	unbelastet bis sehr gering belastet	> 8 mg/l
I-II		1,5-1,8	gering belastet	> 8 mg/l
II	beta-mesosaprob	1,8-2,3	mäßig belastet	> 6 mg/l
II-III		2,3-2,7	kritisch belastet	6-4 mg/l
III	alpha-mesosaprob	2,7-3,2	stark verschmutzt	> 2 mg/l
III-IV		3,2-3,5	sehr stark verschmutzt	< 2 mg/l
IV	polysaprob	3,5	übermäßig verschmutzt	< 2 mg/l

Die biologische Beurteilung der Gewässergüte geht davon aus, daß für die Güteklassen bzw. Saprobienstufen einzelne Organismen so typisch sind, daß sie als Zeigerorganismen gewertet werden können. Euryöke Arten, die in weiten Bereichen vorkommen, sind als Indikatoren ungeeignet.

Die Gewässerkundler berechnen aus den aufgefundenen Organismen einen sogenannten **Saprobien-Index**, der eine recht genaue Aussage über die Belastung des Gewässers zuläßt. Da diese Bewertungen Standarduntersuchungen der Gewässerkundler darstellen, müssen die Ergebnisse vergleichbar sein. Deshalb sind diese Verfahren sogar genormt worden (DIN 38410 Teil 2, 1989). Der Saprobien-Index berechnet sich nach folgender Formel:

$$S = \frac{\sum_{i=1}^{n} S_i \times A_i \times G_i}{\sum_{i=1}^{n} A_i \times G_i}$$

S = Saprobienindex
i = i-tes Taxon
s_i = Saprobienwert des i-ten Taxons
A_i = Abundanzziffer des i-ten Taxons
G_i = Indikationsgewicht des i-ten Taxons
n = Anzahl der Taxa

Man sieht, daß zur genauen Berechnung Tabellen vonnöten sind, die den Saprobienwert und das Indikationsgewicht der einzelnen Arten aufführen. Ferner muß bei der Untersuchung im Gelände die Abundanzziffer bestimmt werden (s. u.).

Für unterrichtliche Zwecke sind derartige Berechnungen zu kompliziert und zeitlich zu aufwendig. Hier reicht es in der Regel, wenn aus der prozentualen Verteilung der Zeigerorganismen der Saprobien-Index als arithmetisches Mittel berechnet wird. Ein Beispiel soll das verdeutlichen: 20 % der gefundenen Organismen eines Flußabschnitts gehören Gewässergüteklasse I an, 55 % der Güteklasse II und 25 % der Güteklasse III. Die Berechnung ergibt:

$$\begin{aligned} 20 \times 1 &= 20 \\ 55 \times 2 &= 110 \\ 25 \times 3 &= 75 \\ \hline 205 : 100 &= 2{,}05. \end{aligned}$$

In dem konstruierten Fall liegt also ein Saprobien-Index von 2,05 vor, das bedeutet, das Gewässer gehört der Güteklasse II, beta-mesosaprob, an. Es ist als mäßig belastet einzustufen.

Um zu diesen Werten zu gelangen, müssen die Organismen des zu untersuchenden Bach- oder Flußabschnitts möglichst lückenlos erfaßt werden. Dazu sucht man sämtliche Substrate (Steine, Treibholz, Schlamm, Sand, Vegetation, Brückenpfeiler) und das freie Wasser nach Tieren und Pflanzen ab. Die meisten Tiere findet man gewöhnlich, indem man Steine aus dem Wasser herausnimmt und ihre Oberfläche (besonders die Unterseite) systematisch absucht. Man sollte möglichst in einem größeren Bereich des Flusses sammeln, um entscheiden zu können, ob es sich um einen Einzelfund handelt oder ob das Tier oder die Pflanze regelmäßig vertreten ist.

Beim Sammeln in stark verschmutzten Gewässerabschnitten sollte man mit Gummihandschuhen arbeiten, da eine starke Belastung mit organischem Material auch häufig mit Verunreinigungen mit z. T. pathogenen Bakterien gekoppelt ist.

Der schwierigste Teil der gesamten Untersuchung liegt in dem sich nun anschließenden Bestimmen der gefundenen Arten. Diese Determinierung verlangt ein großes Geschick und viel Erfahrung, da es nicht nur darauf ankommt, die Zugehörigkeit zu einer bestimmten Gruppe (Familie oder Ordnung) festzulegen, sondern es muß eine exakte Artdeterminierung erfolgen. Nahe verwandte Formen können nämlich sehr unterschiedlichen Saprobiestufen angehören. Auf das Bestimmen folgt das Berechnen des Saprobien-Index.

Eine wichtige Aussage erfolgt über die Häufigkeit der Organismen in dem Untersuchungsabschnitt, die **Abundanz**. Im Gegensatz zu der Aussage in absoluten Zahlen (Kap. I.4) wird bei Gewässeruntersuchungen die Abundanz in vier Stufen mit den Zahlen 1, 3, 5 und 7 angegeben. 1 kennzeichnet Einzelfunde, die oft erst nach intensivem Suchen erbeutet werden. 3 bedeutet, daß die betreffende Art nicht besonders zahlreich, jedoch nicht zu übersehen ist. Kommt ein Organismus häufiger vor, nimmt man die Zahl 5, und 7 wird dann verwendet, wenn wir ein bestandsbildendes Massenvorkommen vor uns haben. In der exakten Formel geht diese Abundanzziffer in die Berechnung mit ein. Für schulische Zwecke kann man sich helfen, indem man Organismen der Abundanz 1 (oder sogar auch noch 3) für die Berechnung weg läßt.

Bereits die Zahl der anzutreffenden Arten läßt eine erste Aussage über den untersuchten Gewässerabschnitt zu. Generell werden wir in einem belasteten Abschnitt wenige Arten vorfinden, diese dann aber oft in einer riesigen Individuenzahl. Ein relativ unbelastetes Gewässer weist dagegen eine viel höhere Artenvielfalt auf, bei nicht so hoher Individuenzahl der einzelnen Arten. Diese Tatsache entspricht der THIENEMANNschen Grundregel, wonach einseitige Biotope artenarm sind.

In den Tabellen für moderne, vergleichbare Untersuchungen haben die einzelnen Organismen-Arten einen auf eine Stelle hinter dem Komma genauen

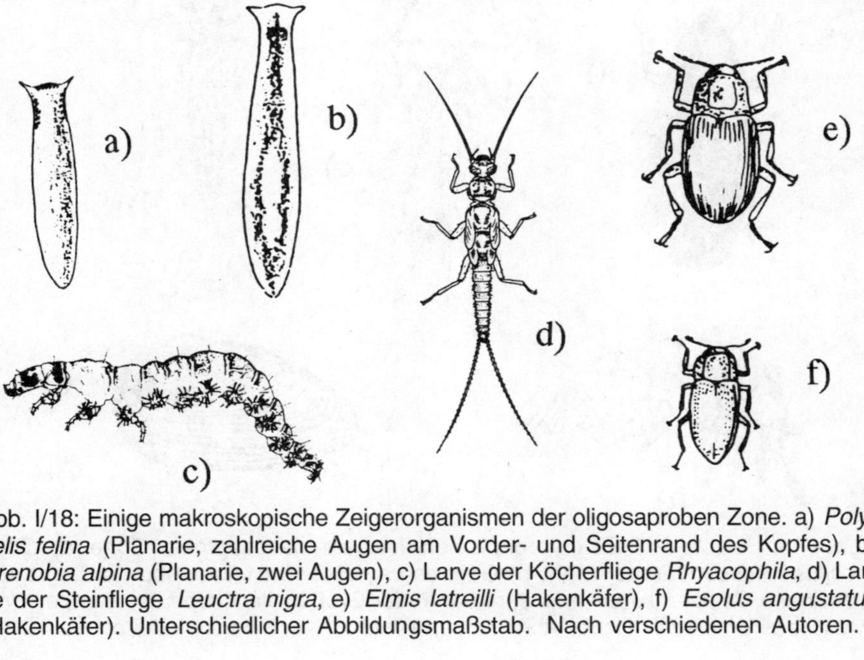

Abb. I/18: Einige makroskopische Zeigerorganismen der oligosaproben Zone. a) *Polycelis felina* (Planarie, zahlreiche Augen am Vorder- und Seitenrand des Kopfes), b) *Crenobia alpina* (Planarie, zwei Augen), c) Larve der Köcherfliege *Rhyacophila*, d) Larve der Steinfliege *Leuctra nigra*, e) *Elmis latreilli* (Hakenkäfer), f) *Esolus angustatus* (Hakenkäfer). Unterschiedlicher Abbildungsmaßstab. Nach verschiedenen Autoren.

Saprobienwert und ein Indikationsgewicht (4, 8 oder 16). Damit sind die Organismen den einzelnen Güteklassen gut zuzuordnen.

Gewässer der **Güteklasse I**, der **oligosaproben Zone**, sind meist klare Quellbäche, die auch im Sommer kaltes Wasser führen. Das Wasser ist in der Regel ohne Verunreinigungen und, da es kaum Nährsalze enthält, fehlt auch ein dichter Pflanzenwuchs. In der Hauptsache sind Moose und viele Kieselalgen anzutreffen.

Alle Tiere, die hier vorkommen, benötigen einen hohen Sauerstoffgehalt des Wassers. Da dieser Flußabschnitt meist schnellfließendes Wasser führt, zeigt die Mehrzahl der Tiere eine an das Strömungsleben angepaßte Körperform. Häufig sind sie abgeplattet und können sich so ohne großen Wasserwiderstand dem Untergrund anschmiegen. Sie besitzen oft mit Haken bewehrte Beine. Charakterformen sind Strudelwürmer, Käfer und die Larven von Steinfliegen und Köcherfliegen. Forellen laichen in diesem Abschnitt (Abb. I/18).

Einige Arten sind sichere Anzeiger für diese Zone, deren Saprobien-Index unter 1,5 liegt. Dazu gehören die Planarien *Crenobia alpina* (Saprobienwert 1,1) und *Polycelis felina* (1,1), die Hakenkäfer *Elmis latreilli* (1,1) und *Esolus angustatus* (1,2), die Larven der Köcherfliege *Rhyacophila* (1,0) und die der Steinfliege *Leuctra nigra* (1,4).

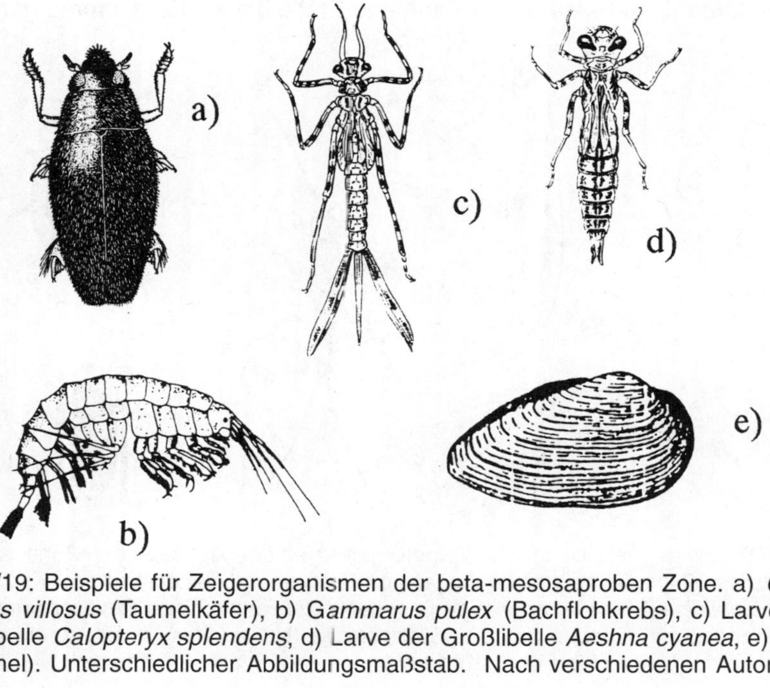

Abb. I/19: Beispiele für Zeigerorganismen der beta-mesosaproben Zone. a) *Orectochilus villosus* (Taumelkäfer), b) *Gammarus pulex* (Bachflohkrebs), c) Larve der Kleinlibelle *Calopteryx splendens*, d) Larve der Großlibelle *Aeshna cyanea*, e) *Unio* (Muschel). Unterschiedlicher Abbildungsmaßstab. Nach verschiedenen Autoren.

In der **Güteklasse I-II** haben wir es meistens auch noch mit schnellfließenden, klaren Oberläufen zu tun. Im Wasser treten Algen und Moose auf, von den Blütenpflanzen finden sich der Wasserstern (*Callitriche*) und der Aufrechte Merk (*Berula*). Zu den typischen Tierformen der Güteklasse I gesellen sich noch die Larven der Eintagsfliegen. Charakterarten sind der Hakenkäfer *Limnius volckmari* (1,6), die Wasserkäfer *Hydraena minutissima* (1,5) und *Oreodytes rivalis* (1,7); von den Planarien gehört als Zeigerart *Dugesia gonocephala* (1,6) hierher, von den Steinfliegen die Larven von *Leuctra geniculata* (1,6) und von den Köcherfliegen die der Gattung *Silo* (1,5). An Fischen finden sich die Groppe und die Forelle.

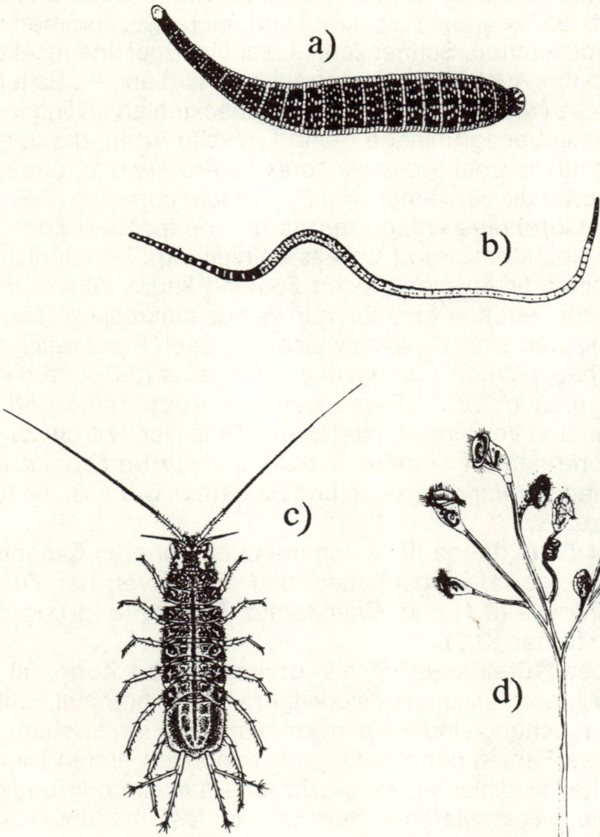

Abb. I/20: Beispiele für Zeigerorganismen der alpha-mesosaproben Zone. a) *Erpobdella octoculata* (Egel), b) *Lumbriculus variegatus* (Gliederwurm), c) *Asellus aquaticus* (Wasserassel), d) *Carchesium* (Wimpertierchen). Unterschiedlicher Abbildungsmaßstab. Nach verschiedenen Autoren.

Die Gewässer der **Güteklasse II**, der **beta-mesosaproben Zone**, sind bereits nährstoffreicher. Aufgrund des starken Pflanzenwuchses und des Vorkommens einer Vielzahl von Insekten und deren Larven handelt es sich um ertragreiche Fischgewässer. Für diese Güteklasse ist eine Zuordnung nach einzelnen Arten schwerer. Typische Arten sind u. a. die Larven der Köcherfliege *Anabolia nervosa* (2,0), der Taumelkäfer *Orectochilus villosus* (2,0), die Larven der Libellen *Aeshna cyanea* (2,0) und *Calopteryx splendens* (2,0), der Bachflohkrebs *Gammarus pulex* (2,1) und die Flußmuscheln der Gattung *Unio* (1,8 bzw. 2,0).

Das Wasser der **Güteklasse II-III** ist nicht mehr vollständig klar, sondern stets leicht trüb. Es kann in dieser Zone zu einer sehr dichten Besiedlung mit Algen und Blütenpflanzen, wie Laichkraut und Teichrose, kommen. Tiere, wie Schwämme, Moostierchen, Schnecken, Muscheln, Egel und Insektenlarven, sind ebenfalls häufig. Auch Fische sind zahlreich vorhanden. Es fehlen allerdings die Edelfische (wie Forelle) und von den Insektenlarven finden die Steinfliegen hier keine Lebensgrundlage mehr. Typische Arten, die u. a. in diese Zone gehören, sind die Egel *Glossosiphonia heteroclita* (2,5) und *Helobdella stagnalis* (2,6) sowie die Kugelmuschel *Sphaerium corneum* (2,3).

Gewässer der **Güteklasse III**, der **alpha-mesosaproben Zone**, sind fast immer ein Werk des Menschen (Abwassereinleitung), in natürlich belassenen Flußabschnitten findet man diesen Zustand kaum. Algen und Blütenpflanzen sind selten, ebenso kommen nur wenige makroskopische Tiere vor.

Indikatororganismen sind beispielsweise der Egel *Erpobdella octoculata* (2,7), der oligochaete Wurm *Lumbriculus variegatus* (3,0) und die Wasserassel *Asellus aquaticus* (2,7). Diese wenigen Arten zeigen oft Massenentwicklungen. In den Vordergrund treten nun Einzeller, wie die zu den Wimpertierchen gehörenden Glockentierchen *Carchesium* und *Vorticella* und das Trompetentierchen *Stentor coeruleus*, und Bakterien, wie z. B. die Abwasserbakterie *Sphaerotilus*.

Im Wasser der **Güteklasse III-IV** kommen von höheren Organismen nur wenige Arten vor. Indikatororganismen sind die Larven der Zuckmücken *Chironomus plumosus* (3,4) und *Chironomus thummi* (3,2) und der Wurm *Limnodrilus* (Tubificidae, 3,3).

Das Wasser der **Güteklasse IV**, der **polysaproben Zone**, ist fast ausschließlich von Mikroorganismen besiedelt. Am Boden herrscht Faulschlamm vor. Für die Untersuchung sind meist mikroskopische Beobachtungen nötig. Allerdings gibt das Fehlen höherer Organismen einen ersten Hinweis. Von den Wimpertierchen sind hier besonders *Paramecium putrinum* und *Colpidium colpoda* sowie die Glockentierchen *Vorticella microstoma* (unverzweigt) und *Carchesium polypium* (verzweigt) zu nennen. Die Geißeltierchen sind häufig durch das Augentierchen *Euglena viridis* und durch *Bodo putrinus* vertreten. Eine hier häufige Bakterienart, die auch makroskopisch durch schleimige, fellartige weiße Überzüge auf Steinen usw. in Erscheinung tritt, ist die als „Abwasserpilz“ bezeichnete Abwasserbakterie *Sphaerotilus natans*. An ma-

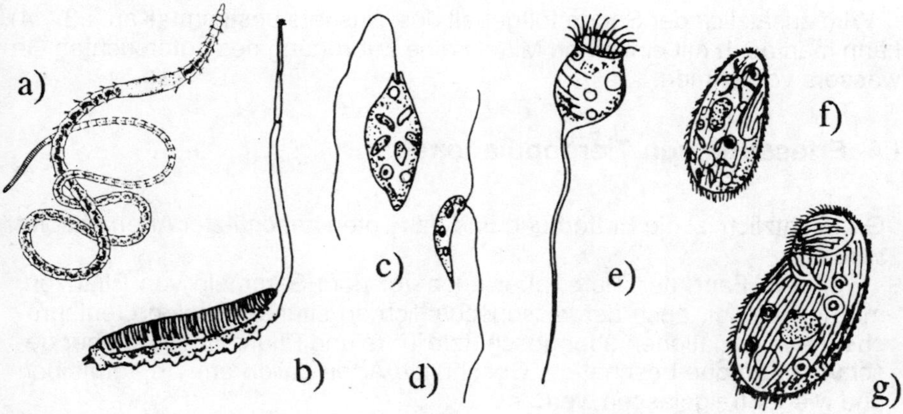

Abb. I/21: Einige Zeigerorganismen der polysaproben Zone. a) *Tubifex* (Bachröhrenwurm), b) Larve der Schwebfliege *Eristalomyia tenax*, c) *Euglena viridis* (Augentierchen), d) *Bodo putrinus* (Geißeltierchen), e) *Vorticella microstoma* (Glockentierchen), f) *Paramecium putrinum* (Pantoffeltierchen), g) *Colpidium colpoda* (Wimpertierchen). Unterschiedlicher Abbildungsmaßstab. Nach verschiedenen Autoren.

kroskopischen Indikatororganismen findet man den Bachröhrenwurm *Tubifex* (3,5) und die Rattenschwanzlarven der Schwebfliege *Eristalomyia tenax* (4,0).

Der Überblick über die einzelnen Güteklassen und ihre Bewohner zeigt, daß eine genaue Aussage eine gute Artenkenntnis voraussetzt. Das macht solche Untersuchungen für den Anfänger und auch in der Schule schwierig. Ist man allerdings nicht darauf angewiesen, den Saprobien-Index völlig exakt zu berechnen, sondern geht es im Biologie-Unterricht mehr um das Prinzip der Zuordnung von Organismen zu Gewässern unterschiedlichster Güteklassen, läßt sich mit dieser Methode, vereinfacht angewandt, gut arbeiten.

Leicht zu klassifizieren sind infolge ihrer Artenarmut an makroskopischen Organismen die Güteklassen III-IV und IV und z. T. auch noch III. Auch das andere Extrem, die Güteklasse I, dürfte leicht zu erkennen sein. Das Auftreten von Steinfliegenlarven schließt z. B. schon aus, daß die Gewässergüte unter der Stufe II liegt. Schwieriger ist eine Zuordnung in den mittleren Klassen, da die Abgrenzungen nicht immer scharf sind und viele Organismen, auch wenn sie einen genau definierten Saprobienwert haben, in mehrere Klassen hineinreichen. Für schulische Zwecke wird man auf eine genaue Zuordnung verzichten können. Hier reicht es aus, die vier Hauptgüteklassen an Hand ihrer Bewohner zu erkennen. Abb. I/18 - I/21 sollen dabei helfen, wichtige Organismen an ihren Habitusbildern zu erkennen.

Wird zusätzlich der Sauerstoffgehalt des Wassers bestimmt (Kap. I.3.1.4), kann man auch mit einfachen Mitteln eine Zuordnung des untersuchten Gewässers vornehmen.

I.4 Erfassung von Tierpopulationen

Grundsätzlich ist die Entfernung und das Töten geschützter Arten absolut verboten.

Vor dem Fang der Tiere, aber auch vor dem Sammeln von Pflanzen, muß sich jeder, auch der wissenschaftlich arbeitende Ökologe, entsprechende Informationen über geschützte Tiere und Pflanzen sowie über geschützte Biotope beschaffen. Geschützte Arten sollen am Ort verbleiben und wieder freigelassen werden!

Pflichtlektüre sind die **Bundesartenschutzverordnung** (Bundesgesetzblatt vom 18.09.1989 I, S. 1677 ff.), das Umweltrecht (z. B. Beck-Texte, dtv), BLAB (1986): Grundlagen des Biotopschutzes für Tiere sowie BLAB u. a.: Rote Liste der gefährdeten Tiere und Pflanzen in der Bundesrepublik Deutschland.

Hilfen, Tips und Hinweise vermittelt Ihnen das Bundesamt für Naturschutz, Konstantinstraße 110, 53179 Bonn.

Aufgrund der Verarmung unserer Landschaften werden Untersuchungen immer dringender, mit denen ein bestimmter Biotopzustand ermittelt werden kann. Die Indikatorfunktion kleiner Landtiere gewinnt dabei immer größere Bedeutung (RECK 1990).

Die folgenden Abschnitte enthalten bewährte Methoden für qualitative und einfache quantitative Ermittlungen. Die Untersuchungen in der **Strauch- und Baumschicht** ermöglichen die Dokumentation des jahreszeitenbedingten Populationswechsels und der Vielfalt z. B. in gefährdeten Feldgehölzen und Heckenbeständen.

Die Untersuchung der **Krautschicht** ist intensiv durchzuführen, damit eine gründlichere Biotoperfassung auf keinen Zufallsfängen beruht.

Die Ermittlung von Kleinst- und Schadinsekten kann durch **Lockfarben** und **-stoffe** erleichtert werden.

Die **Artendichte** ist ein absolutes Charakteristikum und gibt an, wieviele Arten in einer Flächen- bzw. Volumeneinheit eines Bestandes **durchschnittlich** vorkommen. Auch die **Individuendichte** ist ein absolutes Maß. Damit kann dokumentiert werden, wieviele Individuen **einer** Art pro Flächen- oder Volumeneinheit existieren. Wenn keine zahlenmäßige Ermittlung möglich ist, reicht zuweilen auch eine Schätzung aus (Einzelfund = 1; nicht zu übersehen = 3; zahlreich = 5; Massenvorkommen = 7).

Relative Charakteristika werden durch Dominanzberechnungen gekennzeichnet. Die Zahlenwerte hängen dabei in großem Maße von der Gesamtartenzahl in einem Bestand ab. Die Berechnungen dienen der Lösung ökologischer Probleme bei Tieren, deren Größe sich nicht extrem voneinander unterscheiden: so können beispielsweise phytophage und zoophage Tiere in einem Nahrungsnetz miteinander verglichen werden. Die Ermittlungen lassen Rückschlüsse auf Vielseitigkeit oder Einseitigkeit der Lebensbedingungen (einschließlich der sie mitbestimmenden abiotischen Faktoren) zu. Die Untersuchungen, die als Vergleich **zwischen den Beständen** durchgeführt werden, können durch die Berechnung des sogenannten SØRENSEN-Quotienten die Ausbreitungs- oder die Inselfunktion von Biotopen kennzeichnen: In diesem Zusammenhang spielen auch Bodenfallen zum **Aktivitätsverhalten** bodenlebender Tiere eine Rolle.

Die sogenannte **Rückfangmethode** schließlich läßt die zahlenmäßige Abschätzung und Populationsverteilung einer Art in einem bestimmten, eingegrenzten Biotop zu. Wird diese Methode über Jahre hinweg angewandt, so ist eine exakte Aussage über das Ausmaß der Ausrottung v. a. bestimmter bodennah lebender Insektenarten möglich. Die Methode kann vor allem auch bei Tieren angewandt werden, die relativ enge Anpassungsbereiche aufweisen (sogenannte stenöke Arten). Diese Methode läßt auch das Ausmaß eines kurzfristig durchgeführten landschaftsplanerischen Eingriffs anhand einzelner Tierpopulationen verdeutlichen, selbst wenn diese Eingriffe als minimal oder als optisch kaum erkennbar bezeichnet werden!

I.4.1 Untersuchungen in der Strauch- und Baumschicht

Für diese Schichten sind Klopfapparate zu empfehlen. Zweige und Laub werden mit einem Stock abgeklopft. Die Tiere fallen in den Klopfschirm und in das daran hängende Fangglas. Man kann auch Leintücher unter Sträuchern oder Zweigen auslegen, die Zweige und das Laub mit einem Stock abklopfen und die herabfallenden Tiere in Fanggläser bringen. Man klopft so lange, bis keine weiteren Tiere mehr herabfallen. In der Regel beginnt man mit dem Abklopfen in den höheren Regionen und geht dann stufenweise bis auf das Klopfschirmniveau herab. Anstelle eines Klopfschirms kann für qualitative Arbeiten, bei denen nur eine grobe Übersicht über das Artenspekturm interessiert, ein umgedrehter Regenschirm als Auffanggerät eingesetzt werden (Abb. I/22).

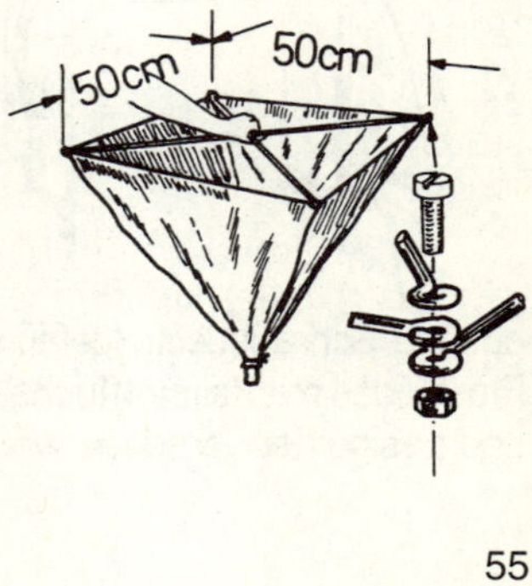

Abb. I/22: Klopfschirm (nach BALOGH).

Für einen repräsentativen Überblick sollten 10 - 20 Parallelproben zustande kommen. Auf diese Weise ist dann auch eine statistische Auswertung möglich. Stellt sich eine homogene Verteilung der Arten nach 5 - 6 Proben heraus, so reichen 10 Parallelproben aus. Nach der Berechnung des Flächeninhaltes des Klopfapparates kann das Verfahren annähernd zur quantitativen Sammelmethode ausgebaut werden, wenn das Material jeder einzelnen Parallelprobe auf bestimmte Flächen- und Raumeinheiten der abgeklopften Pflanzenteile bezogen wird. Die dreidimensionale Ausdehnung des Laubwerks legt es nahe, die Ergebnisse auf ein Volumen (Quader) über dem Klopfapparat zu beziehen. Dieses Verfahren ermöglicht zwar nur eine Annäherung an die wirklichen Verhältnisse, ist jedoch der Abkäscherung der Baum- oder Strauchschicht bei weitem überlegen. Bei dichten Beständen kann eine kleine Form eines Klopfschirmes zwischen die Zweige und Stämme eingeführt werden. –

Mit Hilfe einer Arthropodenklappe kann man zwei Verfahren anwenden (Abb. I/23).

Die Klappe besteht aus einem quadratischen 20 x 20 cm großen Rahmen aus Metall, an dem ein Leinensack befestigt ist. Dazu gehört noch eine quadratische Holzplatte von ca. 25 cm Seitenlänge mit Griff. Man sucht nun im Laubwerk eine natürliche Lücke und klappt den Deckel blitzschnell zu. Ein Stab von 20 cm Länge gibt das Maß für das zu ermittelnde Volumen an. Diese Klappe eignet sich vorzüglich bei großen Populationsdichten bei fliegenden Insekten, netzbauenden Spinnen, an und zwischen Büschen und im Röhricht. Das Gerät eignet sich aber auch bei spezifischen Untersuchungen von Populationen an Blättern und Zweigen. Dazu fängt man die Tiere mitsamt den Zweig- oder Laubabschnitten ein und schneidet diese rasch ab. Die Tiermasse kann dann auf das befallene Laub- oder Zweiggewicht bezogen werden. Dieser Laubgewichtsindex ist vor allem deshalb wichtig, weil das festgestellte Verhältnis von Tiergewicht und Oberfläche oder Gewicht der Pflanzenteile Primärkonsumenten oder Produzenten in ihren realen Beziehungen anschaulich macht. Ergänzend zu den beschriebenen Verfahren können noch Pflanzenteile mit dem Streifsack abgekäschert werden. Dabei

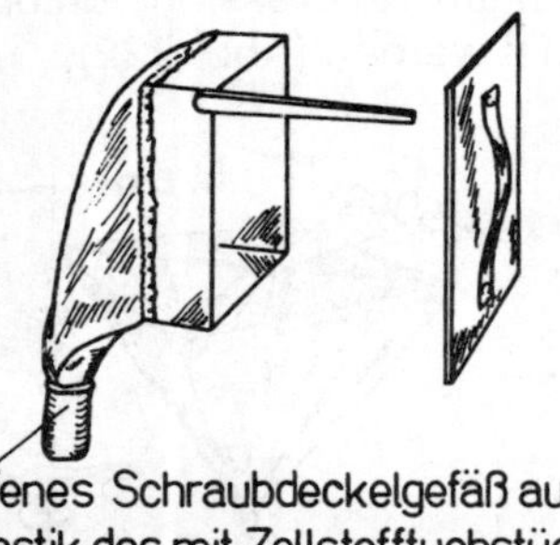

Abb. I/23: Insektenklappe nach PALMGREN.

wird deutlich, ob die aktuelle Situation eine systematische Erhebung mit dem Klopfschirm lohnt. Vor einer systematischen Abkäscherung mit dem Streifsack muß jedoch gewarnt werden, da durch diese Methode eine spätere quantitative Auswertung mit dem Klopfschirm nicht mehr möglich ist.

I.4.2 Untersuchungen in der Krautschicht

Das weitgehend bekannte Streifnetz besteht aus einem stabilen Metallreifen von 20 cm Durchmesser und einem widerstandsfähigen Leinen- oder Nesselsack.

Bei den einzelnen, mäanderartig geführten Schlägen wird die Öffnung des Streifsackes etwa bis zur Hälfte in die Krautschicht eingesenkt. Leider gelangen deshalb die Arten in den oberen Horizonten in größerer Anzahl ins Netz als die Arten der unteren Schichten (Abb. I/24). Der Fang mit dem Streifsack kann zwar den Arten- und Individuenreichtum einer bestimmten Höhe dokumentieren, aber nie die Verhältnisse der Lebensgemeinschaft real erkennen lassen. Außerdem weichen schnell fliegende oder springende Formen dem Fangschlag aus.

Damit die Schlagfrequenz und -zahl für das systematische Abkäschern festgelegt werden kann, führt man vier bis sechs Probeschläge durch. Danach schließt man das Netz mit einer Hand über dem Fang und läßt die Tiere einzeln nach langsamer Öffnung vorsichtig entweichen. So erhält man einen Überblick über rasch bewegliche, springende oder fliegende Arten. Auch die kleinen Arten müssen untersucht werden. Deshalb wird auch der verbleibende Rest zwischen den eingekäscherten Pflanzenteilen untersucht. Nach je-

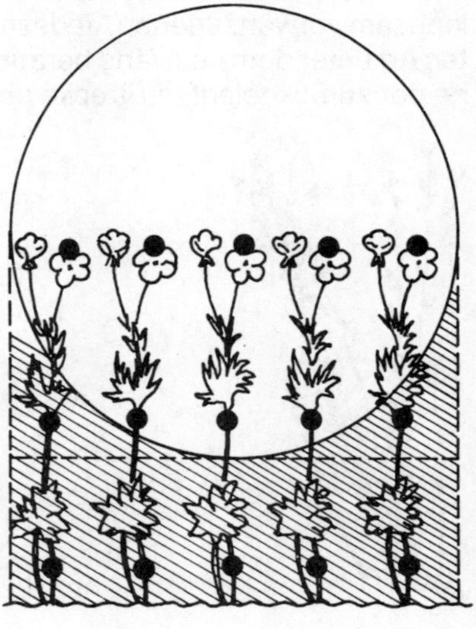

Abb. 1.24: Fehler des Streifnetzes. Die schwarzen Punkte in den drei Horizonten bedeuten drei verschiedene Arten, die dieselbe ideale Verteilung haben. Da das Streifnetz die Tiere der schraffierten Teile nicht erfaßt, fehlen die Tiere des untersten Horizontes völlig, die des mittleren Horizontes teilweise in dem Streiffang-Material. (Nach BALOGH 1958).

der Probe (3-4 Schläge) notiert man die Zahl der eingefangenen größeren Tiere (z.B. Käfer, Schnabelkerfe usw.).

Auf Grund von 10 oder mehr Parallelproben kann man feststellen, wieviel Streifschläge notwendig sind, damit man statistisch auswertbares Material erhält.–

Die Streifsackmethode vernachlässigt Populationen, die sich unmittelbar über der Bodenoberfläche an Pflanzen befinden. BALOGH (1958) empfiehlt deshalb für diese mikroklimatisch bestimmten Arten den Fang mit einer Klopfschachtel von 10-15 cm Breite und 20-30 cm Länge und einer Höhe von 2-2,5 cm (schwarze Entwicklerschale für ursprünglich photographische Zwekke; Abb. I/25). – Die Quadratstreifenaufnahme ist für 5-20 mm große Tiere der Krautschicht geeignet. Zur Ermittlung sind zwei Personen erforderlich. Vor Arbeitsbeginn spannt man außerhalb des vorgesehenen Arbeitsgebietes das aus Schnüren angefertigte Quadratnetz aus. Dann wird es frei in der Luft in das ausgewählte Untersuchungsgebiet getragen und mit Pflöcken vorsichtig festgesteckt. Man wartet einige Minuten, damit aufgescheuchte Tiere wieder zur Ruhe kommen. In dieser Zeit kann man weitere Quadratstreifen ausspannen. Zur Ermittlung der Tiere geht man mit kurzen schleppenden Schritten von Quadrat zu Quadrat. Während eine Person die herausspringenden Tiere angibt, notiert sie die zweite in einem Erhebungsbogen (vgl. Abb. I/26). Gegenseitige Kontrolle ist stets erforderlich, damit man die flüchtenden Tiere nicht mehrfach notiert.

Mit einem 25 m langen Maßband lassen sich rasch und relativ genau Populationsermittlungen durchführen. Die Methode ist für Arthropoden in dicht besiedelten, bodennahen Schichten erfolgreich. Am Gehäuse des Maßbandes wird ein seitlich abstehender 10 cm langer Stab befestigt. Zu Beginn der Tierzählung wird das Band an einen Pflock befestigt, darauf beginnt man langsam vorwärtzugehen. Jedesmal, wenn sich ein Exemplar einer bestimmten Art unter dem seitwärts herausragenden Stab befindet, liest man die Länge der zurückgelegten Strecke ab und notiert sie. Es ist zu empfehlen, diese

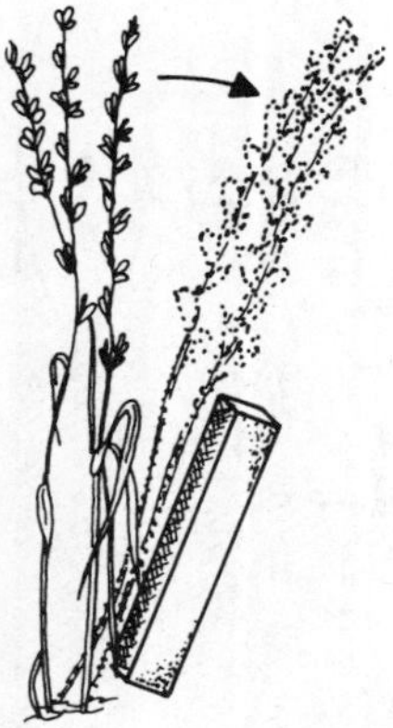

Abb. I/25: Fang mit der Klopfschachtel in Bodennähe.

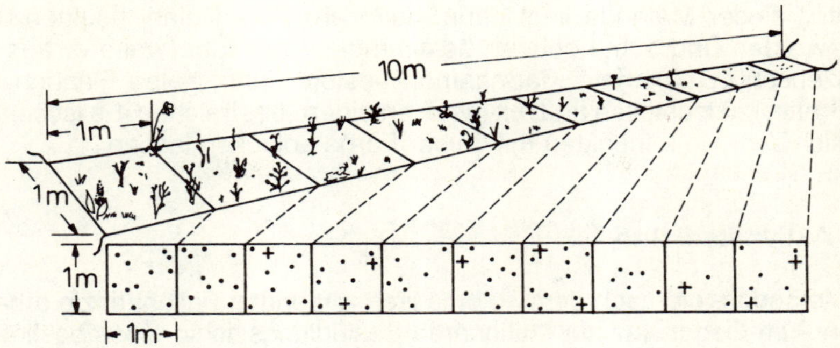

Abb. I/26: Quadratstreifenaufnahme. Die schwarzen Punkte im Diagramm bezeichnen die zusammengezählten Orthopteren, die Kreuze die in die anderen Quadrate hinüberspringenden Exemplare. (Nach BALOGH 1958.)

Erhebung jeweils zu zweit durchzuführen. So kann eine rasche Aufnahme erfolgen. Wenn ein größeres Areal untersucht werden soll, so sind die Streifen senkrecht zueinander zu legen: So entsteht eine netzartige Populationserfassung, die eine qualitative und quantitative Auswertung selbst für spätere statistische Auswertungen zuläßt.

Wenn man je fünf solche 25 m lange und 10 cm breite Streifen im Abstand von 5 m senkrecht zueinander absteckt, so erhält man eine Probefläche von 25 m² mit einer Gesamtstreifenlänge von 250 m. 4 % des Flächeninhalts des Gesamtquadrates sind damit als repräsentative, quantitative Grundlage zur Beurteilung der qualitativen und quantitativen Dispersion exakt erkundet worden.

I.4.3 Abfiltern des Luftraumes

Mit Hilfe spezieller Luftkäscher oder Schmetterlingsnetzen untersucht man mikroklimatisch interessante Stellen. So führt man z. B. an nassen Stellen, über Weiden, Wiesen an Waldlichtungen in relativ geringer Höhe mit dem leichten Tüll-Netz achterförmige Bewegungen durch. Wenn man das Netz schließen möchte, so dreht man rasch die Öffnung gegen das Netz oder schlägt in raschem Schwung den Tüllsack um den Drahtbügel der Öffnung.–

In Kulturbiotopen lassen sich Erhebungen über die Artenzusammensetzung fliegender Insekten auf einfache Art und Weise durchführen. Dazu werden in festgelegten Abständen Plastikbänder zwischen zwei Pflöcken angespannt, die man zuvor mit Speiseöl oder für größere Arten mit Insektenleim bestrichen hat. Insektenleim kann auch mit bestimmten Duftstoffen vermengt werden. So kann man z.B. die Populationsdichte von Rapsrüßlern mit Hilfe geringer Spuren von Senfölen (Meerrettich) auf diese Weise ausmachen. Der

Nachteil dieser Methode liegt darin, daß sehr viele kleine Insekten deformiert werden und somit schwer bestimmbar sind. Eine weitere, aus dem Pflanzenschutz bekannte Maßnahmen besteht darin, gelbe Flächen (Karton, Bretter) aufzustellen und mit Insektenleim zu bestreichen. Es ist bekannt, daß sich sehr viele Insekten mit gelber Farbe anlocken lassen.

I.4.4 Aktivitätsdichte

Alle Methoden, die nach dem automatisch wirkenden Fallenprinzip arbeiten, lassen – im Gegensatz zur stationären Besiedlungsdichte eines bestimmten Augenblicks – eine Beziehung zwischen der Eigenaktivität einer Population auf einer bestimmten Fläche oder im Luftraum und der Ausbreitungszeit herstellen. Dies wird als Aktivitätsdichte oder dynamische Besiedlungsdichte bezeichnet. Die Aktivitätsdichte, Produktion und Konsum sind voneinander abhängig. Dies wird deutlich, wenn man Fallenfänge des Sommers mit Winterfängen vergleicht. Welche Möglichkeiten bieten Fallenfänge? Durch Fallen sind

1. nur die zufällig in den Fangbereich der Falle laufenden oder fliegenden Tiere erfaßbar,
2. Lockwirkungen möglich.

Normalfallen ohne Köderwirkung ergeben ein realeres Bild, da der Lockbereich der einzelnen Fallen für jede Art unterschiedlich groß sein kann.

Kleinsäugerfallen dürfen nicht wahllos eingesetzt werden. Damit die Kleinsäugerbestände nicht geschädigt werden und vor allem der Tierschutz berücksichtigt wird, müssen Schlagfallen (Mäuse- und Rattenfallen) vermieden werden. Es gibt kleine Lebend-Käfigfallen. Diese müssen jedoch oft kontrolliert werden, da z.B. die geschützten Spitzmäuse in solchen Fällen starkem Streß unterliegen und infolge des bei diesen Tieren rasch ablaufenden Stoffwechselgeschehens schnell eingehen.

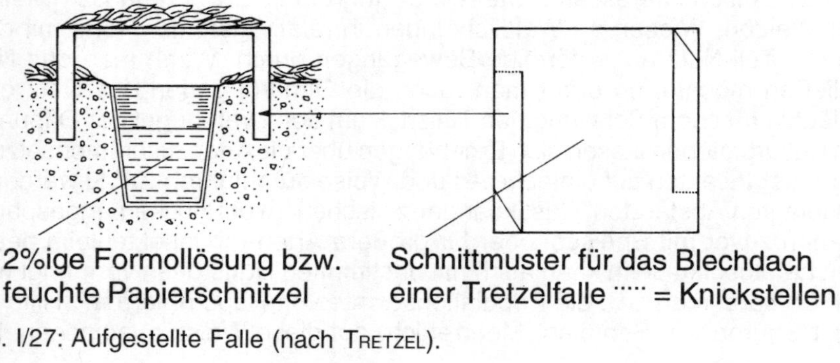

Abb. I/27: Aufgestellte Falle (nach TRETZEL).

Für Kleinsäuger empfiehlt sich die Verwendung von Erdnußmus als Lockstoff.

Für Wirbellose verwendet man im epigäischen, bodennahen Bereich TRETZELfallen (Abb. I/27).

Die Fallen werden in den Boden eingegraben. Gläser mit Schraubverschluß sind dafür bestens geeignet, da man das gefangene Material nach Stunden oder Tagen in den Gläsern gut verschlossen transportieren kann. Dieser Fallentyp kann noch mit Ködergläschen versehen werden (Abb. I/28). Als Köder eignen sich z. B. Fleisch, Käse, Fruchtsäfte, Marmelade, Honig, Geraniol u. a. Die Anlockung von Arthropoden durch Duftköder ist besonders in Kulturbiotopen wirksam, da Wirbeltieraas und aromatische Duftstoffe in den intensiv genutzten Kulturen selten sind. – Die Helligkeitsempfindlichkeit nachtaktiver Insekten wird beim Lichtfang ausgenutzt.

Ausgediente Autoscheinwerfer und frisch aufgeladene Autoakkus sowie ein großes Leintuch reichen für Orientierungsfänge aus. Das Leintuch wird ausgebreitet an Ästen festgebunden und bei Dunkelheit mit dem Scheinwerfer angestrahlt. Sobald die nachtaktiven Insekten gegen das Tuch fliegen, kann man sie mit dem Netz vor der Leinwand einkäschern. Auch wenn der Jagdeifer groß ist, so sollte man gerade die seltenen Arten nur registrieren und nicht abtöten. Damit sie rasch bestimmt werden können, drückt man den Thorax bei Schmetterlingen seitlich zwischen Daumen und Zeigefinger etwas zusammen. Die Tiere sind dann betäubt und bewegen sich nicht mehr so stark. Sie stoßen sich dann nicht im Netz oder in der Hand ab. (Über Betäubung, Abtöten und Präparieren von Tieren vergleiche man die Angaben in Kap. III.1).

Als Lichtquellen für Lichtfänge kommen noch 12-Volt-Neonröhren oder Carbidlampen und Campingleuchten in Frage, da man diese ebenfalls gut transportieren kann. Ultraviolettlampen mit aufladbaren Akkus sind äußerst wirksam. Man stellt sie bei Häusern in naturnahen Gebieten auf. Im übrigen wirkt im Sommer bekanntlicherweise jedes erleuchtete Zimmer bei geöffneten Fenstern wie eine Lichtfalle.

Damit man jahreszeitlich und klimatisch bedingte Rhythmen feststellen kann, verwendet man automatische Lichtfallen. Es gibt eine ganze Reihe verschiedener Typen. In Abb. I/29 wird eine Lichtreusenfalle vorgestellt.

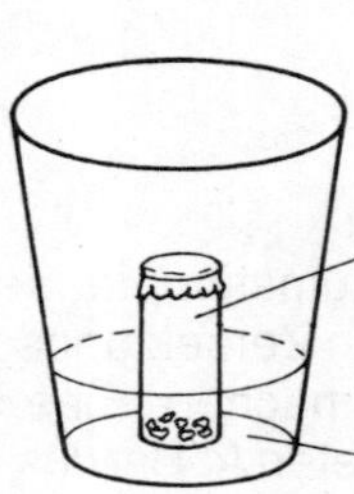

Abb. I/28: Köderfalle.

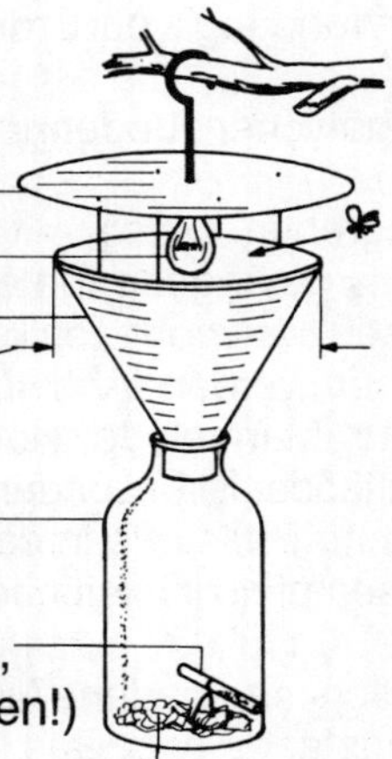

Abb. I/29: JERMYsche Lichtfalle.

Eine weitere Methode, mit der man die Aktivitätsdichte bestimmter Tierpopulationen herausfinden kann, stellt die Darbietung von Minimumfaktoren in einem bestimmten Biotop dar.

Beispiele:

nasse Areale	– trockene Stellen
trockene Biotope	– aufgestellte gelbe Wasserschalen
trockene Witterungsperioden	– feuchte Unterschlüpfe wie z.B. Kartons, feuchtes Laub
kahle Biotope	– Versteckmöglichkeiten
Getreidefelder u. Rasenflächen ohne Wirbeltieraas	– tote Kleinsäuger oder Fleischstücke

Diese Methode eignet sich für bodennah lebende Arthropoden. Über Tierfang in der oberen und tieferen Bodenschicht vergleiche man BRUCKER/KALUSCHE 1990.

I.4.5 Kleinbestände

Liegende Stämme und Baumstümpfe bieten viele Aufenthalts- und Ernährungsbedingungen. Je nach Zersetzungsgrad und Exposition kann man verschiedene Tiere ausfindig machen. Eine Fülle von Anregungen für ökologische Freilanddiagnosen bieten A. BRAUNS (1986) in seinem Taschenbuch der Waldinsekten sowie BRUCKER (1986) und BRUCKER (1993).

Fangregionen, Exposition und Zersetzungszustand der betreffenden Untersuchungsstellen muß angegeben werden, da die aufgefundenen Arten in unterschiedlichen ökologischen Bedingungen aufgefunden werden, damit modellhaft die in Kap. I genannten ökologischen Prinzipien analysierbar werden. Als Gerät setzt man dabei Spitzhacken und Schaber ein. Dicht neben dem Stamm breitet man helle Seglerjacken oder weiße Tücher aus. Nachdem Rindenstücke oder Holzteile abgelöst sind, sammelt man rasch mit Federstahlpinzetten und Exhaustoren die kleinen Formen auf den ausgebreiteten Unterlagen ab. Herabfallende Tiere gehen auf diese Weise nicht verloren.

Exkremente auf Viehweiden stellen Aktionszentren für eine Fülle von Käfern dar. Eine Kuh produziert pro Jahr ca. das 19fache ihres Körpergewichtes. Insekten und deren Larven machen ca. 1/80 des Kotgewichtes pro Jahr aus. Das bedeutet, daß ihre Biomasse ein Fünftel des Gesamtviehbestandes beträgt. Die aus dem Rind- und Schafskot gesammelten Tiere fixiert man in 80%igen Alkohol.

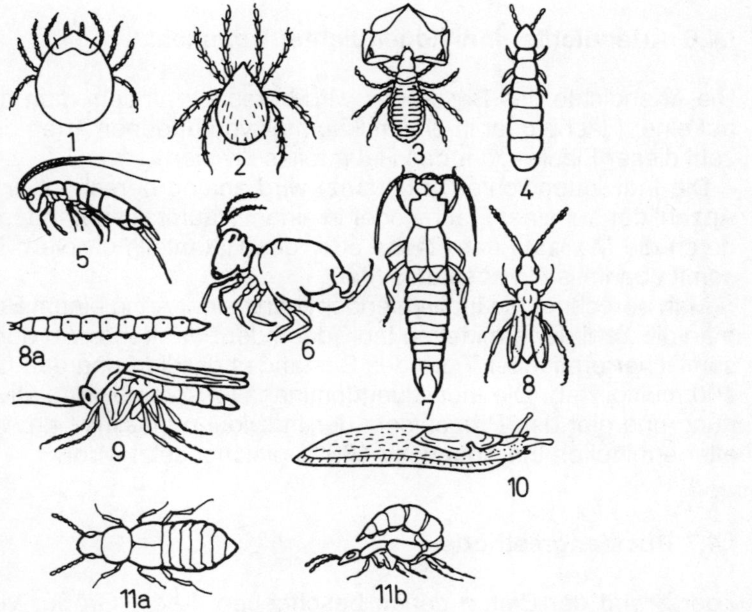

Abb. I/30: Pilzbewohner. 1. und 2. Milben, 3. Pseudoskorpion, 4. - 6. Collembolen, 7. Ohrwurm, 8. parasitisches Hymenopter, 9. Larve und Imago einer Pilzmücke (Mycetophilide), 10. Nacktschnecke, 11. Kurzflügler *(Gyrophaena)*. (Nach SCHEERPELTZ & HÖFLER 1948 und TISCHLER 1955).

Etwas ästhetischere Möglichkeiten bieten Pilze (Abb. I/30). Hier müssen zur Untersuchung der tierischen Besiedlung Exhaustoren und Federstahlpinzetten eingesetzt werden.

Tierwohnungen enthalten sehr artenreiche Kleinbestände. Nach dem Kriterium des Substanzerwerbs sind drei Typen in Säuger-, Vögel- und Insektennestern zu finden:

1. Parasiten (Flöhe, Milben, Zecken und deren Larven),
2. sapro- und coprophage Tiere, die an Futterresten und Abfallstoffen leben,
3. Räuber und Parasiten, die von anderen Kleintieren im Nest leben.

Die Auslese ist bei Zimmertemperaturen vorzunehmen, da in einem Ausleseapparat mit zusätzlichen Wärmequellen die Wirtsparasiten wegen der positiven Thermotaxis verlorengehen. Weitere lohnende, in vielen Gartenwinkeln auffindbare Bestände finden sich unter Steinen, feuchten Brettern, unter Bodenplatten, in wassergefüllten Blattachseln, z. B. von Karden, in Komposthaufen, Tümpeln, unter Reisighaufen und Schnittholz, in Steinriegeln und Schotterhaufen sowie an Erdhügeln mit unterschiedlichen Expositionsflächen und Feuchtigkeitsbedingungen (Brucker 1986).

I.4.6 Artendichte, Individuendichte, Dominanz

Die Artendichte des Bestandes wird berechnet, indem man die Anzahl der auf einer Fläche oder in einem Raumteil vorhandenen Arten durch die Maßzahl dieser Fläche oder des Raumteiles dividiert.

Die Individuendichte (Abundanz) wird analog berechnet, indem man die Anzahl der auf einer Fläche oder in einem Raumteil vorhandenen Individuen durch die Maßzahl der Fläche oder des Raumteils dividiert. Diese Zahl ist somit ebenfalls ein absolutes Maß.

Man berechnet die Individuendominanz einer Art in einem Bestand, indem man die Zahl der ermittelten Individuen der betroffenen Art durch die Anzahl sämtlicher ermittelter Tiere des Bestandes dividiert und den Quotienten mit 100 multipliziert. Die Individuendominanz ist somit eine relative Kennzeichnung und gibt den Prozentsatz der Individuen einer Art an, wenn die Zahl aller ermittelten Individuen mit 100 % gleichgesetzt wird.

I.4.7 Rückfangmethode

Zuerst wird der Biotop genau beschrieben. Lage, Größe, Vegetation und Exposition werden für spätere Untersuchungen im Protokoll vermerkt. 25 % der Gesamtfläche wird abgekäschert. 100 – 200 artengleiche Exemplare bestimmter Heuschrecken oder Zikaden werden durch einen kleinen Punkt auf dem Pronotum (Tergit des 1. Brustabschnittes) markiert. Wenn die Tiere an warmen Tagen schon zu lebhaft sind, können sie kurz in einem Glas in einer Spur Essigether betäubt werden, den man auf einem Papiertaschentuch ins Glas gibt. Die Tiere dürfen jedoch nicht im Glas bleiben, bis sie reglos sind! Beschädigte Exemplare werden aussortiert. Die markierten Exemplare werden anschließend über das Sammelgebiet verteilt. Nach drei bis vier Stunden haben sich die markierten Tiere in der Population wieder verbreitet. Der Rückfang kann beginnen. Je mehr Tiere markiert und wieder ausgesetzt wurden, desto genauer ist das Ergebnis. Die Größe der Gesamtpopulation N ergibt sich dann daraus:

F_1 = markierte Insekten,
F_2 = Gesamtzahl beim zweiten Fang und
F_3 = Anzahl der wieder eingefangenen, markierten Tiere zu:

$$\frac{F_1}{N} = \frac{F_3}{F_2} \; ; \; N = \frac{F_1 \cdot F_2}{F_3}$$

Man kann unter folgender Voraussetzung von annähernd exakten Zahlenergebnissen sprechen:

1. In der Zeit zwischen Freilassung und Rückfang wird die Population nicht durch Vermehrung größer.
2. Die Sterberate bei gezeichneten und nicht gezeichneten Tieren ist gleich.
3. Das Untersuchungsgebiet wird weder von markierten, noch unmarkierten Tieren verlassen und die Population durch keine Einwanderung vergrößert. Der Rückfang muß innerhalb von 24 Stunden erfolgen.

Mit Hilfe des SØRENSENquotienten lassen sich die Bestände miteinander vergleichen. Ursprünglich wurde dieser Quotient nur in der Pflanzensoziologie verwendet.

Er läßt aber auch den Vergleich von Tierbeständen zu mit

$$Sø = 100 \frac{2c}{a+b}$$

wobei a den einen und b den anderen Standort bezeichnet. Gezählt werden Arten oder bestimmte systematische Kategorien (z. B. bestimmte Laufkäferarten oder die Familie der Laufkäfer).
(a = Arten/syst. Gruppen in Standort a, b = Arten/syst. Gruppen in Standort b, c = gemeinsame Arten von a und b).

I.5 Biotopkartierung und ökologische Bewertung von Flächen

Bebauungspläne von Gemeinden oder der Länder müssen heute häufig auf ihre Umweltverträglichkeit hin untersucht werden, ehe sie rechtskräftig erstellt werden können. Solche Umweltverträglichkeitsuntersuchungen umfassen nicht nur Datenerhebungen zur Klimatologie, Geologie oder Hydrologie, sondern auch solche, die Auswirkungen einer zukünftigen Flächennutzungsänderung auf die dort vorkommende Pflanzen- und Tierwelt prüfen und klären sollen, wie in einem größeren Verbund die anderweitige Flächennutzung auch die ökologischen Verknüpfungen mit umliegenden Flächen verändert.

Solche Untersuchungen sind, obwohl sie eine immer größere Bedeutung erlangen, bisher nicht genormt, sondern es wird von den einzelnen beauftragten Untersuchern zum Teil ganz unterschiedlich vorgegangen. Mehrere Möglichkeiten stehen zur Verfügung.

Denkbar ist, nach Aufnahme einer Nutzungskartierung, die die verschiedenen zu untersuchenden Flächen auf ihre derzeitige Nutzung hin untersucht, eine Vegetationsaufnahme nach BRAUN-BLANQUET (s. Kap. I.2) vorzunehmen. Hierdurch wird im floristischen Bereich eine genaue Aussage über die vorhandene Pflanzengesellschaft möglich. Sie sagt allerdings noch nichts über die regionale Bedeutung der aufgefundenen Pflanzen oder ihre Seltenheit oder Schutzwürdigkeit aus. Auch bleibt bei dieser Untersuchung die gesamte Fauna außer Betracht.

In der Regel wird es bei solchen Untersuchungen darum gehen, die Pflanzen- und Tierwelt eines Gebietes so vollständig wie möglich zu erfassen und die einzelnen Arten auf die Gefährdung und Seltenheit zu prüfen. Daneben muß die ganze Zönose auf ihre Vollständigkeit und Vielfalt der biotoptypischen Arten hin untersucht werden.

Auf der Grundlage der faunistischen und floristischen Aufnahme läßt sich ein Untersuchungsgebiet mit Hilfe von Tabellen mit einer Wertungsziffer versehen, wobei die Ziffer 1 ein ökologisch wertloses Gebiet charakterisiert, die Ziffer 9 die höchste ökologische Wertigkeit angibt. Mit der Ziffer 9 werden z. B. alle bereits bestehenden Naturschutzgebiete bewertet. Gebiete mit der Bewertung 8 und 9 sind bisher schon bei den Biotopkartierungen aller Bundesländer erfaßt worden (s. Tab. I-18).

Heute werden weitaus stärker auch die in einer Gegend vorkommenden Tierarten berücksichtigt. Es ist also notwendig, nicht nur sämtliche Pflanzen des betreffenden Gebiets zu erfassen, sondern auch möglichst viele Tierarten. Die faunistische Untersuchung wird allerdings in vielen Fällen unvollständig bleiben. Das beruht einerseits darauf, daß für viele Tiergruppen, besonders für Wirbellose, häufig kein kompetenter Spezialist zur Verfügung steht, zum anderen auch die ökologische Bedeutung vieler Tierarten noch nicht bekannt ist. Hierzu sind noch viele Grundlagenuntersuchungen nötig.

Häufig ist auch der zur Verfügung stehende Untersuchungszeitraum zu kurz. Als Mindestuntersuchungszeit wird 1 Jahr gefordert, als optimal werden 3 Jahre angesehen. In einem derartigen Zeitraum können Zufälligkeiten in den Schwankungen von Populationen erkannt werden, und es ist gewährleistet, daß nur temporär auftretende Lebensmöglichkeiten (z. B. überschwemmte Wiesen, die als Laich- und Entwicklungsbiotop dienen können) ebenfalls erfaßt werden.

Tab. I-18: Bewertungsstufen und Kriterien für Flächen. (Nach KAULE 1991, verändert.)

Bewertung	Kriterien
9	Gebiete internationaler oder gesamtstaatlicher Bedeutung (NSG oder NP). Seltene und repräsentative natürliche und extensiv genutzte Ökosysteme In der Regel alte und/oder oligotrophe Ökosysteme mit Spitzenarten der Roten Liste, geringe Störung, soweit vom Typ möglich große Flächen.
8	Gebiete mit besonderer Bedeutung auf Landes- oder Regionalebene (NSG/ND). Wie 9, jedoch weniger gut ausgebildet, vorrangig auch zurückgehende Waldökosysteme und Waldnutzungsformen, extensive Kulturökosysteme und Brachen, Komplexe mit bedrohten Arten, die einen größeren Aktionsraum benötigen.
7	Gebiete mit örtlicher und regionaler Bedeutung, LSG oder geschützter Landschaftsbestandteil als Schutzstatus anstreben. Nicht oder extensiv genutzte Flächen mit Rote-Liste-Arten zwischen Wirtschaftsflächen, regional zurückgehende Arten, oligotraphente Arten, Restflächen der Typen von 8 und 9, Kulturflächen, in denen regional zurückgehende Arten noch zahlreich vorkommen.
6	Kleinere Ausgleichsflächen zwischen Nutzökosystemen (Kleinstrukturen) nur in Landschaftskomplexen LSG, in der Regel kein spezieller Vorschlag zur Unterschutzstellung, ggf. geschützter Landschaftsbestandteil. Unterscheidet sich von 7 durch Fehlen oder Seltenheit von oligotraphenten Arten und Rote-Liste-Arten, die in den eigentlichen Kulturflächen nicht mehr vorkommen.
5	Nutzflächen, in denen nur noch wenige standortspezifische Arten vorkommen. Die Bewirtschaftungsintensität überlagert die natürlichen Standorteigenschaften.
4	Nutzflächen, in denen nur noch Arten eutropher Einheitsstandorte vorkommen bzw. die Ubiquisten der Siedlungen oder die widerstandsfähigsten Ackerunkräuter. Randliche Flächen werden beeinträchtigt.
3	Nur für sehr wenige Ubiquisten nutzbare Flächen, starke Trennwirkung, sehr deutlich Nachbargebiete beeinträchtigend.
2	Fast vegetationslose Flächen. Durch Emissionen starke Belastungen für andere Ökosysteme von hier ausgehend.
1	Vegetationsfreie Flächen. Durch Emissionen sehr starke Belastungen für andere Ökosysteme von hier ausgehend.

Trotzdem gibt es einige Tiergruppen, die ziemlich vollständig erfaßt werden können und die über die Bedeutung des Untersuchungsraumes eine Aussage ermöglichen. Hierzu gehören z. B. alle Wirbeltiere, vor allem deswegen, da deren Status auf den Roten Listen am besten gesichert ist, und viele

Insektengruppen, wie Käfer, Schmetterlinge, Heuschrecken, Libellen, Haut- und Netzflügler. Auch bei diesen Tiergruppen ist die Gefährdung der einzelnen Arten in der einheimischen Fauna gut bekannt. Mit dem Auftreten sogenannter Rote-Liste-Arten läßt sich über die Schutzwürdigkeit des Gebietes eine Aussage treffen. Für Tiere ist eine entsprechende Tabelle mit Bewertungskriterien erarbeitet worden. Selbstverständlich muß sich die Auswahl der zu untersuchenden Tiergruppe nach der Art des Biotops richten. Es ist z. B. weniger sinnvoll, in Waldbiotopen Heuschrecken oder Libellen zu Indikatoren zu erheben und sie zu untersuchen.

Eine derartige Untersuchung läßt dann eine Entscheidung über den Sinn und die Berechtigung einer Nutzungsänderung zu und hilft z. B. bei Planungen zu Straßenbauvorhaben die für die Umwelt schonendste Trasse zu finden.

II. Arbeiten mit lebenden Organismen

II.1 Tierhaltung unter Beachtung der gesetzlichen Bestimmungen

An dieser Stelle sei auf die Ausführung über die gesetzlichen Bestimmungen auf S. 1ff. hingewiesen. Tiere und Pflanzen dürfen auch unter didaktischen Aspekten nicht einfach den verschiedenen Lebensräumen entnommen werden. Bei Unsicherheiten – trotz Einsichtnahme in die Schutzbestimmungen – wende man sich an die unteren Naturschutzbehörden bzw. Ministerien und lasse sich regional wichtige Informationen übermitteln oder zuschicken.

Ausdrücklich verweisen die Verfasser jedoch auf die Problematik des generellen Entnahmeverbots bei geschützten Organismen in gefährdeten Biotopen. So ist beispielsweise das Belassen von Schmetterlingsraupen in einem total von Landwirten abgemähten Brennesselstandort unsinnig. Das Umsetzen auf große, sichere Futterstandorte ist ein Schutzgebot! Daß man anstelle der drohenden Vernichtung auch einige Tiere zur sachgerechten und tieradäquaten Beobachtung heranzieht, ist eine Selbstverständlichkeit. Wie soll sich Ehrfurcht und Achtung vor Mitgeschöpfen entwickeln, wenn man keine direkte Beobachtung mehr durchführen kann, weil Hunderte von Tieren als geschützte Tiere an einem lebensfeindlich gewordenen Standort zum Absterben verurteilt bleiben sollen aufgrund der einschlägigen Artenschutzbestimmungen?

Dasselbe gilt zum Beispiel auch bei Amphibien in akut gefährdeten Kleingewässern oder für geschützte Insekten in Gewässer- und Landbiotopen. So wäre es verwerflich, beim Herannahen eines Holzabfuhrtransportes Kaulquappen oder Gelbbauchunken in den tiefen, mit Wasser gefüllten Fahrrillen eines Waldweges zu belassen, oder bei der Anlage von legal genehmigten umweltschädigenden Skipisten in südexponierten Trockenweidenhängen die hochgefährdeten Schmetterlingshafte (*Ascalaphus libelluloides*) oder Schnarrheuschrecken (*Psophus stridulus*) unter den Erdhaufen der Bulldozer verschwinden zu lassen. Selbst die Entnahme einer Orchidee kurz vor dem Herannahen eines Mist- und Güllestreuers mag auf dem Hintergrund des dann durch die Düngung vernichteten gesamten Bestandes nicht relevant erscheinen. Die Pflanze ist geschützt; und das Ausbringen von Dünger auf einem Grenzertragsstandort ist meist ebenfalls legal. Hier sind Kontakte zu Behörden wichtig – sie ersetzen eine gewissenhafte Entscheidung im Einzelfall jedoch nicht, denn manche Institutionen arbeiten den politischen Vorgaben entsprechend nicht immer adäquat oder dem Instanzenweg folgend entsprechend langsam und manchmal recht umständlich. Der verantwortliche Lehrer, Dozent oder Naturschützer wird aus jedem Konfliktfall vor Ort jedoch die persönlichen und politischen Konsequenzen ziehen müssen. Tierhaltung, Zucht und Pflege haben neben den didaktischen Aspekten immer die Schutz- und Erhaltungspflicht zu berücksichtigen. In der Regel freilebende Tiere dürfen nicht über Gebühr lange in Gefangenschaft gehalten, sie sollten vielmehr wieder ausgesetzt werden. Oft ist dies ohnehin im dafür gestalteten Naturgarten der entsprechenden Bildungsrichtung geplant.

II.1.1 Aquarien

Aquarien dienen vielen Zwecken, sind reine Schau- und Ziereinrichtungen, werden zur Beobachtung spezieller tierischer Verhaltensweisen benötigt oder dienen der Zucht von Fischen und anderen Wassertieren. Sie beherbergen immer Pflanzen und Tiere auf einem begrenzten Raum. Da es sich auch bei noch so ausgeklügelter Besetzung kaum um ein System handelt, das ein biologisches Gleichgewicht darstellt, muß durch Einrichtung und laufende Kontrolle und Pflege die Funktionsfähigkeit dieses Systems erhalten werden.

II.1.1.1 Aquarien-Typen

Als Aquarien stehen Vollglasbecken, Rahmen- und Kunststoffaquarien im Handel zur Verfügung. Je nach dem geforderten Ziel wird man sich für das eine oder andere entscheiden; denn alle haben Vorzüge und Nachteile.

Vollglasaquarien werden in einem Stück gegossen. Ihre Wände sind nicht plan, so daß es beim Betrachten zu Verzerrungen kommt. Ein weiterer Nachteil besteht darin, daß es bei größeren Becken und damit höherem Gewicht der Wassermasse leicht zu einem Platzen der Becken kommen kann, da die Herstellung solcher Glasgefäße nie völlig spannungsfrei erfolgen kann. Vollglasbecken sollten sinnvollerweise nicht größer als 40 cm sein. Sprünge können vor allem dann auftreten, wenn das Becken nicht völlig eben steht. Daher empfiehlt es sich, ein Vollglasaquarium immer auf eine Unterlage aus Filz oder Kunststoff, wie z. B. Styropor, zu stellen. Auch kleinere Becken dürfen auf keinen Fall über den Boden oder die Unterlage gezogen oder geschoben werden. Ein Sandkorn kann sich in einem solchen Fall zum Glasschneider entwickeln. Der Vorteil der Vollglasaquarien liegt darin, daß sie korrosionsfrei sind und sehr gut desinfiziert und sterilisiert werden können. Sie eignen sich daher besonders gut als Aufzucht-, Laich- und Quarantänebecken.

Kunststoffbecken, wie sie heute bereits im Handel sind, können die Aufgaben von Vollglasbecken weitgehend übernehmen. Der Nachteil liegt in der relativen Weichheit des Kunststoffs; beim Reinigen bilden sich leicht Kratzer.

Bei **Gestellaquarien** werden als Wände und Boden plane Glasscheiben in Metallrahmen eingekittet, die eine optimale Betrachtung ohne Verzerrungen erlauben. Metallrahmen können jedoch mit der Zeit korrodieren. Es gibt allerdings selbst seewasserfeste Gestellaquarien. Für alle größeren Becken kommen nur Gestellaquarien in Fragen.

II.1.1.2 Die Einrichtung eines Aquariums

Ehe die Tiere in das Aquarium kommen, müssen der Bodengrund, die Pflanzen und das Wasser eingebracht sein.

Als **Boden** für das Aquarium eignet sich sauberer Flußsand oder Kies. Auf Sand von Baustellen sollte verzichtet werden, da er häufig Kalk enthält, der sich ungünstig auf die Wasserhärte (s.u.) auswirkt. Man verzichte auch auf den reinen hellen Seesand, wie er in Zoofachgeschäften angeboten wird. Ein zu heller Untergrund wirkt sich negativ auf das Verhalten und die Färbung vieler Fische aus. Günstig ist ein mehrfarbiger Kies. Ist das vorgefundene Material zu hell, kann es mit Basaltsplitt vermischt werden. Der als Deckschicht verwendete Sand oder Kies muß sauber gewaschen werden, damit es zu keiner Trübung des Wassers kommt. Als unterste Schicht kann jedoch ein Sand verwendet werden, der nicht absolut sauber ist. Das ist für die Ernährung der Wasserpflanzen vorteilhaft. In das Aquarium wird zunächst der nicht ganz saubere, dann der gründlich gewaschene Kies eingebracht. Die Gesamtschichtdecke sollte zwischen 3 und etwa 8 cm liegen. Es ist günstig, keine gleichmäßig hohe Schicht zu formen, sondern den Boden so anzuordnen, daß er an der Rückseite am höchsten, in einer der Vorderecken am niedrigsten ist. In einer so geschaffenen Mulde sammelt sich Schmutz, das überschüssige Futter usw. an und kann leicht von dort entfernt werden.

Nicht nur zur Dekoration, sondern auch als Unterschlupf für Fische und Krebse können Steine oder Wurzelwerk auf den Sand gelegt werden. Man achte darauf, daß man keine Kalksteine nimmt – eine Probe mit Salzsäure gibt uns leicht Auskunft hierüber – und ebenfalls keine erzführenden. Am besten eignen sich Tiefengesteine wie Granit, Porphyr usw., von denen keine Beeinflussung und Veränderung des Wassers zu erwarten ist. Will man Wurzelwerk einbauen, so darf man auf keinen Fall frisches Material verwenden. Es müssen bereits vollständig ausgefaulte Wurzeln sein, die also schon jahrelang in Wasser oder Sumpf gelegen haben. Man reinigt sie sorgfältig und kocht sie vor der Verwendung am besten aus. In Zoofachgeschäften sind solche Wurzeln zu erhalten.

Die **Wasserpflanzen** werden nun in den so vorbereiteten Grund eingesetzt. Man bohrt dazu mit dem Finger ein Loch in den Sand, bringt die Pflanzenwurzeln hinein und drückt den Boden ringsherum an. Ein Stein kann zusätzlich zur Fixierung verwendet werden. Man sollte darauf achten, daß die Blattbildungsstelle der Pflanze nicht in den Boden mit eingegraben wird. In der Regel wird man die Rückseite und die Seitenteile des Aquariums stärker bepflanzen und auf der Vorderseite einen freien Schwimmraum für die Fische übrig lassen. Wasserpflanzen werden in einer riesigen Auswahl angeboten. Man lasse sich am besten im Aquariengeschäft beraten. Für ein Kaltwasseraquarium, das einheimische Tiere beherbergt, sollte man auch einheimische Wasserpflanzen wählen. Alle einheimischen Pflanzen haben allerdings den großen Nachteil, daß sie im Winter mehr oder weniger zurückgehen. Es gibt eine Vielzahl kälteresistenter exotischer Wasserpflanzen, die dafür Ersatz liefern können.

In das fertig bepflanzte Aquarium kann nun das **Wasser** eingefüllt werden. Dazu gießt man das vortemperierte Wasser vorsichtigt auf ein Blatt Papier, das man über die Pflanzen und im Aquarium ausgebreitet hat. Dadurch wird ein Aufwühlen des Bodengrundes vermieden. Das Papier schwimmt beim Füllen in die Höhe, so daß es am Schluß mühelos herausgenommen werden kann. Das Wasser muß bestimmte Bedingungen erfüllen, um als Wasser für unser Aquarium in Frage zu kommen. In den meisten Fällen wird allerdings Leitungswasser ausreichend sein. Hat man Bedenken wegen des in Leitungswasser anwesenden Chlors, so lasse man es über Nacht stehen, in diesem Zeitraum ist das Chlor entwichen. Zwei Eigenschaften des Wassers sollten wir allerdings prüfen, wenn wir ausgefallenere oder heikle Pflanzen und Tiere halten wollen, den pH-Wert und die Härte.

Der **pH-Wert** sollte um den Neutralpunkt herum liegen, etwa zwischen 6,7 und 7,5. Er ist leicht mit Indikatorpapieren zu messen, die in Zoogeschäften zu bekommen sind. Liegt der pH-Wert höher, ist also das Wasser zu stark basisch, kann man ihn leicht mit verdünnter Salzsäure, die man vorsichtig und in kleinen Mengen zugibt, auf den gewünschten Wert einregulieren. Liegt der pH-Wert niedriger, ist das Wasser also zu sauer, nimmt man zur Einstellung eine 3%ige Natronlauge.

Die **Härte des Wassers** bezeichnet, grob gesprochen, die Menge an Kalk, die im Wasser gelöst ist (s. auch Kap. I.3.1.3). Wasser aus Urgesteinböden ist weniger hart als das aus Gegenden mit einem Kalksteinuntergrund. Man mißt die Härte in deutschen Härtegraden (°dH). Wasser von 0-10°dH gilt als weich, Wasser von 20-30°dH als hart, darüber hinaus als sehr hart. In Zoogeschäften kann man Indikatorlösungen erwerben, mit denen die Härte gemessen werden kann. Die einfachste und billigste Methode ist jedoch ein Anruf beim zuständigen Wasserwerk. Dort kann man die Härte des Leitungswassers erfahren.

Viele Fische, vor allem tropische Zierfische, verlangen ein weiches Wasser und können deswegen nicht in normalem Leitungswasser gehalten werden.

Das Leitungswasser muß so lange mit destilliertem Wasser oder Regenwasser verdünnt werden, bis die gewünschte Härte (meist zwischen 8 und 12 °dH) erreicht ist. Bei Regenwasser muß man allerdings vorsichtig sein. In ihm kann, vor allem in der Stadt oder in Industrienähe, giftiger Staub, der sich auf den Dächern niederschlägt, gelöst sein. Man nehme Regenwasser deswegen erst, wenn es bereits eine gewisse Zeit geregnet hat.

Häufig erscheint das Wasser, nachdem es in das Becken gebracht wurde, zunächst leicht milchig-trüb. Diese Trübung vergeht aber innerhalb der nächsten Tage von allein. Nach einigen Tagen können dann die Tiere in das Bekken gesetzt werden. Da Futterangebot und Sauerstoffgehalt des Wassers von uns reguliert werden können, lassen sich mehr Fische einsetzen, als dies bei entsprechender Wassermenge in der Natur der Fall wäre. Trotzdem sollte man das Becken nicht überbesetzen. Als grobe Faustregel sollte man sich merken, daß Fische diejenige Zahl an Litern Wasser pro Tier benötigen, die der cm-Größe des ausgewachsenen Tieres entspricht. Ein Fisch, der 5 cm lang wird, benötigt demnach 5 l Wasser pro Tier als Lebensraum, oder anders gerechnet, in einem 50 l-Aquarium sollten höchsten 10 Tiere von einer Länge von 5 cm untergebracht werden. Lebhafte Arten, die viel umherschwimmen, sollten etwas mehr Raum zugestanden bekommen.

Das Aquarium sollte immer mit einer Glasscheibe abgedeckt werden, da viele Arten gerne springen. Die Glasscheibe dient gleichzeitig als Unterlage für die **Beleuchtung**. In der Regel wird man das Aquarium nicht an das Fenster stellen und natürliches Sonnenlicht als Beleuchtung wählen. Das Licht sollte, wie es in einem freien Gewässer der Fall ist, von oben einfallen. Die Beleuchtung des Aquariums wird also fast immer mit künstlichem Licht erfol-

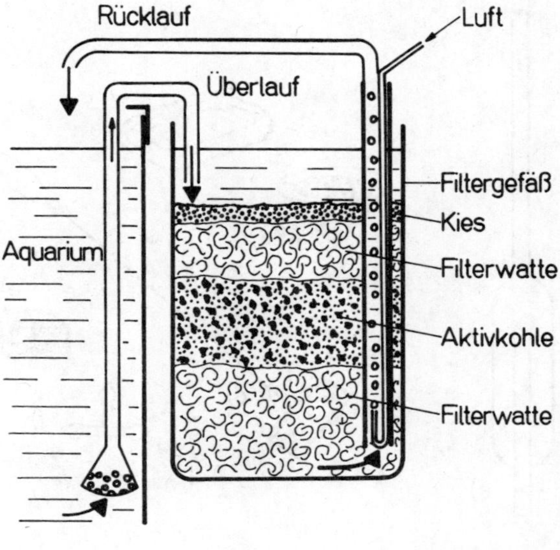

Abb. II/1: Aufbau und Arbeitsweise eines Außenfilters für Aquarien.

gen müssen. Am vorteilhaftesten wird eine Leuchtstoffröhre in einem entsprechenden Gehäuse gewählt. Manche Röhrentypen haben einen besonders starken Lichtanteil im Blau- und im Rotbereich. Sie sind für das Pflanzenwachstum besonders förderlich.

Die Wasserpflanzen des Aquariums produzieren bei der Fotosynthese zwar **Sauerstoff**, dieser reicht jedoch in der Regel nicht aus, um den Sauerstoffbedarf der Fische zu decken. Daher werden wir gut besetzte große Becken immer zusätzlich belüften müssen. Dies kommt vor allem auch für Warmwasseraquarien in Frage, da wärmeres Wasser sehr viel weniger Sauerstoff lösen kann als kälteres. Zur Sauerstoffanreicherung benutzt man elektrische Durchlüftungspumpen, die fast geräuschlos arbeiten und wenig Strom verbrauchen. Die Luft wird über Durchströmersteine aus Kieselgur oder Holz feinperlig in das Wasser geleitet (Abb. II/2).

Der im Aquarium entstehende organische Abfall wie Kot, Pflanzenreste, überschüssiges Futter usw. kann von den im Becken sich ansiedelnden Mikroorganismen nicht zersetzt werden, das Wasser muß daher gereinigt werden. Fäulnisprozesse könnten sonst zu einer starken Sauerstoffzehrung führen. Das geschieht mit **Filtern**, durch die das Wasser hindurchgesaugt wird. Filter werden in einer großen Menge an Typen angeboten. Die für Schul- oder Liebhaberaquarien in Frage kommenden arbeiten im Prinzip ähnlich: Durch ein Steigrohr wird von der Belüfterpumpe her Luft eingeblasen, die Wasser mit nach oben reißt. Das Wasser wird dabei durch das Filtermaterial gezogen und gereinigt. Als Filtermaterial dient entweder ein einfacher Kunststoffschwamm, eine Lage von Perlonwatte oder Aktivkohle. Meist werden mehrere Materialien kombiniert, so Aktivkohle und Perlonwatte. Selbst-

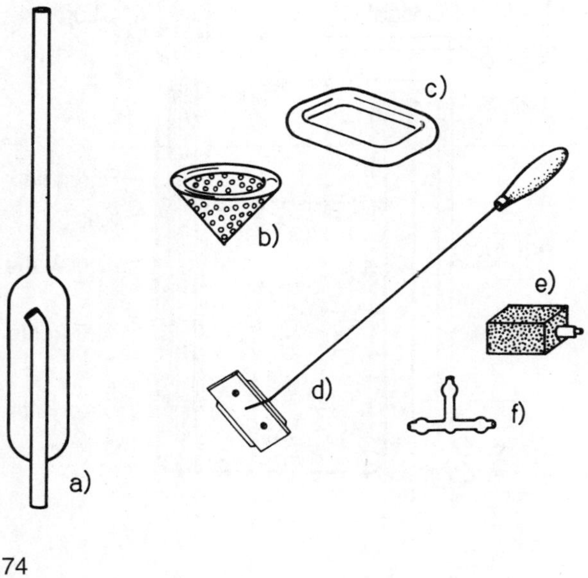

Abb. II/2: Nützliche Geräte für den Betrieb eines Aquariums. a) Saugheber zum Entfernen von Schmutz und überschüssigem Futter, b) Futtersieb für Wurmfutter, c) Futterring für Trokkenfutter, d) Scheibenreiniger mit eingespannter Rasierklinge, e) Ausströmerstein, f) Verteilerstück für Luftschläuche.

verständlich muß ein Filter in regelmäßigen Abständen gereinigt werden. Filter gibt es als Außenfilter oder als Innenfilter (Abb. II/1).

Die Säuberung der Scheiben von sich ansetzenden Algen besorgt man mit einer Rasierklinge, die man in einer käuflichen Halterung oder ganz einfach in einem gepaltenen Holz befestigt.

Die **Temperatur** im Aquarium wird mit einem Heizer, der mit einem Regler gekoppelt wird, auf der gewünschten Höhe gehalten. Diese Geräte werden vielfach als kombinierte Regelheizer angeboten. Der Nachteil der Regelheizer liegt darin, daß der Meßfühler des Reglers in unmittelbarer Nähe des Heizers liegt. Man kann sich hier dadurch helfen, daß man den Ausströmerstein der Luft in der Nähe des Regelheizers anbringt. Die Stärke des Heizers richtet sich nach der Beckengröße, der Höhe der gewünschten Wassertemperatur und zum Teil auch nach dem Temperaturunterschied zwischen dem Raum, in dem das Aquarium stehen soll, und der Wassertemperatur. Als Faustregel kann man 1 Watt pro Liter Wasser rechnen.

Als **Zusatzgeräte** für das Aquarium kommen außer dem oben beschriebenen Geräten noch einige Kleinigkeiten in Frage. Die Fütterung mit Trockenfutter sollte immer an einer Stelle des Aquariums erfolgen, möglichst dort, wo keine Pflanzen wachsen, damit überschüssiges Futter leicht abgesaugt werden kann. Auf das Wasser aufgestreutes Trockenfutter breitet sich leicht über die gesamte Oberfläche aus. Deswegen ist es zweckmäßig, das Futter in einem schwimmenden gläsernen Ring einzustreuen. Überschüssiges, auf den Boden abgesunkenes Futter wird mit einem Saugheber entfernt. Auch für Lebendfutter, wie Tubifex, ist ein Futtersieb geeignet. Die Würmer müssen sich einzeln durch die Löcher des Siebes hindurcharbeiten und können so nacheinander von den Fischen aufgenommen werden (Abb. II/2.).

II.1.2 Terrarien

II.1.2.1 Grundsätzliches

Der Name (terra = Erde) sagt es uns: in einem Terrarium werden landlebende Tiere gehalten. Ist zusätzlich ein größerer Wasserteil vorhanden, spricht man wohl auch von einem Aqua-Terrarium.

Terrarien dienen hauptsächlich der Haltung von Amphibien und Reptilien. Vögel und Säugetiere werden dagegen in Käfigen gehalten, und Insekten und Spinnentiere werden in speziellen Insektenzuchtbehältern (Insektarien, s. Kap. II.3) gepflegt.

Da die Einrichtung eines Terrariums grundsätzlich den Lebensgewohnheiten der zu pflegenden Tiere entsprechen soll, gibt es eine Unmenge von Möglichkeiten, ein Terrarium zu gestalten und auszurüsten. Es kann sich hier daher nur darum handeln, grundsätzliche Dinge anzusprechen. Will man

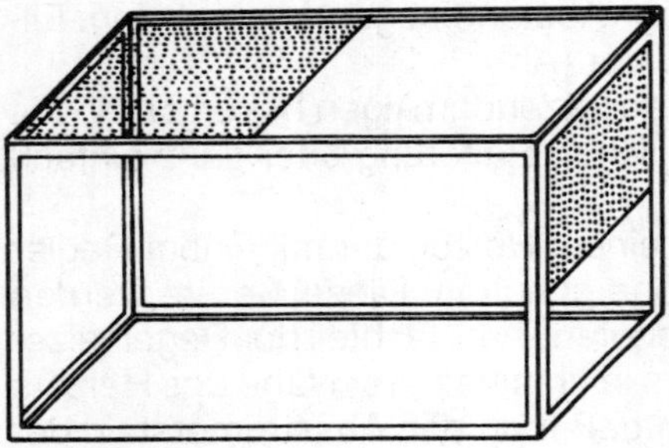

Abb. II/3: Terrarium mit Drahtgazeteilen an der Seite und im Deckel zur Belüftung.

ausgefallenere tropische Pfleglinge ziehen, so orientiert man sich in den z.T. mehrbändigen Spezialwerken über Terrarientiere.

Kleinere Terrarien werden heute in Form von Kunststoffbehältern angeboten oder lassen sich aus Holzrahmen leicht selbst bauen. Für größere Terrarien kommen allerdings fast ausschließlich verglaste Winkeleisengestelle in Frage, wie sie auch für die Herstellung von Aquarien verwendet werden. Zwei Bedingungen müssen allerdings erfüllt sein, damit diese Gestellterrarien auch uneingeschränkt benutzt werden können. Sie müssen einen fest schließenden Deckel besitzen und eine gute Belüftungsmöglichkeit aufweisen.

Der spaltenfreie Verschluß ist deswegen wichtig, weil viele Amphibien, besonders Molche und Unken, auch an Glaswänden emporklettern und sich durch engste Spalten zwängen können. In trockenen Räumen sind entwichene Amphibien meist bereits am nächsten Tag so stark eingetrocknet, daß sie nicht mehr zu retten sind.

Das Terrarium darf nicht vollständig verglast sein, da sonst eine ausreichende Belüftung nicht gewährleistet ist. Gleichfalls genügt es nicht, wenn lediglich der Deckel aus durchbrochenem Material besteht, oder mit einem Drahtgitter oder Gaze bespannt ist. Damit die Luft zirkulieren kann, sollte auch ein luftdurchlässiger Seitenteil vorhanden sein. Zugluft sollte aber auf keinen Fall entstehen (Abb. II/3).

II.1.2.2 Der Bodengrund

Gerade beim Einrichten des Bodens wird es darauf ankommen, die Lebensweise und den Biotop des Tieres zu berücksichtigen, das gepflegt werden soll. Wüsten- und Steppentiere werden in der Regel einen trockenen Sand, belegt mit einigen größeren Steinen, erhalten. Hier hat man keine größeren Schwierigkeiten bei der Einrichtung. Einige Überlegungen sollte man jedoch dann treffen, wenn Sumpfbewohner oder einheimische Tiere gehalten werden sollen. Ein feuchter Untergrund, der ja hier vonnöten ist, kann leicht Humussäurebildung in den unteren Schichten des Sandes und der Erde zur Folge haben. Die Notwendigkeit, für Amphibien eine gewisse Feuchte bieten zu müssen, führt leicht zu Moder- oder Schimmelbildung in den oft schlecht durchlüfteten Ecken des Terrariums. Man hilft sich dadurch, daß als unterste Lage eine Schicht von Tonscherben eingebracht wird. Diese bewirken eine gute Durchlüftung des Bodens und verhindern die Bildung von Humussäure.

Die meisten Terrarientiere benötigen Verstecke und Unterschlupfe, in die sie sich zu gewissen Zeiten zurückziehen und verbergen können. Das gilt besonders für Amphibien, die meist dämmerungs- oder nachtaktiv sind. Wurzelwerk, Höhlungen aus größeren, flachen Steinen oder gebogene Zierrinde, die man auch in Zoogeschäften erhalten kann, tun hierfür gute Dienste.

II.1.2.3 Bepflanzung

Um den Tieren eine einigermaßen natürliche Umgebung zu bieten, wird ein Terrarium in der Regel bepflanzt, sofern es sich nicht um Wüstentiere handelt. Grundsätzlich sollte sich die Bepflanzung nach dem jeweiligen Biotop der Pfleglinge richten. Sumpfbewohner werden also Sumpfpflanzen in ihr Gehege erhalten, Tiere aus Trockenbiotopen trockenresistente Gewächse und Sukkulenten. Kakteen sollte man allerdings nicht gerade wählen.

Bei der Wahl der Pflanzen ist zu beachten, daß viele Amphibien und Reptilien gerne klettern. Es empfiehlt sich daher nicht, allzu schwache Pflanzen zu verwenden. Schildkröten walzen zudem zierliche Gewächse leicht nieder. Außerdem graben sich viele Amphibien gern in den Boden ein. Pflanzen setzt man daher am besten in einem Blumentopf in den Untergrund sein. Dies hat zudem den Vorteil, daß sie leicht auszuwechseln sind. Eine gute Abdeckung des Bodens bilden ausgestochene Rasenstücke oder Moospolster, die immer leicht zu beschaffen sind. Außer den Bodenpflanzen eignen sich für ein Terrarium sehr gut kletternde Formen oder auch Epiphyten, wie Ananasgewächse (Bromeliaceen) oder Hirschgeweihfarne. Epiphyten bringt man am besten an einem Kletterbaum an, der im Terrarium aufgestellt wird. Sie werden entweder in Astgabeln befestigt oder in gebohrte Astlöcher gepflanzt, die man mit einem lockeren Pflanzentorf ausfüllt. An glatten Teilen des Astes können die Epitphyten mit kleinen Drahtgitterkörben befestigt werden.

Terrarienpflanzen müssen regelmäßig besprüht werden. Das nützt nicht nur den Pflanzen, viele Reptilien nehmen Trinkwasser in Tropfenform von den Blättern auf.

Eine Düngung der Pflanzen erübrigt sich in der Regel, da die Exkremente der Tiere meist zu einer üppigen Entfaltung der Vegetation führen.

II.1.2.4 Beleuchtung und Heizung

Im Gegensatz zum Aquarium eignet sich für ein Terrarium natürliche Beleuchtung, d.h., das Terrarium wird am oder in der Nähe eines Fensters (möglichst Süd- oder Südwest-Fenster) aufgestellt. Dadurch ist gleichzeitig ein natürlicher Hell-Dunkel-Rhythmus gewährleistet, den viele Tierarten benötigen. Trotzdem wird man häufig eine zusätzliche Beleuchtung anbringen. In den meisten größeren käuflichen Terrarien ist bereits eine Fassung für Glühbirnen im Deckel vorhanden. Beleuchtet man damit das Terrarium, hat man gleichzeitig den Effekt, daß das Terrarium geheizt wird.

Anstelle der Glühlampe kann in die Fassung auch ein Infrarotstrahler eingeschraubt werden. Eine solche Zusatzheizung erübrigt sich in der Regel für einheimische Amphibien und Reptilien, ist aber vielfach für exotische Formen unerläßlich. Wird ein Infrarotstrahler als Wärmequelle gewählt, so sollte man den Kletterbaum darunter einrichten. Die Tiere haben dann die Möglichkeit, einen ihnen von der Temperatur her zusagenden Ruheplatz zu wählen, indem sie emporklettern oder herabsteigen. Vielfach, besonders bei exotischen Pfleglingen, ist es zweckmäßig, zusätzlich das Terrarium mit einer Bodenheizung zu bestücken. Dafür stehen im Fachhandel Heizkissen oder Heizkabel zur Verfügung, die in den Boden verlegt werden. Ist der Boden dicht mit Gras oder Moos bepflanzt, eignen sich derartige Bodenheizungen natürlich nicht, sie kommen hauptsächlich für einen unbepflanzten Sandboden (Wüstenbiotop) in Frage.

Man sollte darauf achten, daß Heizungen in Terrarien nicht durchgehend betrieben werden, sondern daß sich, entsprechend dem natürlichen Hell-Dunkel-Rhythmus, ein Warm-Kalt-Wechsel einstellt, der den natürlichen Gegebenheiten im Freiland entspricht. Dies ist am einfachsten mit einer programmierbaren Zeitschaltuhr zu erreichen, mit der man die Heizung ein- oder ausschaltet. Gleichzeitig kann damit der künstliche Hell-Dunkel-Rhythmus durch Aus- und Einschalten der künstlichen Beleuchtung gekoppelt werden. Als günstig erweisen sich Hell-Dunkel (bzw. Warm-Kalt-)-Rhythmen von 16:8 Stunden.

II.1.2.5 Einheimische Terrarientiere

Unsere für eine Terrarienhaltung in Frage kommenden Amphibien und Reptilien stehen ausnahmslos unter Naturschutz. Viele Arten lassen sich aber, wenn sie von Schülern mitgebracht werden, gut für einige Zeit zur Beobachtung im Schulterrarium halten, andere dagegen nicht. Sie sollten alle nach ein paar Tagen oder Wochen wieder ins Freiland gesetzt werden, und zwar an den Ort des Auffindens. Auf keinen Fall sollte ein Anfänger versuchen, sie zu überwintern.

Von den wenigen einheimischen Amphibien- und Reptilienarten sollten einige von vornherein gar nicht erst für eine Haltung in der Schule in Erwägung gezogen werden. Hierher gehören außer der Kreuzotter, deren Haltung sich aufgrund ihrer Giftigkeit für eine Schule von selbst verbietet, alle die Formen, die sehr selten geworden sind, wie Feuer- und Alpensalamander, Mauer- und

Smaragdeidechse und prinzipiell sämtliche Schlangenarten. Andere bieten aufgrund ihrer verborgenen nächtlichen Lebensweise sowieso keine besonderen Beobachtungsmöglichkeiten, wie die Geburtshelfer- und die Knoblauchkröte.

Von den verbleibenden Arten sind die Molche recht gut in einem Aqua-Terrarium zu halten, sofern man nicht versäumt, sie nach der Laichzeit wieder auszusetzen, bzw. ihnen Gelegenheit zu geben, wieder an Land zu gehen.

Unter den Froschlurchen lassen sich am problemlosesten die Krötenarten halten; sie springen in der Regel kaum und fressen auch in Gefangenschaft gut (Fütterung s. Kap. II.2). Von den echten Fröschen kann eigentlich nur der noch häufige Grasfrosch empfohlen werden; die Grünfrösche, wie See- und Wasserfrosch, sind zu lebhaft, stoßen sich – vor allem in zu kleinen Terrarien – meist die Schnauzenspitze nach kurzer Zeit wund und gehen daran zugrunde. Grünfrösche fressen zudem, nach eigenen Beobachtungen, im Terrarium schlechter als der Grasfrosch.

Auch die Zauneidechse ist relativ häufig, läßt sich in Gefangenschaft gut an Futter gewöhnen und bietet, da sie tagaktiv ist, vielfältige Beobachtungsmöglichkeiten.

Sollten mehrere Tiere in einem Terrarium gemeinsam gepflegt werden, so ist zu beachten, daß nur einigermaßen gleich große Exemplare zusammengesetzt werden, da immer die Gefahr des Kannibalismus besteht. Das gilt vor allem für große Seefrösche und Smaragdeidechsen. Es versteht sich von selbst, daß man keine eidechsenfressende Schlingnatter mit Eidechsen zusammen hält.

II.1.2.6 Wasser und Futter

Hat man ein Aqua-Terrarium eingerichtet, so braucht man sich um eine zusätzliche Tränke nicht zu kümmern. Sonst aber gehören Wasserstellen ins Terrarium, die als Tränke oder auch zum Baden dienen. Hierfür eignen sich fast sämtliche flache Gefäße aus Glas, Ton oder Kunststoff. Man sollte lediglich darauf achten, daß hineinfallende Tiere von selbst wieder ans Land gelangen können. Sie sollten also nicht tiefer sein als das Tier groß ist. Vor allem sollte zwischen Wasseroberfläche und Gefäßrand kein zu großer Abstand bestehen. Mit Ästen, Kork oder Steinen kann man leicht eine Ausstiegsmöglichkeit schaffen.

Ein leicht entfernbares Gefäß sollte man schon deswegen wählen, weil das Wasser öfters erneuert werden sollte, damit es immer frisch ist. Kröten haben nämlich z. B. die Eigenart, ihren Kot im Wassergefäß abzusetzen.

Auch für das Futter sollte man einen eigenen, möglichst flachen Napf wählen. Amphibien und Reptilien lernen sehr schnell, ihr Futter immer an derselben Stelle zu holen. Sie lassen sich aber auch recht einfach mit der Pinzette füttern.

II.2 Welches Futter für welche Tiere?

Futter für Kleinsäuger kann in jeder Zoohandlung in Form spezieller Futterpellets besorgt werden. Dort gibt es auch Tierkäfige mit dem entsprechenden Zubehör.

Tab. II-1: Futter für verschiedene Tiergruppen.

Tiere	Futter
Vögel: aus dem Nest geworfene, noch nicht flügge Tiere, mehrmals täglich füttern	hartgekochte Eier; können rasch besorgt und bei künstlichem Sperren mit stumpfer Pinzette oder Holzstäbchen gereicht werden, abgekochtes Wasser mit der Pipette; später Weichfutter –
Insekten – Weichfutterfresser	*komplette Mischung:* getrocknete Insekten (als Insektenschrot im Handel) + eingeweichte Brötchen + geschabtes Rinderherz + hartgekochte Eier + gequollene Rosinen angerührt mit Wasser, Karottensaft oder Milch. Diese Grundmischung kann in Tagesportionen aufgeteilt und im Gefrierfach für einige Wochen eingefroren werden. *Zukost - einmischbar oder gesondert beizugeben:* kleingeschnittene, weichgekochte Spaghetti; Mehlwürmer, Taufliegen, Stubenfliegen (vgl. Kap. II.3), Ameisenpuppen, in Angelsportgeschäften käufliche Fleischfliegenmaden; feinzerstoßenes Kükenalleinfutter; ab und zu fertig käufliche Fettfutter; abgekochter, durch Sieb gedrückter Quark; Eibiskuit; käufliche Vitamintropfen für Vögel
Körnerfresser	Fertigmischungen aus dem Zoogeschäft + ausgekeimte „Vogelsamen“, vor allem für Herbst und Frühjahr (Schaumgummimatten auf Plastiktellerchen, Wasser zugeben, Samen aufstreuen)
Eidechsen	Futtergaben alle 1-4 Tage,
Jungtiere	tägliche Fütterung mit kleinen Fliegenmaden, Fleischstückchen, kleine, frisch gehäutete Mehlwürmer, Ameisenpuppen; Wasser u.U. tropfenweise mit Vigantol

Forts. Tab II-1.

Tiere	Futter
ausgewachsene Tiere	zusätzlich mit glatten Raupen, kleinen Nacktschnecken, überreifem Obst, Taufliegen und Fliegen an Honigköder im Terrarium, kleinen Regenwürmern, hin- und herbewegten Fleischstreifen
Landschildkröten	Gras, Klee, Löwenzahn u.a.; Kirschen, Birnen, Rosinen; Endivien, Feldsalat, Artischocken; Milch mit eingebrocktem Weißbrot; Zwetschgenmarmelade; zerdrückte gekochte Kartoffeln; kleingehackte Leber. Außerdem kann fertiges Schildkrötenfutter gegeben werden.
Froschlurche	öfter aber wenig anbieten: Futterreste vor dem Schimmeln und Faulen entfernen
Larven (Kaulquappen)	getrocknete, fein geriebene und gesiebte Brennesselblätter; ab und zu ganz wenig Zierfischtrockenfutter (Vorsicht Fäulnis, Wassertrübung); größeren Larven ab und zu Fleischkost bieten, z. B. Tubifex
Gras- und Wasserfrösche	Taufliegen, Fliegen, Kleinschmetterlinge; Würmer und Mehlwürmer als Ersatz; Gewöhnung an feingehacktes Fleisch, wenn lebende Mehlwürmer oder Fliegenlarven daraufgelegt oder eingemischt werden
Kröten, Unken	Regenwürmer, Mehlwürmer, Nacktraupen, Nacktschnecken, Schnur- und Bandfüßer; mit lebenden Mehlwürmern vermischte Fleischstückchen
Laubfrosch	Fliegen (Stubenfliege und Drosophila), Motten, mit dem Streifsack eingefangenes „Wiesenplankton", im Winter mit Mehlwürmern füttern, sofoern keine Fliegenzucht zur Verfügung steht.
Schwanzlurche Larven	Kleine Larven erhalten Wasserflöhe und Hüpferlinge, größere Tiere auf die Wasseroberfläche geworfene Taufliegen und Blattläuse, sowie kleine Tubifexknäuel, die mit der Pinzette angeboten werden. Aus den letzteren reißen sich die Larven Stücke heraus. Die Tiere können aber auch an Trockentubifex gewöhnt werden, wenn man die Würmer leicht hin- und herbewegt.
Aufzucht der Molche bzw. für kurzfristige Beobachtungen der Salamander	Anfangs werden die Tiere an Land noch ausschließlich mit Tubifex gefüttert, dann kann man Drosophila- und Fliegenmaden im Futterschälchen zusätzlich anbieten. Molchen wirft man Tubifex, Mückenlarven und Daphnien ins Wasser (schwimmendes Futtersieb und Futterring). An Land kann man auch frisch gehäutete Mehlwürmer verfüttern.

In einigen Zoohandlungen gibt es sogar spezielles Igelfutter. Findet man im Spätherbst Igel des zweiten Wurfes – sie halten sich gerne in Schulhof- oder Häusernähe auf, da sie dort weggeworfene Reste finden – oder während der Wintermonate aufgewachte Tiere, so muß man sie auf die Waage legen. Tiere unter 600 g Gewicht müssen gefüttert und zugfrei im Keller gehalten werden. Mit saftigem Hundefutter (Chappi o.ä.) kann man diese Tiere aufpäppeln. Zur Igelhaltung empfiehlt sich die Anschaffung des Bändchens „Igelbrevier", herausgegeben von der Zoologischen Gesellschaft Frankfurt/Main. – Am besten wendet man sich an die örtliche Igelstation oder Tierärzte, die auch auf Parasitenbefall untersuchen und über eine entsprechende Überwinterung entscheiden.
Über Fischfutter werden an dieser Stelle keine Angaben gemacht, da in Zoogeschäften für viele Arten spezifisches Futter bereitgehalten wird.

II.3 Zucht und Haltung von wirbellosen Tieren

II.3.1 Schmetterlingszuchten

Im Freiland bereitet die Suche nach Schmetterlingsgelegen Schwierigkeiten. Wenn man jedoch im Frühjahr zufällig Gelege an Blütenständen, an Rinde und Blättern oder an Trieben findet, so nimmt man diese mit (man beachte die Schutzbestimmungen).

Tab. II-2: Gelegevorkommen, Fraßpflanzen und Überwinterungsstätte verschiedener Schmetterlingsarten (Ziffern = Monate.)

Name	Eiablage	Fraßpflanzen	Überwinterung
Kohlweißling	Unterseite von Kohlblättern	6-7; 8-10 an Kreuzblütlern, vorwiegend Kohlarten	Puppe der Herbstgeneration
Aurorafalter	5	5-7; Wiesenschaumkraut	Puppe
Zitronenfalter	6	6-7; Faulbaum	Falter; unter Blättern, Dachböden
Kuhauge	8 zwischen Gräsern	9 überwinternd 5 Gräser	Raupe
Kleiner Fuchs	5; 7	5-6; 7-8; Brennesseln	als Falter; Dachböden
Tagpfauenauge		5-7; Brennesseln, Hopfen	als Falter, oft in Häusern
Landkärtchen	5; 7	6-7; 8-9; gesellig auf Brennesseln	Puppe

Forts. Tab II-2.

Name	Eiablage	Fraßpflanzen	Überwinterung
Bläulinge		asselförmig, vielfach von Ameisen wegen Honigdrüse besucht	Ei, Raupe oder Puppe
Liguster-schwärmer		6-9; Liguster, Flieder, Esche	Puppe
Hausmutter		9 - überwinternd - 5 an niedrigen Pflanzen	Raupe
Kohleule		7-8; 9 an Salat, Rüben, Kohl	Puppe
Rotes Ordens-band		5-6 Pappeln, Weiden	Schmetterling Ei
Kiefern- oder Forleule		5-7, Kiefern	Puppe
Apfelwickler	4 8	5-6 oder 5-4 8-10	Raupe der 1. oder 2. Generation
Nonne	zu 15-25 Stück an Rinde	4-6, Kiefer, Fichte	Ei
Ringelspinner	8 - überw. - 4 Ringe an dünnen Zweigen 100-300 Eier	4-6; Laubholz, Obstbäume	Eier im Ring
Brauner Bär		8 - überwinternd - 5 auf Wiesen, an niedrigen Pflanzen	Raupe
Gemeiner (kleiner) Frostspanner		3-6, Laubbäume	Ei
Großer Frostspanner		5-6, Laubbäume Obstbäume	Ei
Stachelbeerspanner		8 - unter Laub überwinternd - 6, Obstgärten	Raupe

Meist sind nur 60-90 % der Eier befruchtet. Statt der erhofften Schmetterlingsraupe können aber auch Wanzenlarven schlüpfen. Die Gelege sehen sich teilweise sehr ähnlich. Deshalb informiert man sich über Gelegevorkommen und Fraßpflanzen in der folgenden Tabelle (Tab. II-2). Darin sind die häufigen Tiere aufgeführt. Weitergehende Informationen erhält man in Flindt (1989).

In der Regel wird man die in Gespinsten lebenden Schmetterlingsraupen nicht übersehen (z. B. Kleiner Fuchs und Tagpfauenauge), so daß Schmetterlingszuchten wenigsten mit noch häufig auftretenden Arten durchgeführt werden können, auch wenn sehr viele Arten schon vom Aussterben bedroht sind. Dazu benötigt man ein Schränkchen mit dicht schließender Türe von 30-50 cm Höhe, 15-25 cm Tiefe und 22-25 cm Breite. In der Regel sind die Tür- und Seitenflächen mit Fliegendraht versehen, so daß eine ausreichende Belüftung vorhanden ist. Solche Zuchtkästen sind im Fachhandel (z. B. Lühr, Reitter u.a.) erhältlich. In einem solchen Zuchtkasten wird ein Glasgefäß mit engem Hals gestellt, das mit Wasser für die Zuchtpflanzen versehen ist. Nachdem die Fraßpflanzen mit den Tieren ins Wassergefäß gestellt wurden, muß die verbleibende Öffnung mit Watte verschlossen werden, damit herabfallende Raupen nicht ertrinken können. Die Zuchtkästen dürfen nicht direktem Sonnenlicht ausgesetzt werden. Die Entwicklungsgeschwindigkeit ist temperaturabhängig. Dies ist mit 2 Zuchtkästen, die man in verschieden temperierte Räume stellt, nachprüfbar (Beobachtungsprotokolle).

II.3.2 Mehlkäferzucht

Mehlwürmer sind ein bewährtes Futter für lebende Tiere (vgl. Kap. II.2). Die zum Kulturfolger gewordenen und zum Futterlieferanten gemachten Tiere lassen einfach durchzuführende Beobachtungen zu. Mehlkäferlarven sind im Zoogeschäft erhältlich. Die Züchtung dieser Tiere ist einfach. Man benötigt nur Gläser oder Plastiktöpfe mit ca. 1 l Fassungsvermögen. In diese werden feine Haferflocken, mit etwa Mehl vermischt, eingefüllt. Für den Anfang genügen pro Larve jeweils drei Eßlöffel voll. Über die Gefäßöffnung zieht man einen Perlonstrumpf. Ab und zu sprüht man ganz geringe Wassermengen in das Zuchtgefäß. Mit der Zucht verbindet man gleichzeitig ein Experiment. Dazu werden vier Zuchtgefäße benötigt. In allen Gefäßen befinden sich gleich viele Larven. Zwei Gefäße werden an einem stets warmen Ort, die anderen beiden kühl, z. B. im Keller, aufgestellt. Wenn man nun in einem Gefäß auf die Zucht noch einen stets mit wenigen Tropfen angefeuchteten Lappen legt (Minimumfaktor Wasser), so hat man zwei Faktoren, die man 14tägig kontrollieren muß und in Beobachtungsprotokollen verfolgt: Feuchtigkeit und Temperatur. Die abgestorbenen Larven, Puppen und Käfer werden ebenso notiert wie die lebenden. Dazu sollen anfangs die Zuchtansätze überschaubar gehalten werden (20-30 Larven pro Gefäß). Nach ca. zwei Monaten kann man das Experiment abbrechen und die Entwicklungsgeschwindigkeiten miteinander vergleichen. Zur 14tägigen Kontrolle gießt man die Tiere wieder in die Zuchtbehälter um und gibt etwas frische Haferflocken zu.

Zur Beobachtung der Eiablage und Reproduktionsrate der Käfer verwendet man die frisch aus den Puppen geschlüpften Käfer, die an der hellen bis rötlichen Färbung zu erkennen sind. Einige Tage alte Tiere sind dagegen schwarz. Man setzt die frisch geschlüpften Tiere in einen Behälter, in dem naturnahe Verhältnisse simuliert werden. Dazu wird ein Einmachglas verwendet, in das eine 1 cm dicke Schicht mit Haferflocken eingefüllt wird. Darüber werden altes, braunes Laub, Zweigstückchen und Moos gelegt. Dann sprüht man etwas Wasser darüber. Nach 10 Tagen werden zum ersten Mal die eingelegten Teile nach den 1 mm langen Eiern abgesucht. Nach weiteren 10-14 Tagen wird in der Regel in warmen Räumen die Eiablage erfolgt sein. Man beobachtet die ersten Stadien – ca. 10-14 Mal häutet sich eine Larve – und bringt die Larve dann in die Haferflockenzuchtgefäße.

Auch für die Dauerhaltung muß eine vorsichtige Befeuchtung erfolgen. Schimmel darf sich nicht bilden. Besser ist, etwas zu wenig, als zuviel an Wasser zuzugeben. Für Fütterungszwecke legt man in trockene Gefäße einen sehr feuchten Lappen. Die Mehl"würmer" nehmen den Minimumfaktor Wasser wahr und sammeln sich an der feuchten Lappenunterseite. Dort können sie abgenommen werden.

II.3.3 Fliegenzucht

Taufliegen sind auf einfache Weise zu ködern, indem man überreifes Obst aufstellt. Gärende Zwetschgen oder Birnen sind dafür besonders geeignet. Faulende Früchte, in der Nähe von Mist- oder Müllhaufen ausgelegt, locken die Tiere ebenfalls rasch an. Man kann sie dann mit dem Netz fangen. Günstig sind auch einfache Fliegenfallen. Mit einem Exhaustor nimmt man die Tiere auf und setzt sie in die Zuchtgefäße um. Diese bestehen aus Erlenmeyerkolben mit Nährmedium, das 2 cm hoch eingegossen wurde. Anschließend wird in das Nährmedium Watte eingestampft, bis diese nicht mehr naß aussieht. Auf die Futterunterlage stellt man dachförmig geknicktes Filterpapier. Nachdem ca. 50 Tiere pro Gefäß eingesetzt worden sind, verschließt man die Kolben mit Watte.

Futtermischung: 100 g Bäckerhefe werden mit vier Eßlöffeln Rohrzucker bestreut. Sobald die Hefezellen platzen und der Brei flüssig wird, mischt man noch 200 ml Weinessig darunter.

Die Weibchen legen die Eier direkt auf dem Nährmedium ab. Schon nach einem Tag schlüpfen die Larven. Diese häuten sich dreimal. Nach 10 Tagen setzt die Verpuppung ein. Nach ungefähr fünf Tagen schlüpfen die entwickelten Taufliegen. Die Kopulation erfolgt schon am ersten Tag nach dem Schlupf.

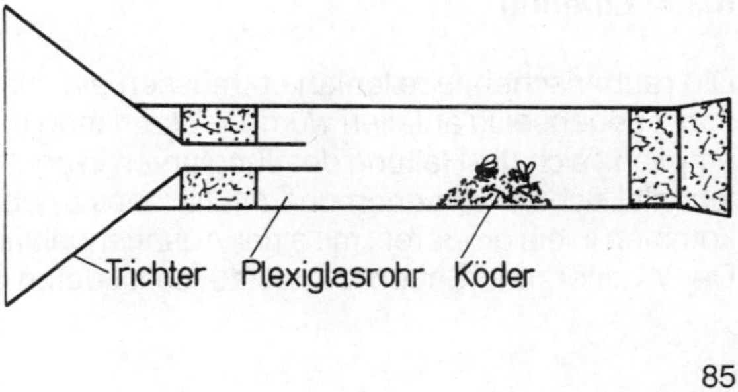

Abb. II/4: Einfache Fliegenfalle.

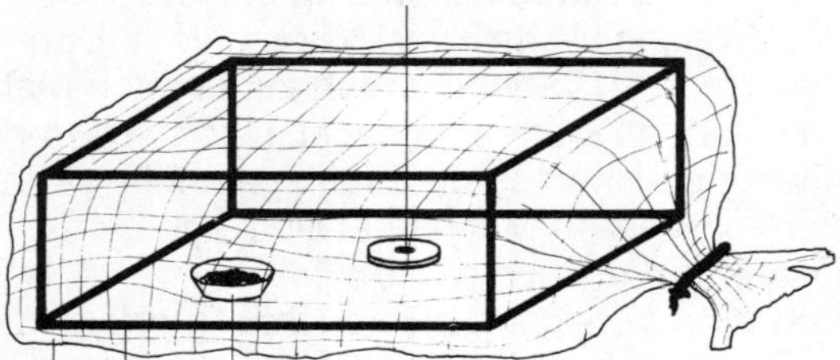

Abb. II/5: Fliegenkäfig.

Zwischen dem dritten und sechsten Lebenstag ist die Zahl der abgelegten Eier am größten. Für fortlaufende Zuchten sind wöchentlich neue Zuchtgefäße zu beschicken.

Die gemeine Stubenfliege kann ebenfalls einfach gezüchtet werden. Für eine Zucht fängt man Fliegen im Stall ein und bringt sie in einen Käfig aus Nylongaze. In diesem Behälter befindet sich eine Schwimmertränke. Diese besteht aus einem kleinen Wasserbecken, in welchem ein Styroporstück schwimmt. Dieser Schwimmer ist mehrfach durchbohrt, so daß die Insekten bequem an das Wasser herankönnen (Abb. II/5).

Außerdem stellt man eine Futterschale ein. Zu neun Teilen 2%iger Agarlösung kommt 1 Teil eines Gemisches aus Milchpulver und Trockenhefe (1:1).

Für die Fliegen gibt es noch etwas trockenes Milchpulver in den Gazekäfig. Die Weibchen legen auf dem Futter ihre Eier ab. Das belegte Futter entnimmt man täglich, setzt neues Futter zu und bindet die dem Gazekäfig entnommenen Zuchtansätze in Nylongaze ein (z. B. Strumpfgewebe). Nach ungefähr sechs Tagen verpuppen sich die Maden. Die Tiere sammeln sich zuvor auf der Futteroberfläche. Nach ca. einer Woche können die rotbraunen Puppen vom Futter abgewaschen werden, indem man die Futterschale mit Wasser auffüllt. Die dunkel gefärbten Puppen schwimmen auf der Wasseroberfläche, sie werden bis zum Schlüpfen auf feuchten Zellstoffschnitzeln (Papiertaschentücher o.ä.) gehalten. Nach etwa fünf Tagen schlüpfen die Fliegen. Diese werden dann mit Milchpulver oder Larvenfutter gefüttert.

II.3.4 Libellen

Die räuberischen Libellenlarven müssen einzeln gehalten werden, da sie sich sonst gegenseitig anfallen würden. Wenn man mehrere Tiere zu versorgen hat, empfiehlt sich die Haltung der Junglarven in Joghurtbechern, die an je vier Stellen mit Löchern versehen und mit Nylongaze überklebt werden. Diese Becher kommen in ein größeres, mit einer Aquarienbelüftung versehenes Wassergefäß. Der Wasser- und Sauerstoffaustausch ist durch die Löcher in den Bechern gewährleistet. Die Nylongaze muß öfters von Algenbewuchs befreit werden. Der Abstand zwischen der Wasseroberfläche und Becherrand soll 2 cm betragen.

In jeden Becher werden noch Zweigchen gestellt, damit sich die Larven daran festhalten können. Wenn die Tiere größer sind, kann man sie in ein Aquarium umsetzen, da sie sich dann nicht mehr so stark attackieren. In den Sand des Aquariums steckt man Zweigchen oder Stäbchen, die um 10 cm die Wasseroberfläche überragen. Die Larven klettern daran vor dem Schlüpfen nach oben.

Die Fütterung erfolgt dreimal wöchentlich mit Fliegenmaden, Tubifex, kleinen Regenwürmern und Mehlwürmern.

Die Einzelhaltung von Libellenlarven kann auch in Einmachgläsern erfolgen. In diesem Fall ist ebenfalls eine schwache Belüftung notwendig.

II.3.5 Die Haltung von Ameisen in künstlichen Nestern

Zur Beobachtung eines Ameisenstaates fertigt man ein Gipsnest an. Dazu werden Alabastergips, sechs Objektträger oder Diaglasscheiben und Styroporstücke von ca. 2 cm Höhe benötigt (Abb. II/6).

Die Styroporstücke werden so zugeschnitten, daß die daraufgeklebten Objektträger 2-3 mm überstehen (Spezialkleber für Styropor verwenden). Die so vorbereiteten Formen klebt man mit den Objektträgern nach unten auf eine Glasscheibe. Zwischen vier Kammerformen aus Styropor drückt man noch kleine Kunststofftrinkhalme. Diese stellen die späteren Tunnels zwischen den Nestkammern dar. An einer Formseite für die große Nestkammer wird ein Stück Schlauch eingedrückt, in den man später einen Stopfen oder kleineren Schlauch hineinstecken kann.

Nun werden um das Ganze Holzleistchen gelegt und mit Leineklebstreifen verbunden. Das so entstandene Rähmchen wird nun ebenfalls auf der Glasscheibe festgeklebt. Die Gußform ist fertig; der Gipsbrei wird angerührt und gut fließend in die Form gegossen. Mit einem schräggestellten Brettchen zieht man die Gipsfläche glatt. Sobald der Gips abgebunden hat, dreht man den Block um, löst die Rähmchen und hebelt die Glasscheibe vorsichtig ab, dann löst man mit einer Pinzette oder Aceton die Styroporformen aus dem Block, schneidet die Röhrchen und das Schlauchstück mit einer Rasierklinge

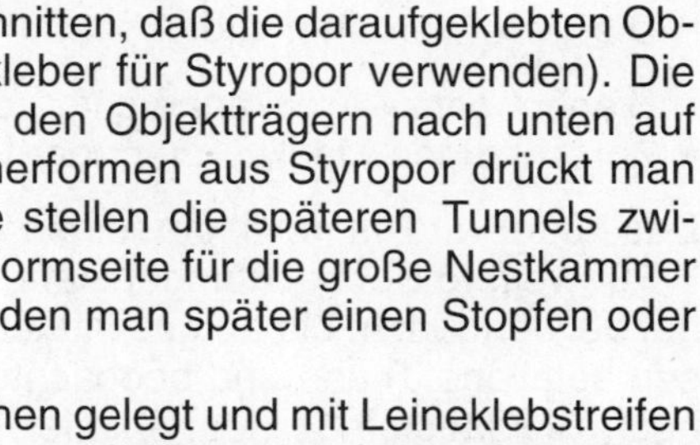

Abb. II/6: Gipsnest von oben und im Längsschnitt. - 1 = Befeuchtungskammer mit Watte,. 2 = Nestkammern, 3 = Fütterungskammer, 4 = Anschlußstutzen für Auslauf.

eben an den Kammerwänden ab und versieht die Kammern mit sauberen Objektträgern. In das Befeuchtungsabteil gibt man Watte, die das eingegossene Wasser langsam an die umgebenden Wände abgibt. In einem Leinenbeutel werden nun Ameisen eingeholt. Nahezu in jedem größeren Garten, unter Platten, Steinen und Holzstückchen findet man Ameisen. Die Königin oder eine der Königinnen, erkennbar am breiten Brustabschnitt und größeren Körper, zwei Dutzend Arbeiterinnen und die Brut werden rasch mit einem Löffel und einer Federstahlpinzette in den Leinenbeutel gebracht.

Das Einsetzen des Zuchtansatzes geschieht folgendermaßen. Mit ungelöschtem Alabastergips wird ein runder Wall ausgeschüttet. Die Arena wird kaum von den Ameisen bezwungen. Sie versuchen am Grunde zu entkommen. Eine Öffnung bietet man an. Das ist die Mündung eines Schlauches, der unter dem Gipswall hindurch zum vorbereiteten Nest führt. Durch diesen Gang gelangen die Tiere mit den Puppen zwischen den Mandibeln in das Formicarium. Selbst die Königin wird zuweilen unsanft gestupst und gezogen, bis sie sich im Nest befindet. Die Objektträger müssen jedoch abgedunkelt sein. Man kann den Einzug und die Lebensweise der Tiere durch aufgelegte Rotlichtfilter beobachten, da die Tiere rotblind sind. Solche Rubinglasscheiben sind z. B. im Fotofachhandel erhältlich.

Die Tiere werden mit folgenden Futterstoffen gehalten:

- Bienenhonig + Trockenhefe im Verhältnis 1:1.
- Zerschnittene Mehlwürmer oder fettfreie Fleischstückchen.

Das Futter wird immer in derselben Kammer auf Alufolienstückchen geboten.

Für weitere Beobachtungen kann man die oben beschriebene Arena wieder verwenden. In die aufgeschüttete Gipsarena gibt man z. B. von Blattläusen befallene Triebe und beobachtet das „Melken“ der Tiere. Dazu können noch Blattlausfeinde (Marienkäfer) hineingesetzt werden. Eine Menge an Verhaltensstudien sind somit auch außerhalb des Nestes möglich.

II.3.6 Bienenhaltung

Das in den Lehrplänen des Biologieunterrichts am häufigsten auftauchende wirbellose Tier ist die Honigbiene. Dies hängt mit ihrer Bedeutung für den Menschen, ihrer interessanten Staatenbildung und ihrem Verhalten, besonders wegen ihrer Tänze, zusammen. Deswegen findet man gelegentlich schon Schulen, die eigene Bienenvölker besitzen. Über die Haltung richtiger Völker sollte man sich in den zahlreichen Büchern über Imkerei informieren oder sich noch besser einem Imkerverein anschließen. Auf eine richtige Bienenhaltung kann hier nicht eingegangen werden.

Für eine Schule sind jedoch in den meisten Fällen kleine Völker ausreichend, die in einem Schaukasten gehalten werden. Diese Schaukästen können im Freien aufgestellt oder sogar im Zimmer angebracht werden. In letzterem Fall muß man für ein Loch in der Wand sorgen, hinter dem das Flugloch angebracht wird und durch das die Bienen ins Freie gelangen können.

Schaukästen beherbergen in der Regel zwei übereinander liegende Waben, die durch Glasscheiben von außen betrachtet werden können. Vor den Glasscheiben finden sich aufklappbare Holztürchen. So kann ohne die Gefahr, gestochen zu werden, das Bienenleben auf den Waben betrachtet werden. Über diesem kleinen Bienenraum findet sich gewöhnlich ein kleines Kästchen für Futter (Zuckerwasser oder Honig), über das die Bienen bei Bedarf gefüttert werden können. Solche Kästen sind im Imkerfachhandel erhältlich, können aber u.U. im Werkunterricht einer Schule auch selber gefertigt werden.

Die Schaukästen werden im Frühjahr mit Bienen und Waben gefüllt. Dazu benötigt man eine Brutwabe mit möglichst viel Brut, unter der sich auch noch Eier („Stifte", wie die Imker sagen) befinden sollen, Bienen und eine leere Wabe.

Die Brutwabe wird an die untere Stelle plaziert, die Leerwabe darüber. Eine Königin wird nicht gebraucht, durch die noch vorhandenen Eier auf der Brutwabe können die Bienen sich eine solche selbst nachziehen. Eine derartige „Nachschaffungskönigin" ist meist kleiner und nicht so leistungsfähig wie eine durch Zucht entstandene. Dies ist aber für einen Schaukasten nur von Vorteil, da mit einer sehr vitalen Königin ein solches Schauvolk bald aus allen Nähten platzt.

Zwei Waben (Brut- und Leerwabe) kann man sicher von einem Imker des örtlichen Imkervereins bekommen. Dieser nimmt die Waben mit den Bienen auch zu Beginn der Sommerferien wieder zurück. In einem solchen Schaukasten sind Bienen nämlich in der Regel nicht zu überwintern. Liegt der Bienenstand des Imkers, von dem man seine Waben bekommt, in der Nähe des aufgestellten Schaukastens (Luftlinie 3 km), muß man das Flugloch in den ersten zwei Tagen schließen, da sonst alle Flugbienen wieder zu ihrem alten Volk zurückfliegen. Man achte darauf, daß die Wabengröße zu dem gekauften Schaukasten paßt. Schaukästen gibt es nämlich im Handel im sogenannten Zandermaß (Innenmaße einer Wabe 40 x 20 cm) oder im Deutsch-Normal-Maß (Maße 35,4 x 20,7 cm).

II.3.7 Spinnenhaltung

Spinnenarten, die frei ohne Netzbau umherlaufen (Salticiden u.a.), können in Petrischalen gehalten werden, auf deren Grund jeweils eine Filterpapierscheibe gelegt wird. Das Filterpapier muß immer etwas angefeuchtet werden, da vor allem Arten, die nicht aus Extrembiotopen stammen, eine relative Luftfeuchte von wenigsten 70 % benötigen.

Tieren, die in Röhren leben, wird ein kleines Holzkistchen (Zigarrenkiste) angeboten, in das Reagenzgläser eingehängt werden. Dazu bohrt man in Eckennähe des Kistchenbodens Löcher. In diese Löcher werden die Reagenzgläser eingehängt, so daß der Gläschenrand fast eben mit dem Kistchenboden abschließt. Die Gläschen werden mit Manschetten aus schwarzem Tonpapier versehen. Trichterspinnen oder andere Bodenspinnenarten ziehen sich in die Röhrchen zurück und legen ihre Fangreuse an. Die Tiere können vorsichtig nach dem Abnehmen der Manschetten beobachtet werden.

Radnetzspinnen erhalten Holzrähmchen (u. U. Wabenrähmchen vom Imker besorgen). Diese Rähmchen werden an einem Stativ aufgehängt. Die oberen Rähmchenecken werden mit Plexiglas seitlich verschlossen. Über die Ecken stülpt man noch schwarze Tonpapierhütchen, die zur Beobachtung der Spinne in der Warte abgenommen werden können. Als Futter eignet sich für kleine Arten *Drosophila*, für größere Stuben- oder Fleischfliegen. Als Kunstfutter bietet man Breiklümpchen aus zerdrückten Insekten, Hackfleisch, Ei und Milchpulver. Die Beobachtungsvorrichtungen stellt man am besten in stets befeuchtete Räume oder in Glasbecken, in denen ein Verdunstungsglas steht.

II.3.8 Asseln, Tausendfüßer, Urinsekten

Diese Tiere hält man in Gipsnestern, die man immer wieder befeuchtet. Man setzt trockenem Alabastergipspulver so viel Aktivkohle in Pulverform zu, bis das Gemenge dunkelgrau bis schwarz erscheint. Dann rührt man es mit Wasser an. Dieser Gips- und Aktivkohlebrei wird 3-4 mm hoch in Petrischalen ausgegossen. Diese Aktivkohle absorbiert Giftstoffe, u.a. auch an den für kleine Tiere gefährlichen Schwefelwasserstoff des Gipses.

Die Schalen für Asseln werden mit feuchtem Fallaub beschickt. Alle weichen und dünnen Blätter der Laubstreu werden rasch gefressen. Ebenso zersetzen Schnur- und Bandfüßer das Laub rasch. Bandfüßer (Polydesmidae) sind lange Zeit in mulmigen, weichen, dunklen Baumstücken zu halten. Sie legen sogar in Gefangenschaft Eikammern in feuchtgehaltenen, dicken Teilen von Baumstümpfen an. Die Gipsnester müssen von Zeit zu Zeit etwas befeuchtet und immer wieder belüftet werden. Kleine gebrannte Tontöpfchen, die in eine Wasserschale mit 1 cm Wasserhöhe oder nassen Sand gestellt und mit dem Deckel einer kleinen Petrischale verschlossen werden, lassen einen guten Luftaustausch durch die Poren zu. Die Schimmelbildung ist deshalb bei diesen Gefäßen viel geringer. Steinkriecher und die schlanken Erdläufer lassen sich unter Tonscherben in leicht befeuchteten Gipsnestern halten.

Steinkriecher fressen kleine Regenwürmer – außer Mistwürmer aus Komposten –, Erdläufer Enchyträen oder ganz kleine Schlammröhrenwürmer. Steinkriecher fressen ebenfalls *Tubifex*.

Urinsekten, wie z. B. Silberfische oder alle Springschwanzarten, können mit Reisflocken gefüttert werden (Kindernahrung). Futterreste werden entfernt, damit keine Schimmelbildung auftritt. Man hält die Tiere zur Beobachtung in angefeuchteten Gipsnestern mit Aktivkohle.

Silberfischchen ködert man mit Glasscheiben, auf die man süßen Mehlkleister aufgestrichen hat.

III. Arbeitssammlung von Naturmaterialien

III.1 Allgemeines

III.1.1 Sammeln zwischen Schutz und Dokumentation

Die Natur wird von Jahr zu Jahr ärmer; Tiere sterben aus oder sind zumindest vom Aussterben bedroht, viele Pflanzen finden keinen Lebensraum mehr und verschwinden. Unter diesen Voraussetzungen kann weder einem Lehrer noch einem interessierten Laien empfohlen werden, eine wissenschaftliche Sammlung zu beginnen. Ungesteuerter Sammeltrieb könnte diesem Trend der Verarmung unserer Umwelt nur Vorschub leisten.

Es ist selbstverständlich, daß vom Sammeln nicht nur alle die Arten ausgenommen werden müssen, die unter Naturschutz stehen (s. Kap. 0), sondern es sollten auch viele ungeschützte, aber doch sehr selten gewordenen Tiere und Pflanzen nicht gesammelt werden (vgl. Blab 1984, 1989 u.a. und Kap. 0).

Auf der anderen Seite sollte gerade das Seltenerwerden von Tieren dazu führen, daß aufgefundene tote Exemplare, die etwa einem Lehrer von Schülern immer wieder mitgebracht werden, nicht schon deshalb verloren gehen, weil nicht bekannt ist, wie dieses Tier zumindest als Präparat zu retten ist. Häufig wird es sich nur darum handeln können, das Tier so lange sachgerecht aufzubewahren oder zu konservieren, bis es später von einem Fachmann ordnungsgemäß präpapriert werden kann. In vielen Fällen aber läßt sich diese Präparation auch selbst durchführen, wenn sie nicht viel Übung, nur geringen apparativen Aufwand und allseits beschaffbare Chemikalien erfordert. Unter diesem Aspekt wollen die folgenden Anleitungen verstanden sein. Die Anleitungen beabsichtigen ebenfalls nicht, vollständig zu sein, vor allem nicht, Hinweise für sämtliche Tiergruppen zu geben. Sie sind bewußt unter dem Aspekt der Schulrelevanz ausgesucht worden. Anleitungen zur Präparation und Sammlungstechnik ausgefallener Tiergruppen findet man in der Spezialliteratur in ausreichendem Maße.

Ein Lehrer, der eine Schulsammlung anlegt, oder ein interessierter Laie, der eine bestimmte Tiergruppe als Dokumentationssammlung für einen weitergehenden Schutz bestimmter Biotope sammeln möchte, sollte bestimmte Sammlungstechniken beherrschen und gewisse Voraussetzungen beachten, damit diese Sammlung kein Sammelsurium bleibt, sondern zu einer echten Sammlung wird. Darüber hinaus sollte auch in einer einfachen Sammlung auf gewisse Dinge geachtet werden, nicht damit unbedingt eine hochwissenschaftliche Sammlung entsteht, sondern damit nicht durch unsachgemäßes Aufbewahren eine mögliche wissenschaftliche Auswertung durch einen Spezialisten von vorneherein unterbunden wird. Die gesammelten Stükke müssen also nicht nur ordnungsgemäß konserviert, sondern auch exakt etikettiert sein. Näheres hierzu findet sich bei den einzelnen Tiergruppen. Generell sollte von selteneren Stücken, die nicht in die Schularbeitssammlung aufgenommen werden und deren Zerstörung praktisch vorauszusehen ist, sondern die einer Demonstrationssammlung vorbehalten bleiben, immer der Fundort, ggfs. die Meereshöhe, das Datum des Fundes und besondere Fundumstände festgehalten werden.

III.1.2 Flüssigkeitspräparate

Zur Darstellung von Lebensweise- und Lebensformtypen verwendet man nach wie vor Präparategläser, die mit den entsprechenden Konservierungsflüssigkeiten gefüllt werden. Für kleinere Objekte eignen sich vorzüglich Einwegkonservengläser mit dicht schließendem Schraubverschluß. Für ganz kleine Objekte sind Kunststoffschnappdeckelgläschen besonders gut zu verwenden, in die man mit dem Schneidestift zugerichtete Objektträger einsteckt, auf denen die Objekte mit feinem durchsichtigen Nylonfaden montiert werden.

Große Gläser werden mit zugesägten, durchsichtigen Plexiglasscheiben versehen, die oben zwei eingefaßte, quer gesteckte Plexi-Halterungen besitzen. Die Objekte werden auf die Platten montiert. Dazu legt man mit Hilfe der Objekte fest, wo ein Nylonfaden mit Hilfe einer Nadel über oder durch die Tiere geführt werden kann. Auf der Platte werden dann Bohrungen vorgesehen, durch die man die Fäden zwecks Verknüpfung ziehen kann. Die Bohrungen werden mit einer elektrischen Bohrmaschine angebracht. Statt eines normalen Bohrers verwendet man einen dünnen Nagel, dessen Kopf abgezwickt wurde. Diese Methode ermöglicht splitterfreie, saubere Löcher. Wenn die Objekte so groß sind, daß man zu konventionellen Präparategläsern greifen muß, die einen angeschliffenen Deckel besitzen, so empfiehlt sich dafür die folgende Verschlußart: In einem Raum, der sehr viel wärmer sein sollte als der spätere Aufbewahrungsraum, wird das gefüllte Glas verschlossen. Die Flüssigkeit darf anfangs beim Transport nicht an den Verschlußrand schwappen; deshalb 2 cm bis zum Rand freilassen. Als Verschlußmasse nimmt man Syndetikon, der mit Kaliumbichromat so lange versetzt wird, bis frischer Leim kräftig gelb erscheint. Das Kaliumbichromat muß mit einem Pistill in der Reibschale zerrieben und gut mit dem Leim durchgemengt werden. Mit einem Messer oder Spatel wird die Masse auf den Rand des Präparateglases gleichmäßig aufgetragen und der Deckel vorsichtig aufgelegt. Der Leim muß sich überall gleichmäßig verteilen. Das Glas kommt darauf in einem kühlen Raum für einen Tag in einen dunklen Schrank. Die Luft im Präparierglas nimmt bei Kälte ein kleineres Volumen ein; so wird der Deckel angedrückt. Anschließend kommt das Glas wieder ans Licht, wo es bis zur endgültigen Aushärtung des Verschlusses verbleibt. Die Eiweißbestandteile erfahren durch die Zugabe von Kaliumbichromat eine Vernetzung. Wenn die Dichtung fest geworden ist, reibt man den Rand mit Aceton ab. Darauf kann man ein Gießharz/Härtergemisch aufpinseln. Diese zweite, von außen aufgetragene Abdichtung überklebt man am besten mit einem breiten Selbstklebeleineband (z. B. „Tesa"-Leineband). Die so behandelten Präparatgläser bleiben dicht.

Flüssigkeitspräparate haben gerade hinsichtlich ökologischer Vergleiche ihre Bedeutung nicht verloren, sie sind großenteils auch nicht durch Gießharzeinbettungen ersetzbar.

III.1.3 Gießharzeinbettungen

Eine Einbettung in Gießharz hat den Vorzug des nahezu absoluten Schutzes des Objektes und des Wegfallens der jährlichen Kontrolle, wie sie bei Flüssigpräparaten erforderlich ist. Die Nachteile liegen jedoch im Preis und in der eingeschränkten Verwendungsfähigkeit. Für Fachleute sind feinste Strukturen nicht mehr erreichbar, so z. B. die zur genauen Determination erforderlichen Genitalapparate. Gerade sie bedeuten ja durch ihre Konstanz im Verlaufe der Evolution für viele Arten die einzige Möglichkeit einer exakten Einordnung.

Die Objekte müssen absolut trocken sein und dazu u.U. bis zur totalen Entwässerung in Aceton verbleiben. Insekten, bei denen befürchtet werden muß, daß durch Hitzeentwicklung während der Polymerisation Luft austritt, sind durch Sprays vorher einzulackieren und damit abzudichten oder in ein Gießharz/Härtergemisch zu tauchen.

Gießvorgang (auf die Angaben der Hersteller ist zu achten):

1. Gemisch ohne Luftblasen langsam anrühren.
2. Gießen der ersten Schicht; warten, bis Harz leicht geleeartig ist, Tiere vorsichtig eindrücken.
3. Nach dem Aushärten ist die nächste Schicht zuzugießen.

Bei der Erwärmung des Harzes steigen kleine eingerührte Luftblasen nach oben. Zur Unterstützung des Luftblasenaufstieges klopfe man die Gießformen auf der Unterlage auf. Bessere Resultate erreicht man, wenn die Formen in Exsikkatoren gestellt werden, solange das Harz noch flüssig ist. Diese müssen mit einem eingeschliffenen Ventilstopfen versehen sein. Man drückt den Schlauch einer Wasserstrahlpumpe in die Stopfenöffnung und entlüftet die Gefäße. Bei entsprechendem Unterdruck entweichen die Blasen. Zur Kontrolle des Harzes und Beendigung dieses Verfahrens wird der Entlüftungsvorgang beendet, indem zuerst bei noch laufender Pumpe der Ventilstopfen geschlossen wird. Andernfalls schlägt das Wasser in den Exsikkator zurück. Langsam belüften!

Als Gießgefäß eignen sich Polyethylenformen, da sie kein Trennmittel benötigen.

Es muß meist nur noch eine Seite poliert werden. Dazu schleift man die Oberfläche zunächst mit grobem, dann mit feinerem bis zu allerfeinstem Schmirgelpapier blank und poliert sie schließlich mit Schleifpaste (Zahnpasta ist zur Feinpolitur auf einem gespannten weichen Lappen hervorragend geeignet).

III.2 Spezielle Tiergruppen

III.2.1 Weichtiere

Für eine Schulsammlung von Weichtieren kommen als Objekte normalerweise allein die Schalen in Betracht, da die Sammlung des vollständigen Tieres aufwendig ist und nur als Flüssigkeitspräparat (Tab. III-1) erfolgen kann. Aus diesem Grund konzentriert sich das Sammeln auf Muschelschalen und Schneckenhäuser, gelegentlich auch auf die Schulpe von Tintenfischen. Findet man nicht bereits leere Schalen oder Gehäuse, muß der Weichkörper des Tieres aus dem Kalkgehäuse vollständig entfernt werden. Dieser geht sonst bald in Verwesung über, was sich in einem penetranten Gestank bemerkbar macht. Das gleiche gilt für Schneckenhäuser, die von Einsiedlerkrebsen besetzt sind. Bei kleinen toten Schnecken unter 1 cm Körperlänge genügt allerdings auch einfaches Eintrocknenlassen.

III.2.2 Gliederfüßer

Da die Gliederfüßer in der Regel ein hartes Außenskelett aus Chitin oder Kalk aufweisen, spielt eine mögliche Veränderung ihrer Körperform durch die Präparation keine so große Rolle. Die Technik der Präparation ist dementsprechend einfacher. Die für eine Trockenaufbewahrung in Frage kommenden Gruppen werden im folgenden gesondert behandelt, die Präparation der übrigen entnehme man Tab. III-1. In der Regel werden für eine Schulsammlung nur größere, ansehnliche Stücke in Frage kommen. Für ökologische Fragestellungen müssen allerdings häufig auch gerade die Kleinformen mit herangezogen werden. Deren Aufbereitung ist ein eigenes kleines Kapitel gewidmet (III.2.2.4).

III.2.2.1 Spinnentiere

In die Klasse der Spinnentiere gehören so unterschiedliche Formen wie die Skorpione, die echten Spinnen, die Weberknechte und Milben. Für sie gilt allgemein, daß sie sich trotz ihrer Körperbedeckung aus Chitin selten dazu eignen, als Trockenpräparate aufbewahrt zu werden, da die Körper zu stark schrumpfen und damit unansehnlich werden. Die meisten müssen als Feuchtpräparat in 80%igen Alkohol aufbewahrt werden (s. Tab. III-1); einige Formen, wie besonders die Skorpione, können in Gießharz eingebettet werden (s. Kap. III.1.3).

III.2.2.2 Krebse

Wie die Spinnentiere müssen auch viele Krebse als Feuchtpräparate aufbewahrt werden. Dies gilt vor allem für die meist sehr kleinen Vertreter der niederen Krebse (s. Tab. III-1). Größere Vertreter lassen sich entweder nach Vorbehandlung trocknen (s.u.) oder in Gießharz einbetten (Kap. III.1.3). Krebse werden zwar für wissenschaftliche Zwecke fast nur in Alkohol aufbewahrt, für Demonstrationssammlungen wirken allerdings getrocknete Exemplare besser.

Eine gewisse Schwierigkeit ergibt sich beim Abtöten oder sogar schon beim Fang von Krebsen. Viele Formen neigen nämlich dazu, ihre Beine abzuwerfen (Autotomie). Um dies zu vermeiden, müssen sie vor dem Töten und Fixieren betäubt werden. Dazu eignet sich eine Magnesiumchloridlösung, oder man erhitzt die Tiere bis auf ca. 40 °C. Die Temperatur darf jedoch nicht allzuhoch werden, da sich sonst die Färbung verändert (Tiere von Fischmärkten beziehen.).

Zum Abtöten und Fixieren benutzt man eine Mischung von 40%igen Formol und 90%igen Alkohol (2:1). Diese wird an mehreren Stellen in den Körper und durch die Gelenkhäute auch in die Beine und Scheren injiziert.

Die am häufigsten angewandte Methode besteht darin, daß man die Tiere nach einer Zeit in Formollösung einfach trocknen läßt. Da häufig die Farben verloren gehen, mache man sich vor der Präparation eine Farbskizze, um die Tiere später gegebenenfalls anmalen zu können.

Besonders große Tiere sollten jedoch ausgenommen werden. Bei Krabben wird dazu der Carapax gelöst, die Eingeweide, die Muskulatur und die Kiemen entfernt und der Carapax noch vor dem Trocknen wieder aufgesetzt. Auch aus den größeren Schreitbeinen und den Scheren sollte die Muskulatur entfernt werden. Dazu schneidet man die Gelenkhäute an und zieht mit Drahthaken das Fleisch durch die entstehenden kleinen Öffnungen.

Bei großen Langschwanzkrebsen wie Hummern und Langusten trennt man den Cephalothorax vom Abdomen und entfernt von der Trennstelle her die Eingeweide und Muskeln. Der Hinterleib muß anschließend wieder angeklebt werden.

Das Tier wird dann in die gewünschte Lage gebracht und muß längere Zeit trocknen. Damit die Extremitäten auch die richtige Lage behalten, sollten vor dem Zusammenfügen des Tieres Drähte durch die einzelnen Beine bis in die Leibeshöhle geführt werden.

III.2.2.3 Insekten

Die Klasse der Insekten ist nicht nur diejenige Tiergruppe, die weitaus die meisten der bekannten Tierarten stellt, sondern die auch häufig in Sammlungen anzutreffen ist. Das hängt sicherlich auch damit zusammen, daß die Präparation von Insekten in der Regel recht einfach ist. Die allermeisten Formen lassen sich nämlich aufspannen und trocknen. Nur einige Ordnungen werden als Feuchtpräparate aufbewahrt (s. Tab. III-2). Für das Töten von Insekten eignet sich in den allermeisten Fällen Essigether (genauer Essigsäureethylester). Als Ersatz können auch Schwefelether oder Chloroform genommen werden. Im Notfall tut es auch Benzin. Essigether hat jedoch den großen Vorteil, daß in ihm getötete Insekten geschmeidig bleiben und sich so leicht präparieren lassen. Der Essigether wird auf Filtrierpapier (genauso gut sind Papiertaschentücher oder Toilettenpapier) aufgetropft und so in das Tötungsglas eingebracht. Als Tötungsgläser eignen sich sämtliche dicht verschließbare Gefäße, sofern sie nicht aus einem Kunststoff bestehen, der durch Ether aufgelöst wird. Einfache Polyethylenflaschen in Weithalsausführung (s. Abb. III/1) sind am besten geeignet. Schmetterlinge sollten nicht in Essigether getötet werden, da sie unansehnlich werden. Für sie werden weite Kunststofftötungsgläser genommen, die im entomologischen Fachhandel

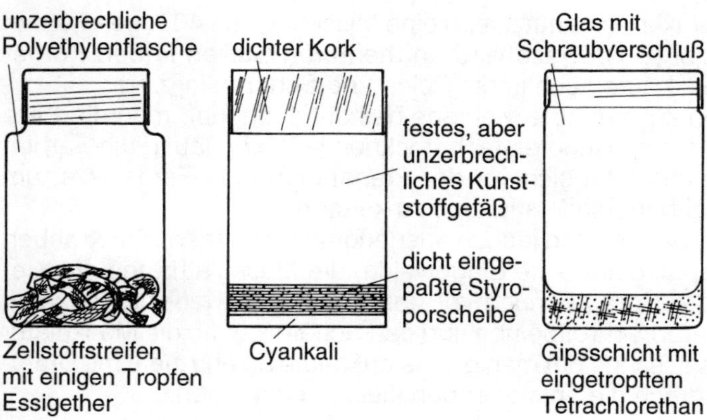

Abb. III/1: Tötungsgläser für Insekten.

zu erhalten sind (Abb. III/1). Als Tötungsmittel eignet sich am besten Cyankali, das allerdings nur auf Giftschein erhältlich ist. Stattdessen kann man sich ein Tötungsglas auch selbst herstellen, indem man auf den Boden eines weithalsigen Glases eine Gipsschicht einbringt, auf die als Tötungsmittel Tetrachlorethan aufgetropft wird.

Trocken zu konservierende Insekten werden genadelt oder auf spezielle Klebeplättchen aufgeklebt (s. Käfer). Insektennadeln stehen in den Größen 000 (dünnste Nadel) bis 7 im Fachhandel zur Verfügung. Von den unterschiedlichen Qualitäten sollten immer nur die aus rostfreien V2A-Stahl bestehenden Nadeln gewählt werden, auch wenn sie etwas teurer als andere sind. Keinesfalls sollte man normale Stecknadeln verwenden. In der Regel wird man mit den Größen 1-3 auskommen. Kleinere Nadeln sind derart elastisch, daß immer die Gefahr besteht, daß bei geringem Verkanten die genadelten Tiere regelrecht wegkatapultiert werden.

Käfer

Käfer werden je nach Größe genadelt oder auf Plättchen geklebt. Eine Untergrenze der Körperlänge, z. B. 10 mm, ab der ein Nadeln nicht mehr ratsam ist, kann nicht exakt angegeben werden. Kompakte breite Käfer, wie z. B. Blattkäfer, können auch noch genadelt werden, wenn sie kleiner als 10 mm sind, und schmalere Formen, wie Kurzflügler, sollten auch dann geklebt werden, wenn sie dieses Maß überschreiten.

Genadelt werden die Tiere am besten 1 Tag nach dem Fang. Man legt sie dazu auf einen Block aus Styropor und führt die Nadel durch die rechte Flügeldecke unweit der Basis senkrecht nach unten (Abb. III/3). Das Arbeiten auf Styropor erfordert, daß die zu nadelnden Tiere nicht mehr feucht von Essigether sind. Essigether löst Styropor, wodurch die Käfer verkleben und unbrauchbar werden.

Bei exaktem Arbeiten tritt die Nadel zwischen Mittel- und Hinterbeinen aus. Bei schräger Nadelführung besteht die Gefahr, daß die Beine abgesprengt werden. Die Nadel wird soweit durch das Tier gesteckt, daß sich ungefähr ein Drittel derselben oberhalb und zwei Drittel unterhalb des Tieres befinden (s. auch Abb. III/3). Das genadelte Tier wird dann so weit in den Präparierblock eingesteckt, daß die Beine aufliegen. Diese werden in die gewünschte Lage gebracht und mit Hilfsnadeln fixiert, ohne daß noch Teile des Tieres durchstochen werden. Die Stellung der Beine und Fühler richtet sich nach der

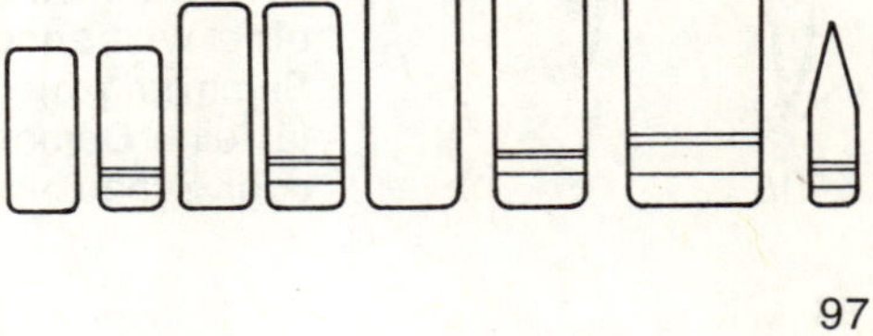

Abb. III/2: Aufklebeplättchen in Originalgröße.

weiteren Aufbewahrung und Verwendung. Will man ein Tier für eine Schausammlung präparieren, wird man Fühler und Beine mehr vom Körper abspreizen, um alle Einzelheiten kenntlich zu machen (Abb. III/4b). Diese Art der Präparation nimmt jedoch im Aufbewahrungskasten sehr viel Platz weg und birgt die große Gefahr in sich, daß Beine und Fühler leicht abbrechen. Für eine Sammlung eignet sich deshalb am besten eine Fühler- und Beinstellung, wie sie auf Abb. III/4 a zu sehen ist.

Die Tiere verbleiben im fixierten Zustand mehrere Tage – bei großen Käfern 14 Tage – und können dann in den Sammlungskasten aufgenommen werden. Kleinere Käfer werden auf Plättchen geklebt, wie sie im entomologischen Fachhandel erhältlich sind (Abb. III/2). Es darf nur ein wasserlöslicher Klebstoff verwendet werden. Als Spezialinsektenkleber haben sich „Syndetikon" und „Glutofix" bewährt. Die Käfer werden zunächst auf den Rücken gelegt, mit einer Nadel vorsichtig festgehalten. Beine und Fühler werden mit einem feinen Pinsel in die gewünschte Stellung gebracht. Anschließend wird der Käfer auf das mit einem kleinen Tropfen Klebstoff versehene Plättchen gebracht. Es ist darauf zu achten, daß nicht zuviel Klebstoff verwendet wird und daß man ein Plättchen wählt, das groß genug ist, damit die Beine nicht überstehen. Das Plättchen wird auf eine Nadel gespießt.

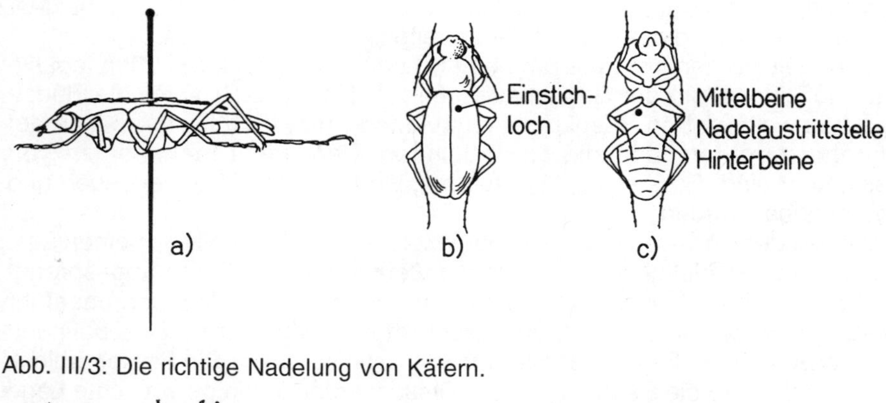

Abb. III/3: Die richtige Nadelung von Käfern.

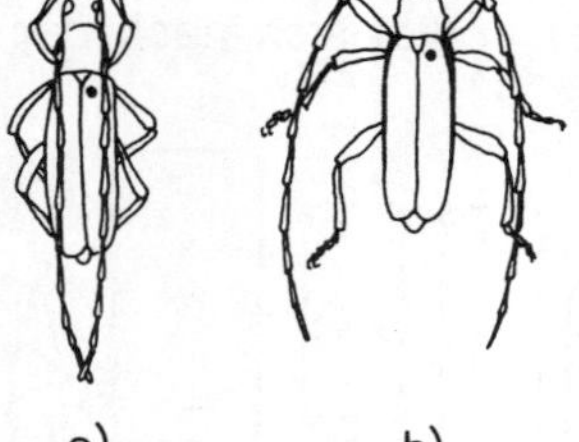

Abb. III/4: Stellung von Fühlern und Beinen bei präparierten Käfern. a) Platzsparende Stellung für eine wissenschaftliche Sammlung, b) Präparation für eine Demonstrations- oder Schausammlung.

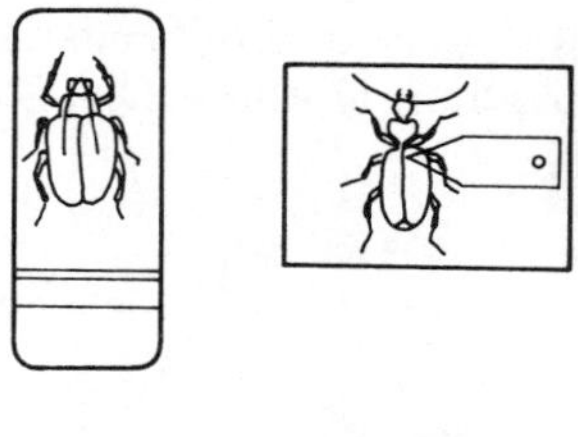

Abb. III/5: Aufklebeverfahren für kleinere Käfer.

Da sich häufig auf der Unterseite der Tiere für die Bestimmung wichtige Merkmale befinden, können auch Spitzplättchen verwendet werden, auf die Käfer in der Weise der Abb. III/5 geklebt werden. Zum Schutz der Tiere kann ein größeres Papierschildchen unter das Spitzplättchen gespießt werden (Abb. III/5).

Ehe die fertig präparierten Tiere in die Sammlung überführt werden, erhalten sie noch mindestens 2 Etiketten, die unter das Tier auf die Nadel gespießt werden. Der erste Zettel enthält den genauen Fundort und das Funddatum. Meist benötigt man ein weiteres Etikett, um detaillierte Fundumstände festzuhalten (z. B. Futterpflanze oder Aufenthaltsort). Der letzte Zettel trägt den Gattungs- und Artnamen des Tieres, möglichst auch den Namen des Determinators.

Schmetterlinge

Schmetterlinge werden, wie bereits dargestellt, in speziellen Tötungsgläsern getötet. Bei Tagfaltern genügt häufig schon, daß man den Tieren, solange sie sich noch im Fangnetz befinden, den Thorax mit Daumen und Zeigefinger zusammendrückt. Größere Falter, wie z. B. Schwärmer, lassen sich am leichtesten mit einer Injektion von verdünntem Salmiakgeist töten. Die Spritze wird dabei von unten in den Thorax der Tiere geführt. Widderchen müssen auf diese Weise getötet werden, da die Tötung in einem Tötungsglas viel zu lange dauert. Statt Salmiakgeist kann man auch Nikotinlösung verwenden. Diese kann man sich sogar selbst herstellen, indem man Tabak im kalten Wasser auslaugt und den durch Stehenlassen etwas eingedickten Tabaksaft verwendet.

Schmetterlinge werden auf Spannbrettern präpariert. Am gebräuchlichsten sind solche Bretter, deren Weite sich verstellen läßt (Abb. III/6). Die Falter werden zentral durch den Thorax genadelt, wobei wie bei den Käfern auf eine exakte senkrechte Nadelführung zu achten ist (s. auch Abb III/7). Der Körper wird so in die Rinne des Spannbrettes eingelegt, daß die Flügelansatzstellen exakt auf das Niveau der Spannbrettoberfläche zu liegen kommen. Höhere oder niedere Lage führt zu Knicken in den Flügeln. Die Flügel werden zunächst mit einem dünnen Spannstreifen aus Cellophanpapier vorläufig befestigt. Mit einer dünnen Präpariernadel wird der Vorderflügel hinter einer starken Ader (möglichst in der Nähe der Basis) erfaßt und vorsichtig nach vorn gezogen, bis sein Hinterrand senkrecht zur Körperrichtung des Falters zeigt. Der Flügel soll dabei nicht durchstochen werden. Als nächstes

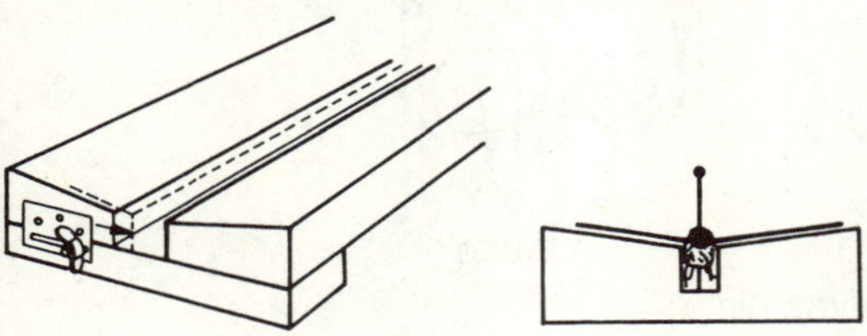

Abb. III/6: Verstellbares Spannbrett für die Präparation von Schmetterlingen. Rechts: Richtige Stellung des genadelten Schmetterlings auf dem Spannbrett.

kommt der Hinterflügel derselben Seite an die Reihe. Haben beide Flügel die endgültige Position erreicht, wird der Spannstreifen durch mehrere Nadeln fixiert. Zusätzlich wird über die freie Flügelfläche ein breiterer Deckstreifen befestigt, damit die Flügel völlig knitterfrei trocknen können. Nun wird mit der anderen Seite ebenso verfahren. Am Schluß werden die Fühler in die richtige Position gebracht und durch zwei Nadeln in der gewünschten Lage gehalten (Abb. III/8). Damit der Hinterleib nicht winkelig vom Thorax nach unten zeigt, wird er mit etwas Watte unterlegt. Größere Falter sind in ca. 14 Tagen trokken und können in die Sammlung überführt werden, bei kleineren Tieren ist die Trocknung wesentlich früher abgeschlossen. Man sollte aber lieber zu

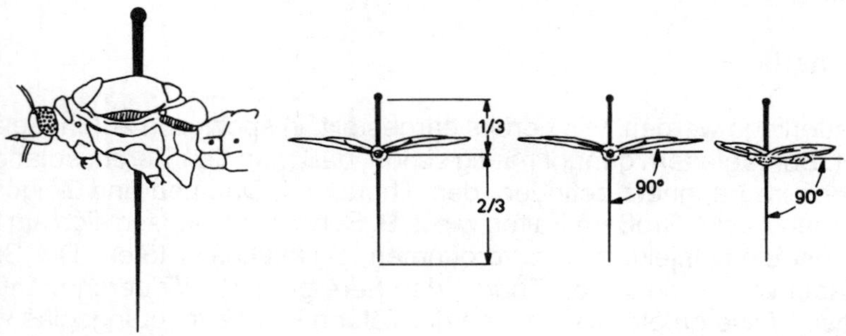

Abb. III/7: Richtige Nadelführung bei der Präparation von Schmetterlingen.

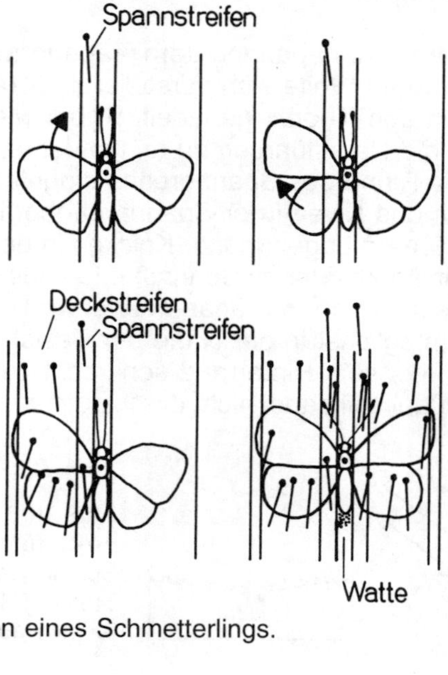

Abb. III/8: Das Spannen eines Schmetterlings.

lange als zu kurz warten. Die eintretende Unbeweglichkeit des Hinterleibs ist das beste Maß für den Abschluß des Trocknungsvorganges. Die Etikettierung erfolgt wie bei den Käfern.

Heute werden z.T. auch Magnetspannbretter angeboten, bei denen die Flügel der Schmetterlinge auf Metallplatten ruhen und durch Magnetstreifen gehalten werden.

Kleinschmetterlinge werden mit ca. 13 mm langen besonders feinen Minutiennadeln (Durchmesser 0,1 oder 0,15 mm) genadelt und in speziellen Minutienspannbrettern gespannt. Aufbewahrt werden sie auf einem kleinen Pflanzenmark- oder Styropor-Klötzchen, das mit den Etiketten auf eine größere Insektennadel gespießt wird (Abb. III/9).

Hat man nicht die Möglichkeit, die Falter sofort zu spannen, so kann man sie auch in Faltertüten aufheben (Abb. III/10). Diese lassen sich aus einem glatten Papier leicht selbst herstellen. Beim Einlegen der Schmetterlinge ist darauf zu achten, daß die Fühler zwischen die Flügel gelegt werden, da sie sonst leicht abbrechen.

Derartig trocken aufbewahrte Tiere müssen für eine spätere Präparation erst aufgeweicht werden. Dazu verwendet man sogenannte Weichdosen (Abb. III/11). Statt einer Weichdose kann man auch einen Teller oder eine große

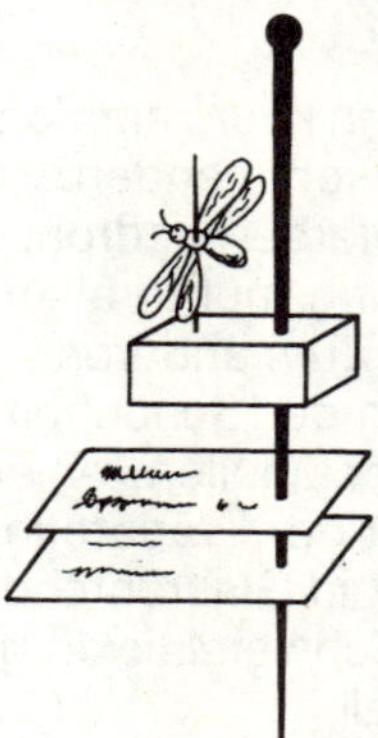

Abb. III/9: Präparierter Kleinschmetterling.

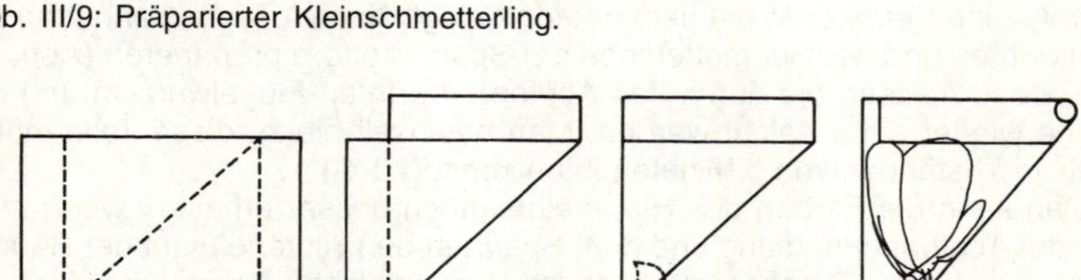

Abb. III/10: Herstellung von Faltertüten zum Transport von Schmetterlingen.

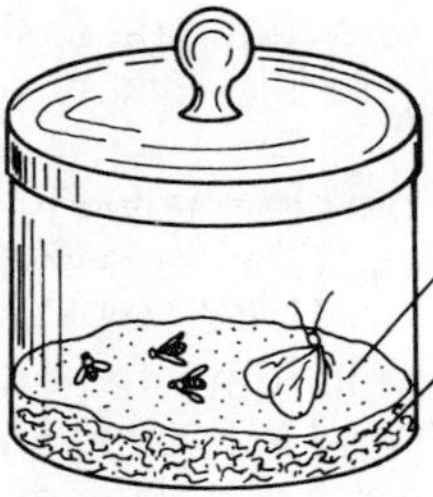

Abb. III/11: Weichdose für getrocknete Insekten.

Petrischale nehmen. In ihn wird etwas sauberer Sand gegeben (ist in allen Zoofachgeschäften zu erhalten), der leicht angefeuchtet wird. Um Schimmelbildung zu vermeiden, setzt man etwas Salicylsäure oder Thymol hinzu. Die aufzuweichenden Tiere werden auf ein sauberes Blatt Papier gelegt, das den Sand abdeckt. Eine Glasscheibe oder etwas ähnliches deckt den Teller ab.

Nach spätestens zwei Tagen sind die Tiere wieder beweglich und können gespannt werden.

Libellen

Das Sammeln von Libellen kann kaum empfohlen werden. Zum einen stehen von den 70 in Deutschland vorkommenden Arten 36 auf der Roten Liste, sind also ausgestorben, vom Aussterben bedroht oder gefährdet. Jede auf Vollständigkeit bedachte Sammlung müßte also auf ohnehin schon selten gewordene Arten zurückgreifen. Zum anderen lassen viele auch sorgfältig präparierte Arten nichts mehr von der Schönheit ahnen, die sie im Leben auszeichnete. Der Körper mancher Libellen verliert nämlich schnell seine Farbe.

Libellen sollten erst kurz vor der Präparation getötet werden. Sie müssen also nach dem Fang zunächst in Glasröhrchen lebend transportiert werden. Rot gefärbte Arten sollen in Schwefeldioxid getötet werden, für die übrigen reicht Essigether oder Cyankali.

Bei vielen Libellen genügt es, sie nach dem Töten in ein Bad aus reinem Aceton einzubringen. Am besten werden sie gleich mit ausgebreiteten Flügeln in eine Petrischale mit dem Aceton gelegt. Nach 4 Tagen kann man sie entnehmen und wie Schmetterlinge auf Spannbrettern präparieren (Abb. III/12). Dazu müssen die durch das Aceton erhärteten Flügelwurzeln und die Beine wieder aufgeweicht werden. Man bepinselt hierzu diese Teile mehrmals in Abständen von 5 Minuten mit Alkohol (70 %).

Man kann die Farben des Hinterleibes noch besser erhalten, wenn man vor der Acetonbehandlung und dem Spannen den Hinterleib auf der Bauchseite vom letzten Beinpaar ab bis zum After vorsichtig öffnet. Dazu ist eine kleine, spitze Schere erforderlich. Bei den Männchen umschneidet man die Segmente 2 und 3, um den Geschlechtsapparat nicht zu zerstören. Bei den

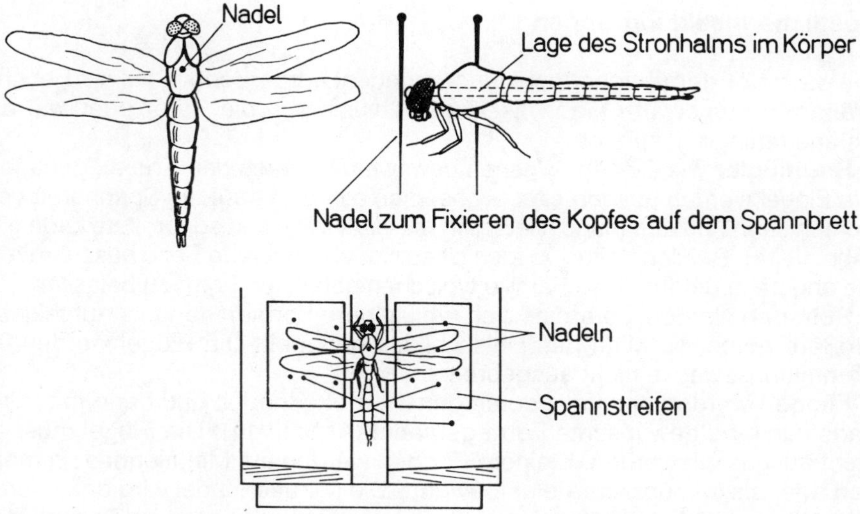

Abb. III/12: Richtige Nadelung und Präparation einer Libelle.

Weibchen muß man aus demselben Grund die Segmente 8 und 9 umschneiden. Flach schneiden, sonst wird der Darm verletzt. Mit feinen Nadeln wird das Abdomen auseinandergeklappt und festgesteckt. Nun wird der Darmtrakt vom Thorax her sorgfältig herausgehoben und vor dem After aufgeschnitten. Man räumt nach vorne zu auch den Thorax aus. Als Einlage verwende man einen Strohhalm oder ein Hölzchen. Die Schnittränder werden danach zusammengefügt.

Heuschrecken

Heuschrecken werden durch den Halsschild genadelt. Sie können wie Schmetterlinge auf Spannbrettern gespannt werden. Allerdings ist es ausreichend, wenn lediglich auf einer Körperseite die Flügel gespannt werden, während sie auf der anderen in ihrer natürlichen Lage bleiben (Abb. III/13). Bei manchen Arten, wie den Ödlandschrecken (*Oedipoda*) oder der Schnarrheuschrecke (*Psophus stridulus*), muß der Hinterrand der Vorderflügel über 90° hinaus nach vorn verschoben werden, damit die großflächigen Hinterflügel neben den Schenkeln der Hinterbeine ausgebreitet werden können.

Große Laubheuschrecken müssen ausgenommen werden, damit die Verwesung der Eingeweide nicht das Tier zerstört. Dazu wird mittels einer feinen Schere das Abdomen auf der Unterseite durch einen Längsschnitt geöffnet. Die Eingeweide werden herausgenommen und der Hinterleib mit fest zusammengedrehter Watte wieder ausgestopft.

Restliche Insektengruppen

Die Vertreter der übrigen Insektenordnungen werden entweder als Feuchtpräparate aufbewahrt (Tab. III-1) oder ähnlich wie die Käfer oder wie die Schmetterlinge gespannt.

Hautflügler wie Bienen, Wespen usw. werden durch den Thorax genadelt. Die Flügel werden ausgebreitet, wobei man allerdings auf ein Spannbrett verzichten kann und den Flügeln lediglich mit Nadeln eine ausgebreitete Lage gibt (Abb. III/14). Bei den Faltenwespen ist es sinnvoll, nur eine Seite auszubreiten, die andere in der für diese Familie typischen gefalteten Form zu belassen.

Schaben werden, sofern es sich um kleinere Formen handelt, aufgeklebt, größere durch die Mitte des Halsschildes genadelt. Die Flügel werden für Sammlungszwecke nicht ausgebreitet.

Fliegen werden ebenfalls durch den Thorax genadelt und dann mit Hilfsnadeln in eine gewünschte Form gebracht (Abb. III/14). Die Flügel müssen nicht ausgestellt werden. Kleinere Formen werden auf Minutiennadeln montiert oder als Mikropräparate aufbewahrt. Die Minutiennadel wird dazu durch eine Klebeplättchen gesteckt und mit ihr das Tier von unten im Bereich des Thorax angespießt (s. Abb. III/14). Die Spitze der Nadel darf nicht auf dem Rücken des Tieres wieder austreten.

Wanzen und **Zikaden** werden durch das Schildchen genadelt. Wasserwanzen, wie den Wasserskorpion, nadelt man wie Käfer durch die rechte Flügeldecke (Abb. III/13).

Netzflüglerartige werden durch den Prothorax genadelt. Man präpariert sie wie Schmetterlinge (Netzflügler im engeren Sinne) oder beläßt sie in der typischen Haltung mit dachförmig angelegten Flügeln (Kamelhalsfliegen, Schnabelfliegen, Florfliegen).

Köcherfliegen spannt man wie Schmetterlinge.

Uferfliegen werden für Schausammlungen wie Schmetterlinge genadelt und gespannt.

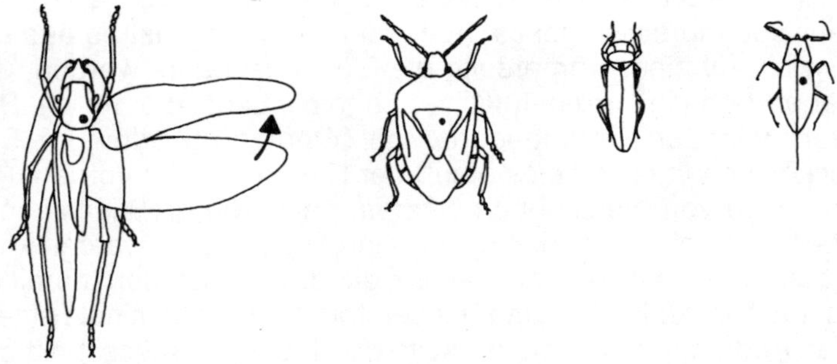

Abb. III/13: Richtige Nadelung und Präparation von Heuschrecken, Wanzen, Zikaden und Wasserskorpion (Wasserwanze). Die Tiere sind nicht maßstabsgerecht dargestellt.

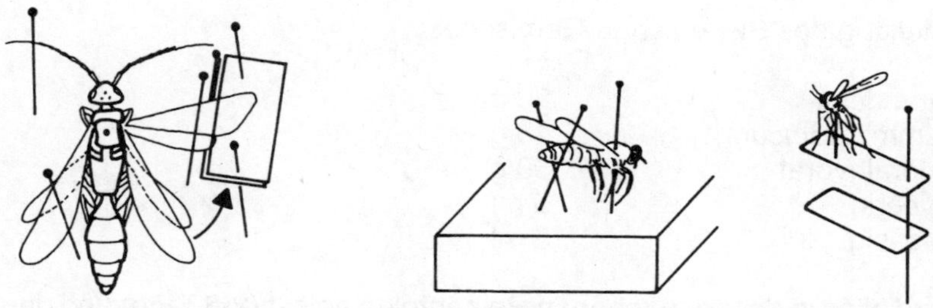

Abb. III/14: Nadelung und Präparation eines Hautflüglers, einer Fliege und einer Mücke.

III.2.2.4 Kleinarthropoden (Milben, Springschwänze u.a.)

Zur Determination und Verwendung von Kleinarthropoden bei der Darstellung ökologischer Konnexe ist oft eine saubere Präparation erforderlich. Auf Fotos, die für die Darstellung ökologischer Beziehungen angefertigt werden, sind wesentliche morphologische Strukturen oft deutlicher nach der Präparation sichtbar.

Die Tiere kommen zur Entfettung für 15 Min. in heißen 96%igen Alkohol (Wasserbad!). Formen mit schwacher Pigmentierung oder schwachpigmentierten Punktaugen müssen nicht aufgehellt werden. Stark pigmentierte Exemplare werden auf einen Hohlschliffobjektträger gebracht, auf dem sich ein Tropfen mit 10%iger Kalilauge befindet. Die Tiere werden innerhalb von 2-10 Minuten entfärbt und mazeriert (u.U. über kleinster Flamme vorsichtig erwärmen. Vorsicht, keine Spitzer ins Gesicht bringen!). Wenn die Tiere transparent werden (hellbraun-gelb; rötlich-rosa oder glasig), setzt man sie mit einer feinen Drahtöse oder einer Kunststoffborste auf einen Objektträger mit Chloralphenol um. Chloralphenol neutralisiert die Kalilauge. Die aufgehellten Objekte werden in das Einschlußmedium (SWANNsches Gemisch) gebracht. Dazu werden die Tiere auf ein Deckglas gebracht, auf dem sich ein kleiner Tropfen des Einschlußmediums befindet. Darauf wird, schräg angesetzt, ein zweites Deckglas von oben aufgebracht. Austretende Reste des Einschlußmediums müssen sorgfältig nach der Erstarrung entfernt werden. Nach einigen Tagen dichtet man den verbleibenden Spalt zwischen den Deckgläsern mit einem in Euparal getränkten Pinsel ab. Euparal ist alkohollöslich. Die so angefertigten Deckglaspräparate lassen eine (stereo)mikroskopische Untersuchung von oben und unten zu. Die Aufbewahrung erfolgt in Schachteln, zwischen Kartonleistchen.

Herstellung von *Chloralphenol*:
In eine kleine, dicht verschließbare Flasche mit Phenolkristallen wird Chloralhydrat zugegeben. Die nach 1-2 Tagen entstehende Flüssigkeit wird vorsichtig ohne Verschütten in eine dunkle Flasche mit eingeschliffenem Stöpsel umgegossen.

Herstellung des SWANNschen Gemisches:

Aqua dest.	20 ml
Gummi arabicum	15 g
Chloralhydrat	50 g
Glycerin	5 ml
Eisessig	5 ml

Es wird alles in der angegebenen Reihenfolge gelöst (2-3 Tage) und dann mit Hilfe einer Wasserstrahlpumpe durch einen Filter getrieben (ohne Unterdruck dauert der Filtervorgang sehr lange).

III.2.2.5 Einrichtung und Aufstellung einer Insektensammlung

Durch Trocknen konservierte Insekten bestehen aus organischem Material, das einigen Organismen als Nährboden, einigen Tieren noch als Nahrung ausreicht. Es besteht also immer die Gefahr, daß unsachgemäß aufbewahrte Insekten mit der Zeit zerstört werden. Die schlimmsten Zerstörungen in einer Sammlung können Schimmelpilze, Staubläuse und einige Käferarten, wie der Speckkäfer oder der Museumskäfer und deren Larven, anrichten.

Die wichtigsten Voraussetzungen sind also völlig staubdicht schließende Kästen gegen tierische Sammlungsschädlinge und eine trockene Lagerung derselben zur Vermeidung des Schimmelbefalls. Derartige Insektenkästen sind in den unterschiedlichsten Ausführungen und Größen im Handel. Für welche Größe und Preisklasse man sich auch entscheiden mag, man sollte auf jeden Fall darauf achten, daß der Deckel des Kastens auf Nut und Feder gearbeitet ist. Nur so kann ein Eindringen von Schädlingen wirkungsvoll verhindert werden. Zusätzlich sollten die Kästen desinfiziert werden. Dazu benutzt man Paradichlorbenzol, das in einem kleinen Glasgefäß oder einem speziellen Desinfektionsgläschen in den Sammlungskasten gegeben wird.

Die meisten Insekten, vor allem die Schmetterlinge, müssen auch vor Licht geschützt aufbewahrt werden, da sie sonst ausbleichen und ihre ursprüngliche prächtige Färbung verlieren. Auf physikalische Bedingungen zurückgehende Farben, wie die Schillerfarben, gehen nicht verloren, vor allem aber grünliche, gelbe und rote Töne sind nach oft recht kurzer Zeit verblaßt.

In die Kästen werden die Insekten, nachdem sie nach bestem Wissen bestimmt und sorgfältig etikettiert wurden, eingesteckt. Die Anordnung richtet sich nach dem gewünschten Vorhaben. Für eine systematische Sammlung werden Sammlungsetiketten auf den Boden gesteckt, die den Raum für die einzelnen Arten markieren. Für Familien-, Gattungs- und Artnamen sind unterschiedlich große Etiketten im Handel.

Tab. III-1: Die wichtigsten Methoden des Sammelns und Präparierens von Wirbellosen.

Bezeichnung	Sammeln - Objektbeispiele	Betäuben, Fixieren, Konservieren
Schwämme	Süßwasserschwämme an Steinen, Mauern Pfählen, Schilf, sobald Wasserstand (Herbst) fällt.	Süßwasserformen 24-28 Std. in 96%igen Alkohol, dann luftig trocknen oder in 90%igen Alkohol. Marine Formen zuvor 1 Tag in Süßwasser auswaschen.
Hohltiere	Hydra: In Teichen an Fadenalgen, Pflanzenresten.	In frischem Wasser ausstrecken lassen, mit einer Pipette 60°C heißes Bouin-Gemisch über das Tier tropfen, dann in 80%igen Alkohol aufbewahren.
	Marine Hydropolypen an Fels- oder Steilküsten, Bewuchs an Steinen, Tauen.	In 1%iger Magnesiumchloridlösung betäuben, nach Bewegungslosigkeit (nach 1-3 Stunden) in 70%igen Alkohol, diesen einmal wechseln.
	Quallen, oft häufig an der Küste.	In 5-10%iger Magnesiumchloridlösung betäuben, dann in 4%igem Formol-Seewasser fixieren, in 10%igen Formol aufbewahren (Präparateglas - vgl. III 1.2).
Plattwürmer	Strudelwürmer, Planarien: an Steinen, Astenden, die im Wasser liegen.	Im Wasser ausstrecken lassen, mit 10%igem Formol übergießen, 15 min. darin belassen, wobei die Exemplare zwischen Objektträgern mit Schlauchklemmen flachgedrückt werden können; anschließend in 80%igem Alkohol aufbewahren.
	Leberegel bei Schlachttieren.	Tiere wie bei Strudelwürmern flachdrücken; zuvor mit 1 Tropfen Menthollösung auf 100 ml Wasser betäuben. (Mentholstammlösung: 24 g Menthol auf 100 ml 95%igen Alkohol). In 80%igem Alkohol aufbewahren; einmal wechseln. Totaluntersuchung durch Aufhellen möglich: Hochführen über 90%igen Alkohol in absoluten Alkohol, Xylol, Nelkenöl.
Fadenwürmer	In Bodenaufschlämmungen	2%ige Formollösung
Ringelwürmer	Pierwurm u.a.	Betäuben mit Mentholkristallen, die auf das Seewasser gestreut werden, dann 1 Tag in 10%ige Formalinlösung, Aufbewahrung für 1 Tag in 40-50%igem Alkohol, dann in 75%igem Alkohol.
	Wenigborster: Regenwürmer, Enchyträen, Blutegel	Betäuben in Chloroformwasser (2%ig) oder 5%iger Chloralhydratlösung; sobald Bewegungslosigkeit eingetreten ist, Tiere gestreckt

Forts. Tab. III-1.

Bezeichnung	Sammeln - Objektbeispiele	Betäuben, Fixieren, Konservieren
		ausbreiten und mit 5%iger Formalinlösung übergießen. Egel zwischen Objektträger oder andere Glasscheiben pressen.
Schnecken	Lungenschnecken einschließlich Nacktschnecken	Am Fundort in Gläschen mit 2-3%iger Chloralhydratlösung legen, Körper und Fühler strecken sich, 4 Stunden in 90%igen Alkohol, Schleim abbürsten und in Alkohol/Glyceringemisch (4:1) aufbewahren. Die Betäubung und Abtötung in Chloralhydratlösung kann bei größeren Exemplaren zwischen 8-20 Stunden dauern.
	Süßwassertiere und marine Exemplare	Generell kann die Betäubung mit Urethan bestens empfohlen werden. In das Gefäß mit den Tieren wird langsam eine Urethanlösung (Süß- bzw. Seewasser) zugegossen, bis man eine ca. 5%ige Lösung erhält. Selbst Aplysia (Seehasen) bleiben prächtig gestreckt! Die Fixierung beginnt nach ca. 12-15 Stunden durch langsame Zugabe von 70%igem Alkohol (der Betäubungslösung entsprechende Menge). Danach erfolgt die Überführung in 50%igen, dann in 85%igen Alkohol, der mit etwas Formalin versetzt wird (1%ige Formol-Alkohollösung).
Stachelhäuter (Echinodermata)	Dredgenfänge, Schnorcheln.	Seewalzen müssen vorsichtig behandelt werden, sonst werden die Eingeweide ausgeworfen. Urethankristalle vor die Kloake streuen. Wenn die Tiere bei Tentakelberührung nicht mehr reagieren, vorsichtig ein Gemisch aus 9 Teilen 85%igem Alkohol und 1 Teil Formol zugeben, nach 1 Tag in 80%igen Alkohol (nach Exkursionsende nochmals in frischen 80%igen Alkohol). Seeigel und Seesterne in 10%ige Meerwasser/Chloralhydratlösung bringen (1-4 Stunden), in 80%igem Alkohol aufbewahren oder trocknen lassen.
Krebse	marine Krebse kleinere Formen	Einsiedlerkrebe: Betäubung in 7%iger Magnesiumchloridlösung. Rankenfüßer: Betäubung durch eingestreute Urethankristalle. Beide werden in 70%igem Alkohol oder Formol (1:3) fixiert und in 70%igem Alkohol aufbewahrt.
	größere Formen	siehe Kapitel III.2.2.2

Forts. Tab. III-1.

Bezeichnung	Sammeln - Objektbeispiele	Betäuben, Fixieren, Konservieren
	Süßwasserkrebse kleine Formen: Bachflohkrebse, Hüpferlinge, Wasserflöhe	In 70%igen Alkohol geben
	größere Formen Cambarus, Astacus u.a.	In Wasser, tropfenweise Chloroform oder konzentriertes Formalin zugeben. Durch Formolinjektion fixieren, dann in 75-80%igem Alkohol aufbewahren
	Asseln (Isopoda) Ködern mit einer rohen röhrenförmig ausgehöhlten Kartoffel unter Laubstreu	In 75%igen Alkohol geben.
Tausendfüßer	Schnurfüßer, Steinkriecher, Erdläufer	In Essigether oder 50%igem Alkohol abtöten, in 80%igem Alkohohol aufbewahren.
Spinnentiere	Spinnen und Weberknechte Milben vgl. Kap. III 2.2.4	In 80%igen Alkohol geben - oder dann über 90%igen, absoluten Alkohol und Aceton führen und trocken aufbewahren
Urinsekten	Springschwänze vgl. Kapitel III.2.2.4	
Insekten	Ohrwürmer, Fangheuschrecken, Schaben. Heuschrecken	In Essigether abtöten, bei großen Formen Abdomen durch Längsschnitt ventral öffnen, Eingeweide ausnehmen, Wattekorpus einführen, Schnittränder zusammendrücken, trokken aufbewahren - Nadelung vgl. III.2.2.3.4.
	Steinfliegen Bodenläuse. Staubläuse, Rindenläuse. Fransenflügler. Eintagsfliegen kleine Formen von Zweiflüglern und Käfern, Fächerflügler	In 80%igen Alkohol geben.
	Blattläuse, Schildläuse Blattflöhe	In 95%igen Alkohol geben.
	Florfliegen, Kamelhalsfliegen. Köcherfliegen	In 80%igen Alkohol oder Essigether, dann trocken aufbewahren.
	Zweiflügler; Mücken,	In Essigether, dann trocken aufbewahren,

Forts. Tab. III-1.

Bezeichnung	Sammeln - Objektbeispiele	Betäuben, Fixieren, Konservieren
	Fliegen, Käfer, Hautflügler, Libellen	Kap. III.2.2.3.
	Schmetterlinge	In Tetrachlorethan, Zyankali, nur im Notfall in Essigether, da Flügel beschädigt werden; Blutströpfchen, Widderchen (Zygaenidae) können nur mit Nicotininjektionen abgetötet werden.

III.2.3 Stachelhäuter

Stachelhäuter werden allgemein gern gesammelt, da sie, trocken aufbewahrt, interessante und schöne Sammlungsobjekte darstellen. Der Trocknungsvorgang ist aber oft mit sehr langer Geruchsbelästigung verbunden. Stachelhäuter lassen sich gut präparieren, da das unter der Haut liegende Kalkskelett die Körperformen erhält. Aus diesem Grund lassen sich auch nur diejenigen Klassen der Stachelhäuter trocken präparieren, die ein solches Skelett besitzen, das sind Seesterne, Schlangensterne und Seeigel. Die Seewalzen mit ihrem rudimentären Kalkskelett eignen sich daher nicht für Trockenaufbewahrung. Auch Haarsterne sollten nicht als Trockenpräparat gesammelt werden, da sie äußerst zerbrechlich sind.

Seesterne müssen vor der Präparation betäubt werden. Am besten legt man sie zunächst in Süßwasser. Sie nehmen darin eine pralle Form an. Betäubt werden sie mit einer 10%igen Chloralhydrat- oder einer 2%igen Magnesiumsulfatlösung. Darauf legt man sie in Alkohol oder in eine Formalinlösung. Nach 24 Stunden können die Tiere an der Luft getrocknet werden. Die Trocknung geht schneller, wenn man die Füßchen unter den Armen herauskratzt.

Beim Trocknen verlieren die Seesterne ihre Farbe.

Schlangensterne werden ähnlich wie Seesterne präpariert. Um das Abwerfen der Arme zu vermeiden, müssen auch sie in Süßwasser betäubt werden, dem langsam Alkohol zugegeben wird.

Seeigel sollten als Trockenpräparate mit schön aufgestellten Stacheln gesammelt werden. Dazu müssen sie betäubt werden. Am besten hat sich hierzu kohlensäurehaltiges Wasser bewährt. Getötet werden sie mit Alkohol (30 %). Damit dieser auch in das Tier eindringen kann, muß zunächst das Wasser aus den Tieren entfernt werden. Das geschieht am besten vom Mundfeld her, in das man kleine Öffnungen schneidet. Dann wird über die Löcher der Alkohol injiziert. Die Tiere kann man dann einfach an der Luft trocknen lassen.

Ein interessantes Teilpräparat des Seeigels läßt sich ebenfalls leicht herstellen. Gemeint ist der als „Laterne des Aristoteles“ bekannte Kauapparat.

Durch Umschneiden des Mundfeldes wird er herausgenommen und mit der Pinzette von anhaftendem Gewebe und den Muskelzügen befreit. Er kann an der Luft ohne sonstige Vorbehandlung getrocknet werden.

III.2.4 Wirbeltierpräparation

Die folgenden Anleitungen gehen davon aus, daß immer wieder tote Wirbeltiere gefunden oder dem Biologielehrer mitgebracht werden. Säugetiere werden überfahren und verenden oder Vögel fliegen gegen Scheiben oder gegen Fahrzeuge. Aus Unkenntnis der einfachsten Konservierungs- und Präparationsmethoden verderben die meisten, obwohl sie zum Ausstopfen durchaus noch geeignet wären.

Auch wenn der Körper nicht mehr als Totalpräparat in Frage kommt, lassen sich doch häufig aus dem Schädel oder dem Skelett schöne Teilpräparate herstellen.

Handelt es sich bei den gefundenen Tieren um schöne oder seltene Formen, so sollte man als Anfänger auf jeden Fall die Finger davon lassen. Sie gehören unbedingt in die Hand eines Präparators. Bis man diese Stücke dorthin bringen kann, bewahre man sie in der Tiefkühltruhe in einem verschlossenen Plastikbeutel auf. Die Zersetzung des Tierkörpers beginnt nämlich bereits mit dem Lösen der Totenstarre und schreitet schnell fort, so daß sich bereits kurze Zeit nach dem Tod ein Tier nicht mehr zum Präparieren eignet.

Hat man auf mehrtägigen Wanderungen oder Lehrfahrten nicht die Möglichkeit der Kühlung, so muß das Tier abgebalgt und die Haut konserviert werden, damit sie später in Ruhe weiter präpariert werden kann.

Der Beruf des Tierpräparators erfordert nicht nur eine Kenntnis über den Bau der Tiere, sondern auch handwerkliche und künstlerische Fertigkeiten und ist daher mit einer längeren Ausbildungszeit verbunden. Dieses Buch will diese Ausbildungszeit nicht im Schnellverfahren ersetzen, deshalb werden keine Anleitungen zum Aufstellen ausgestopfter Tiere gegeben. Die Anleitungen beschränken sich auf das Abbalgen und das Konservieren bis zur Herstellung eines einfachen Stopfpräparates, das noch einen vielfältigen Einsatz zuläßt.

III.2.4.1 Fische, Amphibien, Reptilien

Für diese drei Klassen der Wirbeltiere gilt allgemein, daß die Konservierung nur naß erfolgen kann, daß also ein Ausstopfen nicht in Frage kommt. Egal, ob die Aufbewahrung in Formol oder in Alkohol gewählt wird, immer werden die natürlichen Farben schon während des Fixierens oder nach kurzer Zeit der Konservierung verblassen und verschwinden. Es sind bereits eine Vielzahl von Farberhaltungslösungen ausprobiert worden, von denen sich allerdings keine so recht durchgesetzt hat.

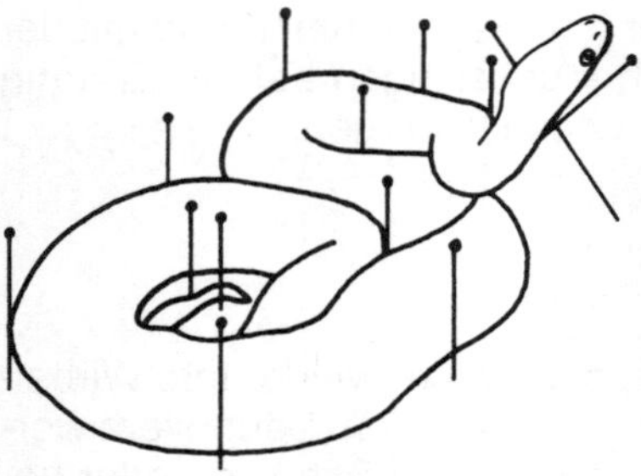

Abb. III/15: Zum Fixieren vorbereitete Schlange.

Vor dem Konservieren sollten die zu sammelnden Tiere immer in ihren Maßen erfaßt werden, da manche Größen bei fixierten Stücken nicht mehr nachzuprüfen sind. Die Größenangaben werden auf den Etiketten festhalten, die gleichfalls Aufschluß über Fundort und -datum und möglichst das Geschlecht des Tieres geben. Bei Fischen, Amphibien und Reptilien wird die Gesamt- und die Körperlänge gemessen. Die Gesamtlänge bezeichnet bei allen Formen die Länge von der Schnauzen- bis zur Schwanzspitze, die Körperlänge bei Amphibien und Reptilien die Entfernung von der Schnauzenspitze bis zum After, bei Fischen bis zum Ende des beschuppten Körpers. Obwohl das Gewicht keine so bedeutende Rolle für die Determinierung spielt, sollte man es ebenfalls notieren.

Die übrigen für die Artbestimmung wichtigen Maße sind in der Regel noch am fixierten Objekt nachzuprüfen, bei Amphibien ist es jedoch günstig, sich ebenfalls die Extremitätenmaße (Hinterbeinlänge bis zum Ende der längsten Zehe; Oberschenkel, Unterschenkel usw.) zu notieren. Bei einer Spezialisierung auf eine Tiergruppe wird man sehr schnell wissen, welche Detailmaße von Bedeutung sind.

Viele Fische müssen vor dem Fixieren zum Teil erst entschleimt werden. Dazu kommen sie in ein Bad, in dem auf 1 Liter Wasser 100 g Soda gelöst wurde.

Fische, Amphibien und Reptilien werden zum Fixieren 3-8 Tage in 10%iges Formol gelegt. Zusätzlich muß auch in die Leibeshöhle Fixierungsflüssigkeit mittels Injektion eingebracht werden. Dabei sollte man aufpassen, daß durch die Injektion der Körper nicht unnatürlich aufgebläht wird. Konserviert werden die Tiere in 4%igem Formol oder 70-80%igem Alkohol. Tiere für Schausammlungen werden vor dem Fixieren auf einem Korkbrett mit Nadeln in die gewünschte Haltung gebracht (Abb. III/15).

III.2.4.2 Säugetiere

Die folgenden Anleitungen beziehen sich lediglich auf Kleinsäuger und auf mittelgroße Formen. Größere Tiere verlangen Spezialkenntnisse und -werkzeuge und sollten nur von einem Präparator bearbeitet werden.

Vor dem Präparieren werden folgende für die Determination wichtige Größen gemessen. Sie kommen mit den Fundangaben auf das Etikett, das gewöhnlich mit einem Faden um den Hinterfuß gebunden wird: Kopfrumpflänge (K-R): Schnauzenspitze bis After; Schwanzlänge: After bis Schwanzspitze (ohne Endhaare); Ohrlänge: Entfernung vom Unterrand der Ohröffnung bis zur Ohrspitze (ohne Haarbüschel); Hinterfuß (Hf): Entfernung von der Ferse bis zur Spitze der längsten Zehe; Gewicht.

Da im folgenden die Balgherstellung im Vordergrund steht, konzentrieren sich die Anleitungen auf diesen Zweck. Es erfolgen auch immer Hinweise, wie zu verfahren ist, wenn das Tier später als sogenannte Dermoplastik aufgestellt werden soll. Zum Abbalgen wird das Tier auf den Rücken gelegt und nach Scheitelung der Haare auf der Bauchseite ein Schnitt vom Ende des Brustbeins bis in die Höhe des Afters geführt. Man achte darauf, daß der Schnitt nicht die Bauchdecke oder gar die Eingeweide erfaßt. Dadurch würde das Fell verschmutzt. Sollte dennoch Körperflüssigkeit austreten, wird sie mit Zellstoff, Talkum, Sägespänen usw. gebunden.

Von dem Schnitt aus wird die Haut vom Körper getrennt, wobei zunächst in Richtung auf die beiden Hinterbeine gearbeitet wird. Jedes Hinterbein wird im Kniegelenk durchtrennt. Soll das Fell später als Dermoplastik aufgestellt werden, erfolgt die Durchtrennung im Hüftgelenk. Ohne Schwierigkeiten ist nun die Schwanzwurzel freizulegen. Die Schwanzrübe wird nun aus der Schwanzhaut herausgezogen, indem man die Haut und das Tier entsprechend Abb. III/16 faßt. Das Herausziehen kann erleichtert werden, wenn man als Widerlager nicht Daumen und Zeigefinger benutzt, sondern zwei Vierkanthölzchen, in die man sich je eine kleine Kerbe hineinschneidet.

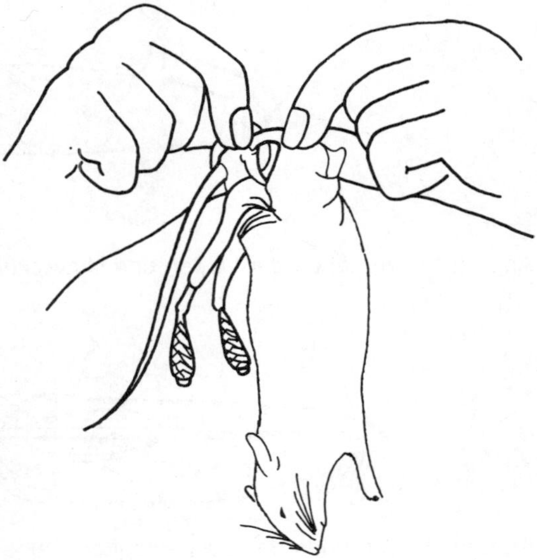

Abb. III/16: Herausziehen der Schwanzrübe aus der Schwanzhaut bei einem Kleinsäuger.

Die Haut wird nun in Richtung des Vorderkörpers weiter gelöst und dabei umgestülpt. Mit den Vorderbeinen wird entsprechend den Hinterbeinen verfahren.

Einige präparatorisch schwierige Stellen finden sich am Kopf. Zunächst erreicht man die Ohren. Sie müssen sehr vorsichtig dicht am Schädel abgetrennt werden. Das gleiche gilt von den Augenlidern, der Nase und den Lippen. Für die Balgherstellung wird der Schädel mit dem übrigen Körper vollständig entfernt, für eine Dermoplastik verbleibt er, mit den Lippen verbunden, in der Haut (über die Weiterbearbeitung s. Vogelbälge). Ehe man den Körper wegwirft, fertigt man von ihm eine Größenskizze an, um später einen Hinweis für den zu fertigenden Einlageteil aus Werg oder Watte zu haben. Die Beine werden nun sorgfältig entfleischt, damit von ihnen aus keine Fäulnis den Balg verderben kann. Auch die Haut wird noch einmal sorgfältig gereinigt. Man hüte sich aber, bei dieser Säuberung Haarwurzeln zu durchtrennen, da diese Stellen sonst später die Haare verlieren.

Vor der Konservierung, dem Gerben, wird das Fell gesäubert, indem man es am besten ungefähr eine halbe Stunde kalt wässert.

Zum Gerben werden verschiedene Mittel empfohlen. Die einfachste Form besteht im Trocknenlassen des Haarbalges in gespannter Form. Sicherer ist jedoch die Verwendung von Chemikalien. Alkohol oder Formol sollten nur im Notfall verwendet werden, da durch sie die Haut hart und brüchig wird. Am besten geeignet ist eine Gerberbrühe, die man sich aus einem Gemisch von Kochsalz und Alaun (2:1) leicht selbst herstellen kann. Man verwendet eine

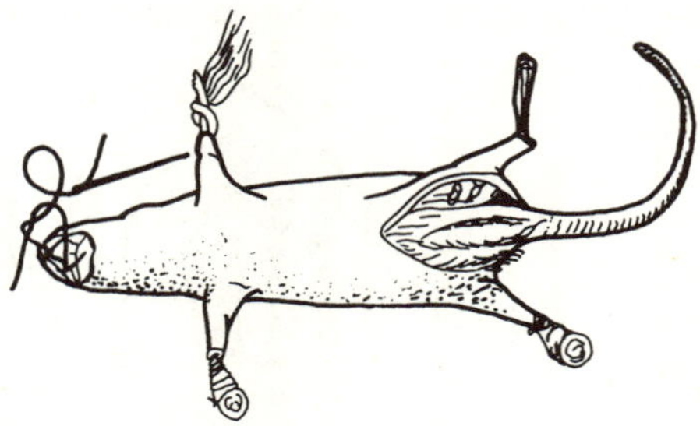

Abb. III/17: Vernähen der Lippen und Umwickeln der Beinknochen.

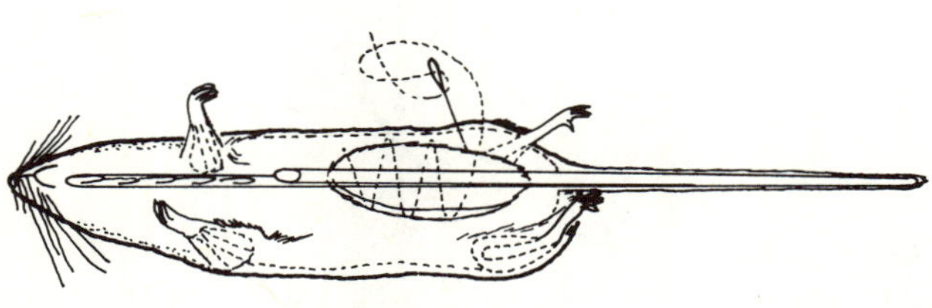

Abb. III/18: Vernähen des ausgestopften Balges.

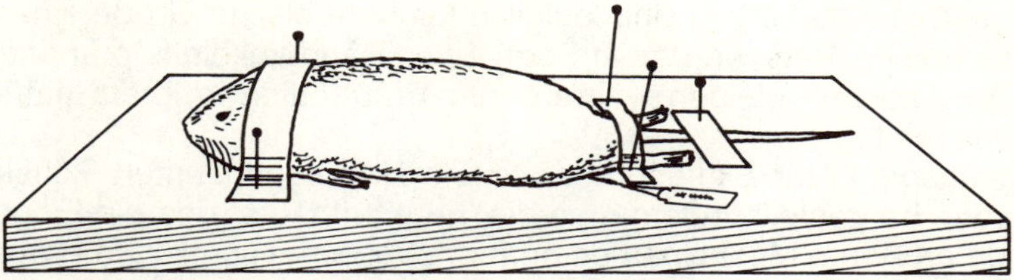

Abb. III/19: Trocknen eines Kleinsäugerbalges.

konzentrierte Lösung, in die man die Felle 1-2 Wochen einlegt. Es empfiehlt sich, empfindliche Stellen wie den Kopf zusätzlich mit dem Salzgemisch einzureiben.

Vor dem Umwenden des Felles und Stopfen des Balges müssen erst einmal die Lippen des Tieres zugenäht werden. Dann wird die Schwanzhülle ausgefüllt. Das geschieht, indem man einen ca. körperlangen Draht oder ein passendes Hölzchen je nach der Stärke der ursprünglichen Schwanzrübe mit Watte umwickelt und in die Schwanzhülle einführt. Für Kleinsäuger eignet sich vorzüglich der Schaft einer größeren Feder, die man von ihrer Fahne befreit hat (Abb. III/18).

Nun werden die verbliebenen Unterschenkelknochen mit Watte umwickelt, um die beim Abfleischen entfernte Beinmuskulatur zu ersetzen (Abb. III/17).

Ehe die Haut umgewendet wird, sollte der Balg gegen Schadinsekten vergiftet werden. Präparatoren nehmen hierzu Arsenlösung, mit der die Haut innen bepinselt wird. Ist diese nicht erhältlich, sollte man ein stark wirkendes Insektizid wählen. Zur Ausfüllung des Balges wird nun nach der Größenskizze, die man sich beim Abbalgen angefertig hatte, ein Wattekörper gewikkelt. Noch verbliebene Unregelmäßigkeiten werden mit lockerer Watte ausgestopft. Nach dem Ausstopfen wird am Balg der Bauchschnitt mit Zwirn vernäht. Der fertige Balg wird zum Trocknen auf einem Brettchen festgelegt und Beine, Ohren und Schwanz mit Papierstreifen in die gewünschte Lage gebracht (Abb. III/19).

III.2.4.3 Herstellung von Skeletten oder Schädelpräparaten

Ein Säugetier, das bereits in Verwesung übergegangen ist, oder ein Vogel, der sich in der Mauser befindet, kann zwar nicht mehr als Balg präpariert oder als Dermoplastik aufgestellt werden, in der Regel läßt sich aber der Schädel oder das ganze Tier als Skelettpräparat retten. Selbstverständlich muß die Arbeit an einem schon in Verwesung übergegangenen Tier mit großer Vorsicht erfolgen, am besten benutzt man Gummihandschuhe. Zur Herstellung von Skelettpräparaten eignen sich keine in Formol eingelegten Tiere, lediglich frische oder in Alkohol konservierte.

Die folgenden Anleitungen sind lediglich für Tiere bis zur Größe einer Katze gedacht. Solche Tiere werden in Form eines Bänderskeletts präpariert, das heißt, die Knochen bleiben während der Präparation in ihrem natürlichen Zusammenhalt.

Ausgangspunkt für Skelettpräparationen sind sogenannten Rohskelette. Sie werden hergestellt, indem man die Tiere enthäutet und die Eingeweide samt den größeren Muskelpartien entfernt. Vor der eigentlichen Präparation sollten die Rohskelette ausgiebig gewässert werden, bis das Wasser nicht mehr rot wird. Der folgende Arbeitsgang ist das **Mazerieren**. Dabei sollen alle verwesbaren Teile vom Skelett entfernt werden. Damit aber auch Schädel von Kleinsäugern und Skelette von juvenilen Tieren, die einen großen Anteil von Knorpel aufweisen, während des Mazerierens nicht zerfallen, sollten solche Stücke vorher 1-2 Tage in 70%igen Alkohol gelegt werden.

Die einfachste und insgesamt auch schonendste Methode des Mazerierens besteht darin, die Rohskelette in klarem Wasser zu kochen und die Knochen von Hand von jeglichem Fleisch zu befreien. Aus Schädeln wird das Gehirn über das Hinterhauptsloch mittels eines kleinen Löffels und durch Ausspülen mit einem scharfen Wasserstrahl entfernt. Sehnen und Bänder werden aber durch das Kochen angegriffen. Diese Methode kommt daher nur für Schädel oder größere Einzelknochen in Frage. Da diese Methode aber außerdem sehr zeitraubend ist, gibt es etliche chemische und biologische Verfahren, die einem die Kleinarbeit abnehmen. Einige dieser Verfahren sollen kurz dargestellt werden, es handelt sich dabei allerdings nur um eine kleine Auswahl bewährter Methoden.

Sowohl Vor- als auch Nachteile besitzt die Mazeration durch Bakterien. Dabei wird das Rohskelett entweder in kaltem oder in erwärmtem Wasser einfach stehen gelassen, bis Mikroorganismen das an den Knochen haftende Fleisch zersetzt haben. Dieses Verfahren, das recht gute Ergebnisse bringt, dauert allerdings längere Zeit und ist mit einer starken Geruchsbelästigung verbunden. Man muß die Skelette jeden zweiten Tag überprüfen, damit man den Mazerationsprozeß abbrechen kann, ehe die Bänder angegriffen werden.

Auch Tiere kann man zum Skelettieren einsetzen. Keinesfalls sollte man aber die abzufleischenden Körper in Ameisenhaufen legen, wie es in älteren Büchern immer wieder vorgeschlagen wird. In Frage kommen hierfür Speckkäfer (Gattung *Dermestes*), die heute bereits vielfach zu diesem Zweck in Zuchten gehalten werden.

Am häufigsten werden Chemikalien benutzt, um das Skelettieren zu erleichtern. Dabei macht man sich den Umstand zunutze, daß Laugen tierische Stoffe auflösen und Fette verseifen. Am besten eignet sich hierzu Natronlauge. Man benutzt eine 1-5%ige Lösung, in das man die Objekte bei ca. 30-40 °C einlegt. Je zarter die Knochen sind, eine desto geringere Konzentration der Natronlauge sollte man wählen. Das Präparationsgut muß laufend kontrolliert werden. Sind die meisten Teile gelöst, spült man das Skelett gründlich und bürstet die an den Knochen verbliebenen Fleischreste ab. Wie bereits oben angedeutet, sollten knorpelige Teile vorher durch Bepinseln mit Alkohol oder Formollösung fixiert werden, damit sie sich nicht ebenfalls lösen. Für Kalilauge gilt das gleiche wie für Natronlauge.

Gute Erfahrungen beim Mazerieren haben die Verfasser mit Papain gemacht. Papain stellt ein Gemisch von Peptidasen dar, welche Eiweiß auflösen. Die zu mazerierenden Objekte werden in eine physiologische Kochsalzlösung (9 g Kochsalz und 1 Liter Wasser), der pro Liter 10 g Papain zugesetzt werden, eingebracht und kommen bei 35 °C für eine Nacht in den Brutschrank. Nach dieser Zeit sind die Knochen völlig fleischfrei. Da auch die Bänder aufgelöst werden, empfiehlt sich diese Methode für Schädel, nicht aber für Bänderskelette kleinerer Tiere.

Hat man Natronlauge zum Mazerieren verwendet, ist der nächste Arbeitsgang, das Entfetten, schon zum Teil beendet. Vor allem größere Knochen und Schädel müssen nach dem Mazerieren noch fettfrei gemacht werden, da sie sonst innerhalb kurzer Zeit gelb werden. Zum Entfetten eignen sich die meisten fettlösenden Mittel wie Petroleumbenzin, Xylol, Schwefelether, Tetrachlorkohlenstoff usw. Da alle diese Stoffe flüchtig sind, ist beim Arbeiten Vorsicht geboten. Hat man einen Soxhlet-Apparat zur Verfügung, so kann er gut zum **Entfetten** von Knochen benutzt werden.

Die entfetteten Skelette bzw. Schädel können am Ende noch gebleicht werden. Das geschieht am sinnvollsten in einer ca. 3%igen Lösung aus Wasserstoffsuperoxid. Beim Bleichen ist einerseits darauf zu achten, daß weder eine zu starke Konzentration noch eine zu lange Verweildauer gewählt wird, da die Knochen leicht brüchig werden. Andererseits sollten die Knochen auch am Ende des Bleichens noch eine gewisse Farbe aufweisen, da kalkweiße Knochen unnatürlich aussehen.

Für das Montieren und Aufstellen größerer Skelette sind Spezialkenntnisse und Spezialwerkzeuge erforderlich. Sie sollen hier unberücksichtigt bleiben. Ist, wie beabsichtigt, ein Bänderskelett gelungen, so kann dies bei kleineren Tieren durch stützende große Stecknadeln in die gewünschte Position gebracht und getrocknet werden. Entfernt man nach dem Trocknen die Hilfsnadeln, bleibt das Skelett in der ursprünglichen Lage. Bei größeren Tieren wird man nicht umhinkönnen, bleibende Stützdrähte anzubringen. Diese sollte man so befestigen, daß sie nicht allzu stark ins Auge fallen.

III.2.4.4 Vögel

Im Prinzip verläuft die Präparation und Balgherstellung bei Vögeln ähnlich wie bei Säugetieren.

Vorher sollten folgende Größen erfaßt werden: Gewicht; Gesamtlänge (Schnabelspitze bis zum Ende der längsten Schwanzfeder); Flügellänge (Entfernung vom Flügelbug bis zum Ende der längsten Handschwinge); Schwanzlänge (Entfernung vom Ansatzpunkt der beiden mittleren Steuerfedern bis zur Spitze der längsten); Lauflänge (Entfernung der Gelenkvertiefung zwischen den beiden Mittelzehen bis zum Ende des Laufknochens).

Um ein Austreten von Körpersäften und damit ein Verschmutzen des Federkleides zu vermeiden, steckt man am zweckmäßigsten etwas Watte in die Kloake und in den Schnabel. Dem Vogel wird durch einen flachen Schnitt an der Bauchseite vom Brustbein an bis zur Kloake die Haut geöffnet. Beim folgenden Lösen der Haut ist darauf zu achten, daß die Ansatzstellen der Federkiele nicht verletzt werden. Die Federn fallen sonst aus. Die dünne Haut der Vögel erfordert sehr vorsichtiges Arbeiten. Man sollte möglichst wenig schneiden oder an der Haut ziehen. Am schonendsten erfolgt das Abdrücken der Haut mit der stumpfen Seite des Skalpells oder mit dem Daumennagel. Nachdem die Beine freigelegt und im Kniegelenk durchtrennt sind – die Oberschenkel bleiben am Körper, die Unterschenkel am Balg –, wird der Enddarm abgebunden. Dann durchtrennt man die Schwanzwirbel möglichst dicht am Körper und durchschneidet den Enddarm zwischen der Abbindung und der Kloakenöffnung. Das weitere Abbalgen sollte recht zügig vorangehen, da die Gefahr besteht, daß die Haut eintrocknet und schrumpft. Um das zu vermeiden, kann man die bereits abgetrennten Hautpartien von Zeit zu Zeit mit einem Salicyl-Alkohol-Gemisch anfeuchten. Auf 100 ml Alkohol nimmt man einen gehäuften Teelöffel Salicylsäure. Die Haut wird nun in Richtung Kopf weiter abgezogen und die Flügel im Schultergelenk durchtrennt. Ehe man den Schädel abbalgt, sollte man einen Bindfaden durch die Nasenlöcher ziehen. Er erleichtert das Rückstülpen über den Kopf wesentlich. Das Lösen der Haut vom Kopf sollte tunlichst ohne zu schneiden erfolgen, indem sie nur mit Zeigefinger oder Daumen abgedrückt wird. Erreicht man die Ohren, so werden die Ohrsäckchen vorsichtigt mit einer Pinzette aus dem Schädel herausgezogen. Ein weiterer kritischer Punkt wird bei den Augen erreicht. Hier ist sehr vorsichtig zu arbeiten, damit die Augenlider nicht verletzt werden. Die Haut wird nun weiter bis zur Schnabelbasis gelöst.

Im Gegensatz zu den Säugetieren bleibt der Schädel bei den Vögeln auch bei einer Balgherstellung in der Haut. Ist das Tier vollständig abgezogen, wird zunächst das Gehirn entfernt. Hierzu erweitert man das Hinterhauptsloch, indem man es mit einer Schere umschneidet. Das gelingt bei den hier in Frage kommenden Vogelgrößen ohne Schwierigkeiten. Mit einem Spatel oder einem flachgeklopften dickeren Draht läßt sich das Gehirn nun mühelos entfernen. Gleichzeitig werden die Augen ausgeschnitten, die Zunge und even-

Abb. III/20: Abgefleischter Flügel eines Kleinvogels.

tuelle Fleischreste am Kopf entfernt. Die Verbindung von Ober- und Unterkiefer darf jedoch nicht durchtrennt werden. Augenhöhlen und Schädelhöhle werden mit Watte ausgefüllt, diese kann mit Alkohol oder Formol getränkt sein. Nun stülpt man die Kopfhaut wieder über den Schädel zurück. Dabei sollte auf den richtigen Sitz der Federn geachtet werden. Liegen die Federn nicht richtig, muß man sie mit einem stumpfen Hölzchen oder eine Pinzette, mit der man unter die Haut fährt, zurecht legen.

Erst wenn der Schädel fertig bearbeitet ist, entfleischt man die noch im Balg sitzenden Flügel- und Beinreste. Die Beine werden dabei bis zum Beginn des Laufknochens von allen Fleischresten gesäubert, bei den befiederten Läufen der Eulen und mancher Greifvögel muß auch dieser Teil präpariert werden. An den Flügeln muß das Armskelett vom Fleisch befreit werden. Hierzu wird der Flügel umgestülpt. Da dies nur ein geringes Stück weit möglich ist, muß man einen kleinen Schnitt bis etwa zum Handgelenk anbringen. Dabei ist zu beachten, daß die Elle von der Haut gelöst werden darf, nicht aber die Speiche, da sich sonst das Gefieder verschieben kann (Abb. III/20). Das Entfleischen erfolgt bis zum Handgelenk. Ist der Flügel entfleischt, wird die Haut vergiftet, zurückgestülpt und wieder vernäht. Bein- und Armknochen umwickelt man nun mit Watte, um die fehlende Muskulatur auszugleichen. Ehe man die Haut ausstopft, wird der Abstand zwischen den Schultern fixiert. Das geschieht, indem die Federfluren der Schulterfittiche mit einem Faden in der richtigen Entfernung aneinander geheftet werden (Abb. III/21). Der zum Ausstopfen benötigte künstliche Körper wird, wie von den Säugetieren her gewohnt, aus Watte hergestellt, die man entsprechend den ursprünglichen Proportionen auf den Draht wickelt. Der Draht sollte dabei nach vorn über den Wattekorpus hinwegreichen. Mit ihm kann der Kopf fixiert werden. Der Draht wird dazu durch die Schädeldecke gestoßen und scharfwinklig zurückgebogen. Zieht man jetzt den Draht zurück, bleibt der Kopf fest mit dem Rumpf verbunden.

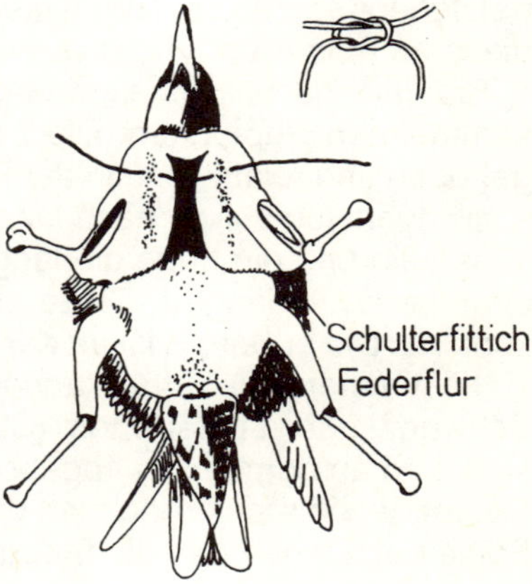

Abb. III/21: Fixieren des Abstandes der Schulterfittiche mit einem Kreuzknoten.

Vor dem Vernähen müssen die Federn in die richtige Lage gebracht werden. Das ist besonders für das Rückengefieder wichtig, dessen Streifung häufig für die Artbestimmung wichtig ist. Dem fertigen Balg werden Flügel und Beine geordnet. Er muß dann noch getrocknet werden. Dazu kommt er in eine Röhre, die man sich aus steifem Papier dreht, oder er wird mit Wattelagen umwickelt.

III.2.4.5 Federn, Gewölle, Nester

Außer dem Aufbewahren des Vogels in Form eines Präparats, eines Balges oder eines Skeletts, empfiehlt sich gerade für eine Schulsammlung auch das Sammeln von Tätigkeitszeugnissen wie Federn aus Rupfungen, Gewölle von Greifen und Eulen und Nester. Da auch diese Dinge organisches Material enthalten, müssen sie konserviert werden, um längere Zeit aufbewahrt werden zu können.

An Rupfungen, den Kröpfplätzen der Greifvögel, findet man häufig eine recht vollständige Ansammlung der größeren **Federn** eines gefressenen Vogels. Die Art und Weise, wie die Federn ausgerissen wurden, ob ihre Federkiele im untere Teil durchbissen sind usw., läßt häufig auf die Art des Räubers, Greifvogel oder Raubtier, schließen. Die Federn einer derartigen Rupfung können auf einen hellen Karton, geordnet nach Schwung- und Steuerfedern, aufgeklebt werden.

Ist bei einer Rupfung eines Vogels der Kiel der Federn wie mit einer Schere abgeschnitten, so biß ein Räuber (Greifsäuger) seinem Opfer mit den Zähnen die Federn ab, um es anschließend besser fressen zu können. Sind die Federn dagegen alle gerupft, so hat sich ein Greifvogel darüber hergemacht. Wenn das Tier beim Rupfen nicht gestört worden ist, so liegt das gesamte ausgerupfte Gefieder eng beieinander. Sperber und Habichte rupfen die Beute eher an versteckten, ruhigen Plätzen. Falken nehmen ihre Nahrung auch auf freistehenden Felsen, Turmfalken selbst auf Hochhäusern auseinander, wenn diese an Felder und Baumwiesen grenzen.

Tab. III-2 nach Petry und Grupe dient der Bestimmung der häufiger vorkommenden Rupfungen. Die Schwungfedern oder Schwingen (S) sind alle gebogen und relativ fest. In der Regel nimmt die Länge der Federn der Handschwingen von außen nach innen ab. Manchmal ist die erste Handschwinge sehr klein und die dritte die längste. Bei Stelzen, Piepern und Lerchen sind die inneren verlängert. Diese sind jedoch an breiten, helleren Säumen erkennbar. Die äußere S ist an der schmalen, gleichmäßigen Außenfahne leicht zu bestimmen. Die Außenfahne ist immer schmäler als die Innenfahne. Die Schwanz- oder Steuerfedern (St) sind immer gerade und weicher. Die äußersten sind an dem etwas abgebogenen Spulenteil gut zu erkennen.

Zum Bestimmen ordne man die S hintereinander und lege jede so, daß die Spule nach innen und die Biegung nach vorne zeigt.

Tab. III-2: Bestimmungstabelle für Rupfungen. – S.: Schwungfeder; St.: Steuer- oder Schwanzfedern.

1 St. über 15 cm lang ... **2**
— St. kürzer als 15 cm ... **8**
2 St. alle einfarbig ... **3**
— St. nicht alle einfarbig ... **7**
3 St. schwarz ... **4**
— St. weiß: ... **Weißes Hausgeflügel (Taube, Huhn, Gans)**
4 Gesamtgefieder schwarz ... **5**
— Gesamtgefieder anders ... **6**
5 St. fast alle gleich lang ... **Rabenkrähe**
— Äußerste St. bedeutend (über 2 cm) kürzer ... **Saatkrähe**
6 Kleingefieder aschgrau ... **Nebelkrähe**
— Kleingefieder zum größten Teil weinrot; St. am Anfang heller, öfter noch schmale Binden in diesem Teil; Deckfedern der vorderen großen Schwingen mit schwarzen, blauen und weißen Querbinden ... **Eichelhäher**
7 St. mit dunkler Endbinde; Grundfarbe aschgraublau, mit hellem Band vor der dunklen Endbinde, am deutlichsten an der Unterseite ... **Ringeltaube**
— St. gelbbraun mit dunklen Querbinden; mittlere sehr lang ... **Fasan**
8 St. alle einfarbig ... **9**
— St. nicht alle einfarbig ... **21**
9 St. schwarz ... **10**
— St. andersfarbig ... **12**
10 St. über 10 cm lang ... **11**
— Unter 10 cm lang; Schön stahlblau glänzend ... **Dompfaff**
11 Gesamtgefieder schwarz, im Kleingefieder schwarzbraun ... **Amsel**
— Kleingefieder nicht schwarz; Außenfahne der St. am Anfang heller, oliv-hellschieferfarben; äußerste St. mit schmalen, weißlichem Saum ... **Wacholderdrossel**
12 St. alle braun ... **13**
— St. andersfarbig ... **20**
13 Länge der St. über 9 cm ... **14**
— Länge der St. unter 9 cm ... **15**
14 Länge über 10 cm, an den Spitzen mit schmalen, die äußerste mit breiteren trübweißen Säumen ... **Misteldrossel**
— Länge über 9 cm, hellbraun; Innenfahne der meisten Armschwingen gelbbraun ... **Singdrossel**
15 Länge der St. 8–9 cm, Innenfahne der meisten Armschwingen hellgraubraun ... **Rotdrossel (Wintergast)**
— Länge der St. etwa 6 cm ... **16**
16 St. breit, dunkel, mit hellbraunen Säumen ... **Star**
— St. schmal ... **17**
17 St. dunkelbraun ... **18**
— St. hellbraun ... **19**
18 St. dunkelbraun (schwärzlich erscheinend); am Beginn der Außenfahne der äußeren S. ein dunkel–rostbrauner Fleck; die Innenfahne der S. grauweiß, nach innen zu allmählich heller werdend ... **Haussperling**

Forts. Tab. III-2.

—	St. dunkelbraun (grau scheinend); Federschäfte der St. oben	19
19	St. hellbraun; der helle Teil der S. deutlich abgesetzt (vgl. Jaussperling)	**Feldsperling**
—	St. hellbraun mit olivfarbenen Rändern; Innenfahne der S. mit gelkichgraune, Außenfahne mit Olivfarbenen Säumen	**Rotkehlchen**
20	St. blau; Außenfahne der St. und S. leuchtend blau	**Blaumeise**
—	dunkelbraun gesprenkelt); Länge der St. etwa 7,5 cm S. graubraun mit helleren Querbinden	**Rebhuhn**
21	alle St. deutlich ganz gesäumt; Säume weiß, bei den mittleren St. bräunlich überhaucht	**Hänfling**
—	St. anders gefärbt	
—	St. anders gefärbt	**22**
22	äußerste St. außen mit breitem, weißem Saum	**23**
—	St. anders gefärbt	**27**
23	Grundfarbe aller St. schwarz; die innersten, stark verlängerten S. mit breitem, weißem Saum an der Außenfahne	**Weiße Bachstelze**
—	Grundfarbe der St. braun oder schieferfarben	**24**
24	Grundfarbe aller St. dunkelbraun; die inneren, verlängerten S. hellbraun gesäumt	**Feldlerche**
—	Grundfarbe graubraun oder schieferarben	**25**
25	Grundfarbe aller St. graubraun	**26**
—	Grundfarbe aller St. schieferfarben; Außenfahne aller inneren St. blaugrau	**Kohlmeise**
26	Innere S. breit rotbraun gesäumt	**Dorngrasmücke**
—	Innere S. breit rotbraun gesäumt	**Zaungrasmücke**
27	Äußerste St. mit schägem, weißem Band; dadurch ist der größte Teil der Außenfahne und der kleinere Teil der Innenfahne weiß; die 2. St. mit weißem Keilfleck an der Spitze	**28**
—	Färbung der St. anders	**31**
28	Grundfarbe der St. schwarz; Federn nach der Mitte zu gelb gerandet; S. mit auffälligem, weißem Fleck am Anfang der Außenfahne	**Buchfink**
—	Grundfarbe der St. schwarzbraun	**29**
29	St. kürzer als 7,2 cm; das Weiß rauchbraun überlaufen; innerste S. verlängert	**30**
—	St. länger als 7,5 cm	**Goldammer**
30	Federschaft im weißen Teil braun	**Baumpieper**
—	Federschaft im weißen Teil weiß	**Wiesenpieper**
31	Wurzel- und Spitzenhälfte der St. verschieden gefärbt; Wurzelhälfte gel (mit Ausnahme der mittleren Federn); das Schwarz der Spitzenhälfte oft am Schaft emporziehend bei den Weibchen Federn mehr schwarz	**32**
—	St. blauschwarz mit tropfenfürmigem, weißem Fleck; äußerste St. stark verlängert	**Rauchschwalbe**
32	St. über 5 cm lang	**Grünfink**
—	St. unter 5 cm lang	**Erlenzeisig**

Bestimmungshilfen für Gewöllepräparationen zur Ermittlung von Kleinsäuger-, Vogel- und Amphibienbeständen. Nur bei Nachtgreifen (Eulenvögeln) finden sich vollständig erhaltene Knochenreste!

Insektenfresser und Fledermäuse

Die Kiefer zeigen eine geschlossene Zahnreihe. Die vorderen Backenzähne tragen eine Spitze, die hinteren mehrere Spitzen.

1. Der Schädel hat Jochbögen.

Maulwurf (*Talpa europaea* L.)

Zahnformel: $\frac{3\,1\,4\,3}{3\,1\,4\,3} = 44\ Z$

Unterkiefer über 2 cm lang

Igel (*Erinaceus europaeus* L.)

Zahnformel: $\frac{3\,1\,2\,3}{3\,1\,2\,3} = 36\ Z$

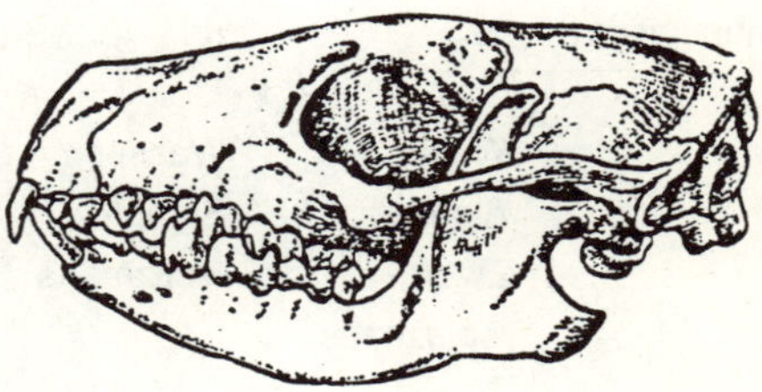

Unterkiefer 4,4 cm

Fledermäuse

Unterkiefer unter 2 cm lang

Oberschädel von Fledermäusen (Schädelaufsicht)

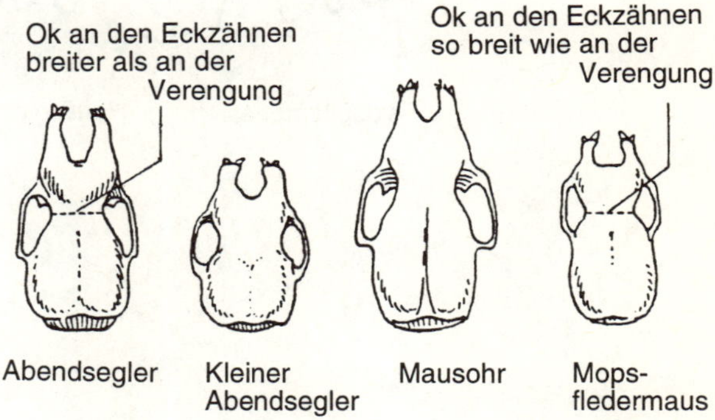

2. Der Schädel hat keine Jochbögen.

Spitzmäuse

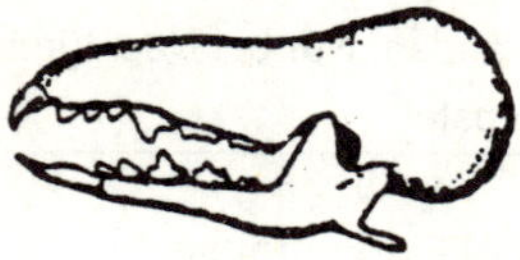

Unterkiefer 1,3 cm und kürzer

		Gattungen	
	Sorex	*Neomys*	*Crocidura*
Zahnformel:	3 1 3 3 ---------- 2 0 1 3	3 1 2 3 ---------- 2 0 1 3	3 1 1 3 ---------- 2 0 1 3
Zahl der Zähne:	32	30	28
1. Schneidezahn Uk	3 flache Höcker	1 flacher Höcker	ohne Höcker
Zahnspitzen	rot	rot	weiß
Arten	Wald-, Alpen-, Zwergspitzmaus	Wasser-, Sumpfspitzmaus	Feld-, Haus-, Gartenspitzmaus

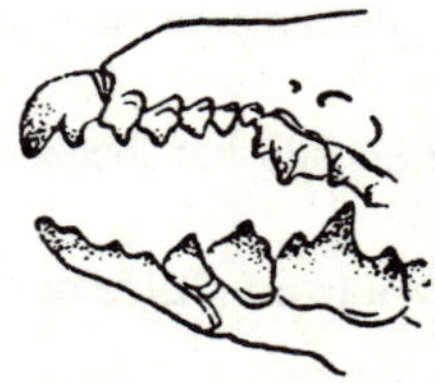

Gebiß der Waldspitzmaus

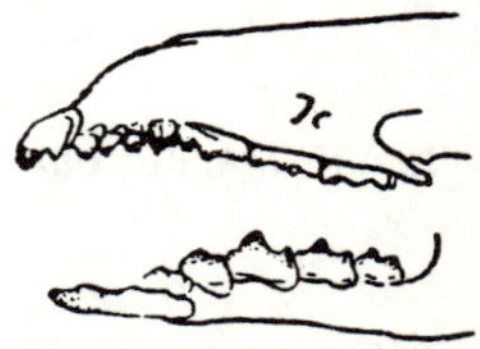

Gebiß der Feldspitzmaus

Feldspitzmaus

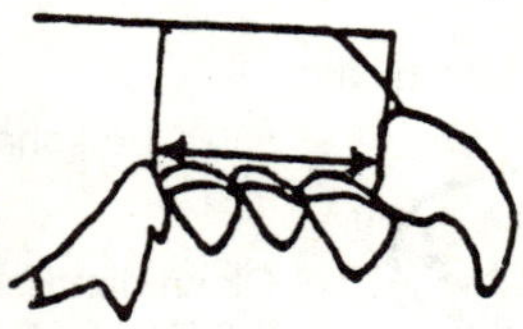

Hausspitzmaus

Nagetiere

Die oberen und unteren Schneidezähne sind als Nagezähne ausgebildet. Die Fangzähne (Canini) fehlen. Die Zahnreihe zeigt eine Lücke (Diastema). Die Backenzähne zerreiben und zerraspeln die Nahrung. Der Schmelzüberzug an den Nagezähnen, bei vielen Arten braun und orangerot gefärbt, befindet sich nur an der Vorderseite. Die Abnutzung ist an dieser Stelle geringer, und die Zähne behalten dadurch ständig ihre Schärfe. Die Reibeflächen der Backenzähne sind unterschiedlich ausgebildet.

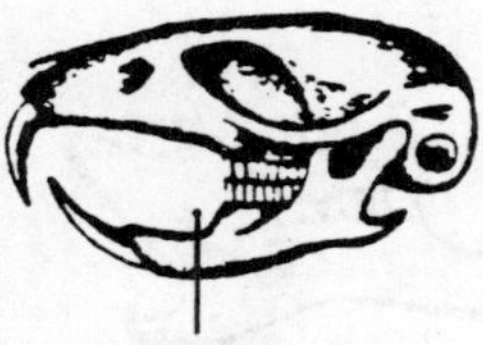

Diastema

Ausbildung der Kauflächen (Ok) bei verschiedenen Nagern

Ribbelmarken (Siebenschläfer) — Höcker (Waldmaus) — Schmelzprismen (Schermaus)

Schläfer

Die Schläfer haben ,,geribbelte`` Kauflächen. Ein gutes Erkennungsmerkmal ist beim Gartenschläfer und der Haselmaus die kantige, viereckige Form des Winkelfortsatzes am Uk.

Zahnformel: $\frac{1\,0\,1\,3}{1\,0\,1\,3} = 20\ Z$

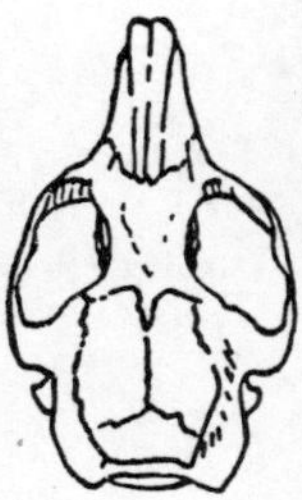

Schädel des Siebenschläfers
Länge 3,2 cm

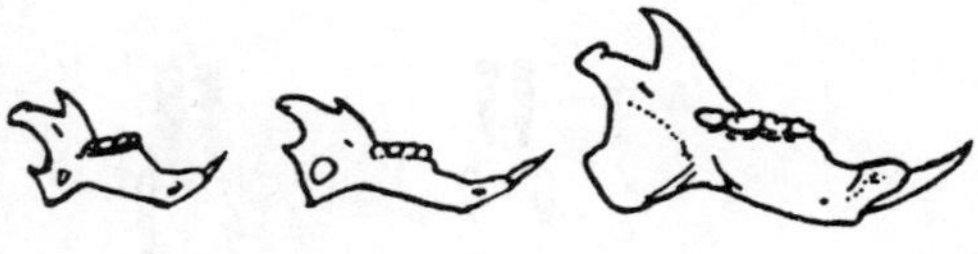

rechte Unterkiefer von

	Haselmaus	Gartenschläfer	Siebenschläfer
Uk-Länge	1,5 cm	2 cm	2,7 cm

Eichhörnchen (*Sciurus vulgaris* L.)

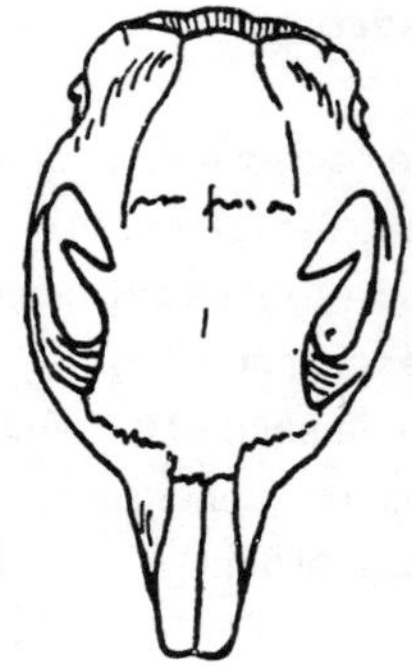

$$\text{Zahnformel: } \frac{1\,0\,2\,3}{1\,0\,1\,3} = 22\text{ Z}$$

Schädellänge 4,4 cm

Eichhörnchenschädel von oben

Echte Mäuse (Langschwanzmäuse)

Die Backenzähne haben Wurzeln und Schmelzhöcker.

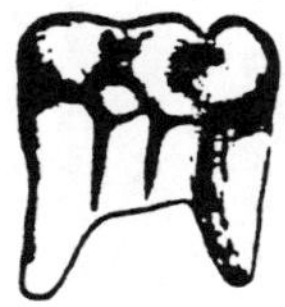

$$\text{Zahnformel } \frac{1\,0\,0\,3}{1\,0\,0\,3} = 16\text{ Z}$$

Brandmaus, Gelbhalsmaus, Waldmaus, Zwergmaus, Hausmaus, Hausratte, Wanderratte

Bei der Bestimmung ist besonders auf die Lage der Gaumenspalten zu achten:

1. Die Gaumenspalten (g) reichen nicht bis an die vorderen Zähne (m). Brand- und Zwergmaus, Wanderratte.
2. Die Gaumenspalten reichen bis an die vorderen Zähne. Wald- und Gelbhalsmaus, Hausratte.
3. Die Gaumenspalten reichen bis zwischen die vorderen Zähne. Hausmaus.

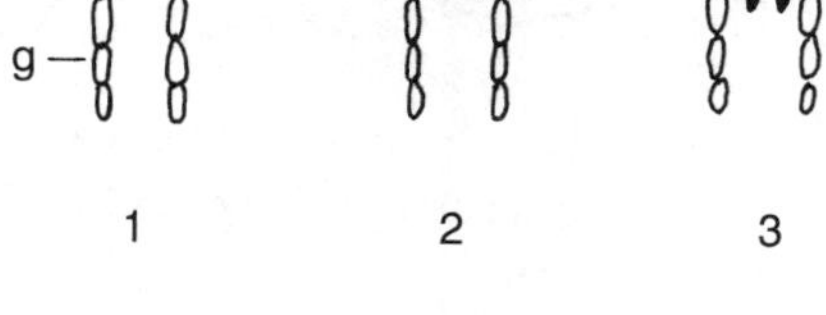

Gegenüberstellung von Haus- und Wanderratte

Die Hausratte hat kleinere Maße; sie ist in ihrem Bau schlanker und graziler als die Wanderratte.

1. Der Schnauzenteil ist bei der Hausratte stärker verjüngt.
2. Die Gaumenspalten reichen bei der Hausratte bis an die Zähne, bei der Wanderratte nicht.
3. Die Schädelleisten sind unterschiedlich geformt: bei der Hausratte verlaufen sie zum Hinterhaupt hin bauchig, bei der Wanderratte dagegen mehr parallel.

Schädel von oben

Wanderratte | Hausratte

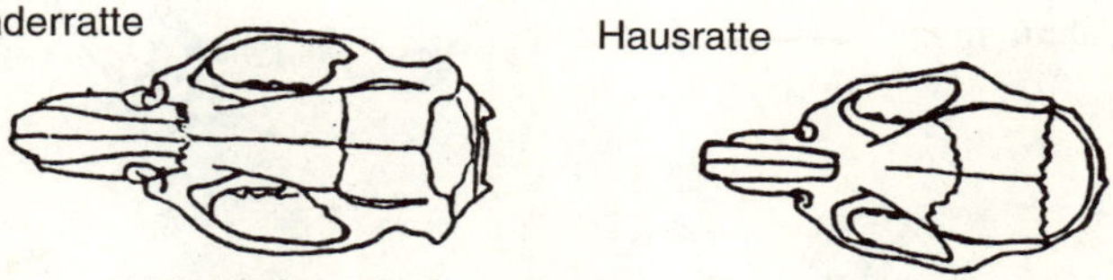

Unterkiefer 2,4 cm | 1,9 bis 2,1 cm

Hausmaus (*Mus musculus* L.)

Die Gaumenspalten reichen bis zwischen die Zähne.

Der obere Nagezahn weist hinter der Spitze einen rechtwinkligen Einschnitt auf.

Am Ansatz des Jochbeins (von der Kaufläche her gesehen) liegt eine knopfartige Erhebung über der Zahnreihe.

Nagezähne von

Wald-maus | Haus-maus

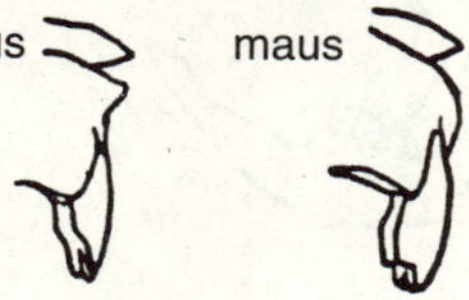

Schädel der Hausmaus von unten

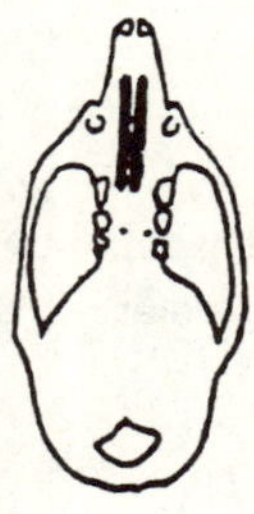

Schädel der Waldmaus (*Apodemus sylvaticus* [L.]) von oben

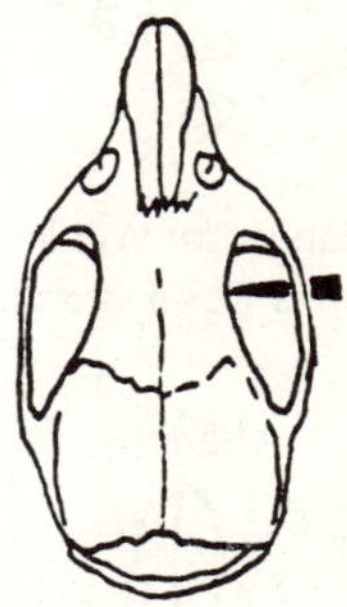

Beide Schädel ca. 2,0 cm

Unterkiefer 1,5 cm

Molaren im Oberkiefer

Waldmaus | Brandmaus | Hausmaus

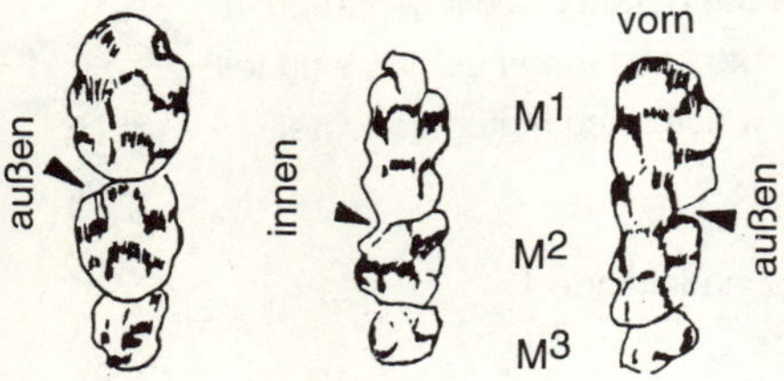

Wühlmäuse (Kurzschwanzmäuse)

Feldmaus (häufigste Art), Rötelmaus, Große Wühlmaus, Erdmaus, Nordische Wühlmaus

Die Backenzähne haben selten Wurzeln. Auf der Kaufläche befinden sich Scnmelzschlingen, an den Seiten Rillen. Anzahl und Form der Schmelzschlingen an den Backenzähnen ist ein wichtiges Bestimmungsmerkmal.

Zahnformel: $\frac{1\,0\,0\,3}{1\,0\,0\,3} = 16$ Z

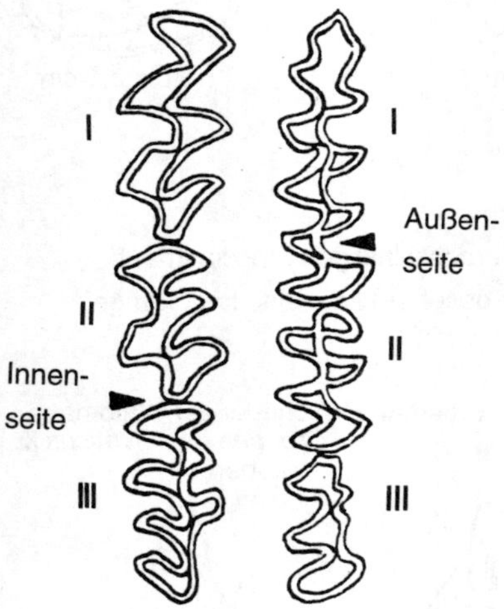

Zähne der Wühlmäuse (Feldmaus).
Links Oberkiefer, rechts Unterkiefer

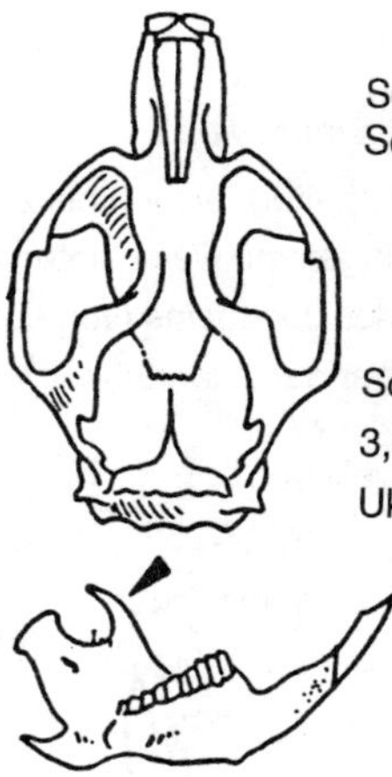

Schädel
Schermaus

Schädellänge
3,8 cm
Uk 3 cm

Stirnschädel

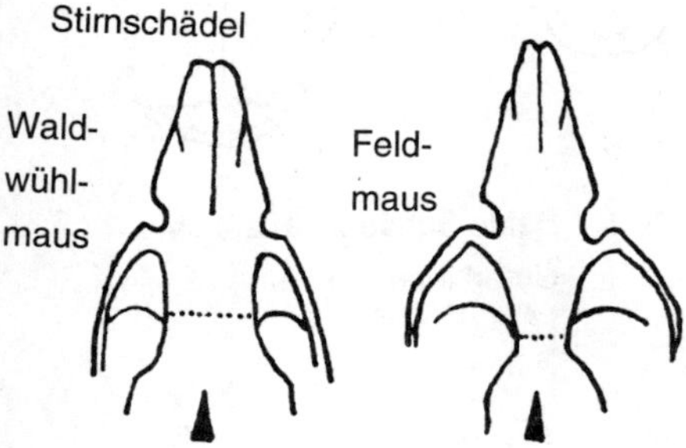

Waldwühlmaus (Rötelmaus)

Die Schmelzschlingen auf den Backenzähnen des Uk sind teilweise nach hinten gerichtet.

Uk rechts

Schädellänge
ca 2,4 cm
Uk ca. 1,6 cm

Vogel- und Amphibienreste

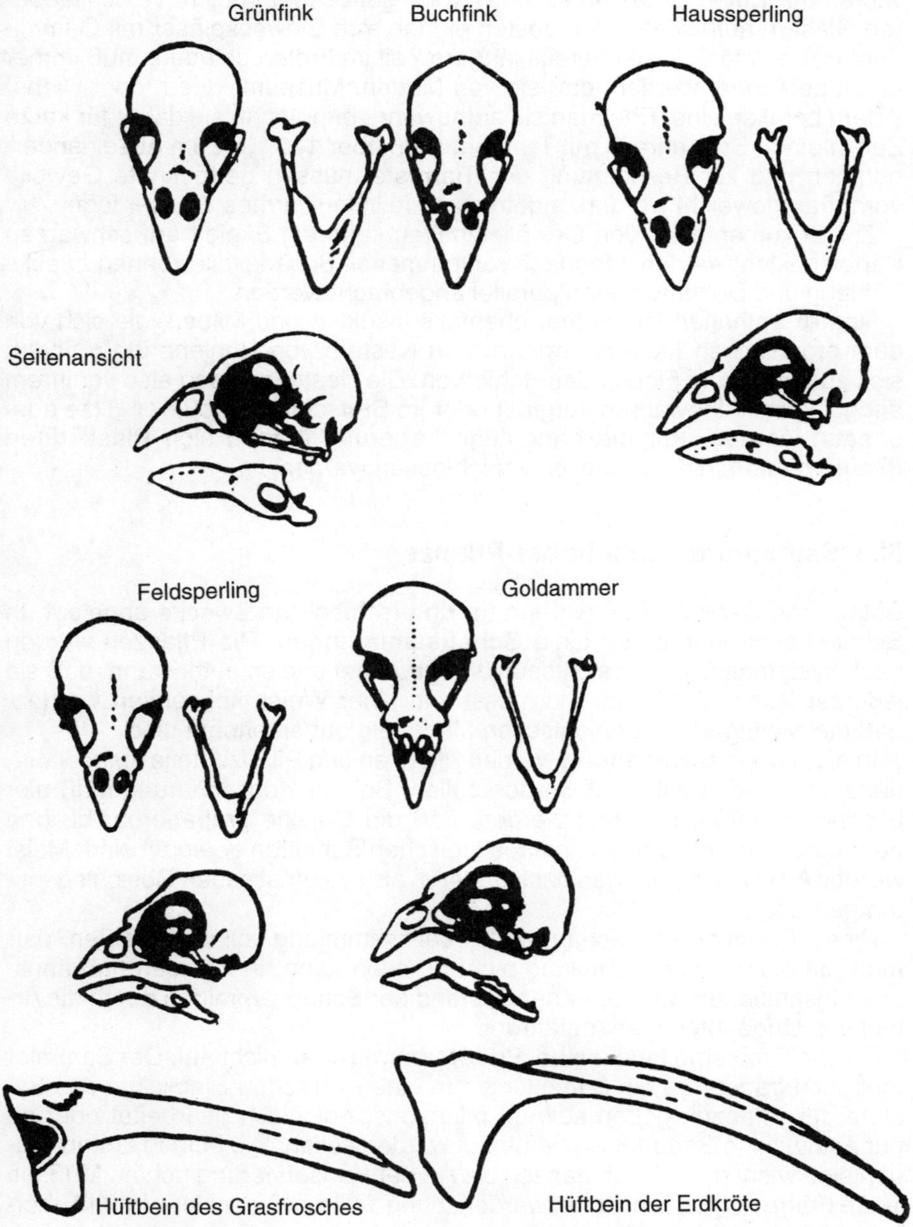

Gewölle werden am besten unter den Horsten oder Tagesschlafplätzen überwinternder Eulen gesammelt. Sie werden getrocknet in dicht verschließbaren Gläsern aufbewahrt. Am besten eignen sich Einweckgläser mit Gummiring. Haben die Gewölle bereits längere Zeit im Freien gelegen, muß immer damit gerechnet werden, daß sie von Motten, Museumskäfern oder Diebskäfern befallen sind. Ehe man sie aufbewahrt, bringt man sie daher für kurze Zeit in einen Brutschrank mit Temperaturen über 100 °C. Zum Auseinandernehmen und zur Bestimmung der Tierreste müssen getrocknete Gewölle vorher aufgeweicht werden, indem man sie in lauwarmes Wasser legt.

Zur Dokumentation von Gewölleinhalten kann ein Skelett auf schwarzen Karton geklebt werden. Mehrfach vorkommende Schädelteile können zwecks Zählung und Dokumentation parallel angebracht werden.

Nester enthalten fast immer ebenfalls Insekten und Milben, die sich von dem organischen Material ernähren. In Nestern von Höhlenbrütern finden sich zudem häufig Flöhe oder Flohlarven. Die Nester müssen also vor ihrem endgültigen Aufbewahren vergiftet oder im Brutschrank größerer Hitze ausgesetzt werden. Für die endgültige Lagerung eignen sich Plastiktüten (Gefrierbeutel), die hermetisch verschlossen werden.

III.3 Sammlungstechnik bei Pflanzen

Botanische Sammlungen werden für unterschiedliche Zwecke angelegt. In Schulen sind es in erster Linie **Schausammlungen**. Die Pflanzen werden nach systematischen Gesichtspunkten geordnet und so aufbewahrt, daß sie jederzeit zugänglich sind. Sie müssen in einer Weise konserviert werden, daß die wichtigen morphologischen Merkmale gut erkennbar sind.

In einer **Arbeitssammlung** werden Pflanzen und Pflanzenteile aufbewahrt, die später noch bearbeitet werden sollen. Bei der Konservierung muß hier besonders darauf geachtet werden, daß die Objekte präparierbar bleiben oder für die Anfertigung von mikroskopischen Schnitten geeignet sind. Meist werden Arbeitssammlungen nach anderen als systematischen Gesichtspunkten geordnet.

Diese Trennung von Schau- und Arbeitssammlung soll nicht heißen, daß man mit einer Schausammlung nicht arbeiten kann. In Schulen und ähnlichen Institutionen wäre aber der Bestand der Schausammlung durch die Arbeit von Ungeübten stark gefährdet.

Solche Probleme tauchen bei **Privatsammlungen** nicht auf. Der Sammler muß sich fragen, ob die Sammlung ihm einen vertieften Einblick in das System der Pflanzen geben soll, ob pflanzensoziologisch gearbeitet oder ob nur ästhetische Bedürfnisse befriedigt werden sollen. Die beiden ersten Fragen sind wichtig, weil sich danach die Art der Konservierung richtet. Muß die letzte Frage mit ja beantwortet werden, dann sollte sich der Naturfreund überlegen, ob er nicht die Sammlungstechniken in diesem Buch ausläßt und direkt im Kap. V unter Bilderfassung weiterliest. Vielleicht kommt er dann zur Erkenntnis, daß der ästhetische Genuß einer guten Pflanzenaufnahme auch sehr hoch anzusetzen ist. Und vielleicht wird aus dem Naturfreund dann ein Naturschützer, der darauf achtet, daß Pflanzen an ihrem natürlichen Standort verbleiben.

III.3.1 Konservierungsmethoden bei Pflanzen

Zwei grundsätzlich verschiedene Konservierungsverfahren müssen unterschieden werden. Bei der **Trockenkonservierung** wird den Pflanzen der größte Teil des Wassers möglichst schnell entzogen. Je schneller der Wasserentzug erfolgt, desto eher bleiben die natürlichen Farben und Formen erhalten. Zum Wasserentzug eignet sich saugfähiges Papier, das in Pflanzenpressen eingelegt wird, oder es werden chemische Trocknungsmittel verwendet.

Die beste Trockenkonservierung erreicht man durch die Gefriertrocknung vorgefrorener Objekte. Abb. III/23 gibt einen Überblick über den großen apparativen Aufwand dieser Methode.

Bei der **Naßkonservierung** bringt man die Pflanzen oder Pflanzenteile in eine Flüssigkeit, die keimhemmende Eigenschaften haben sollte und sich mit Wasser mischt. Die so eingelegten Pflanzen schrumpfen nicht, weil das Wasser in den Geweben allmählich durch die Konservierungsflüssigkeit ersetzt wird. Der Nachteil dieser Methode liegt darin, daß praktisch alle Konservierungsflüssigkeiten mit der Zeit die natürlichen Farben der Objekte auslaugen. Andererseits bleiben die Pflanzen weich und können jederzeit präpariert und geschnitten werden. Die meisten Pflanzen der Arbeitssammlung werden deshalb naß konserviert.

Bei der Herstellung von Medien für Unterrichtszwecke wird häufig ein weiteres Verfahren der Konservierung angewendet: der Einschluß in Kunstharz (vgl. Kap. III.1.3). Alle Pflanzen müssen jedoch vor dem Einschluß durch Trocken- und Naßkonservierung vorbehandelt werden.

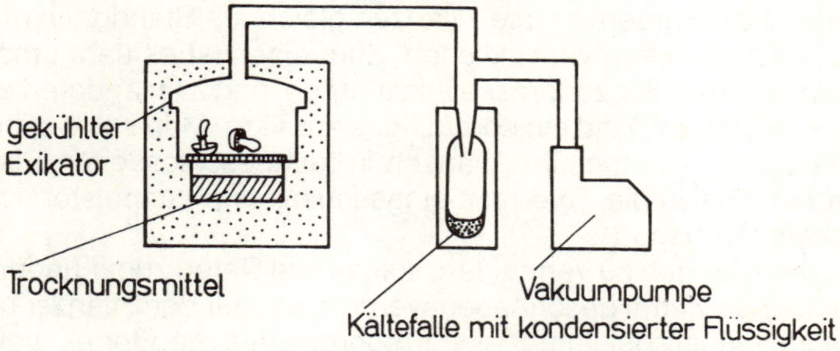

Abb. III/23: Apparatur zur Gefriertrocknung. (Nach Stehli/Brünner 1976, verändert.)

III.3.2 Herbarisieren, das wichtigste Verfahren zur Trockenkonservierung

Die vielen Herbarien (= Sammlungen getrockneter Pflanzen), die in aller Welt in Museen und Instituten angelegt wurden, sind für die Wissenschaft von unschätzbarem Wert. Kein Botaniker, ob er nun schwerpunktmäßig floristisch, taxonomisch oder ökologisch arbeitet, wird ohne Untersuchungen von Belegmaterial verschiedener Herbarien auskommen.

Fast alle höheren Pflanzen können herbarisiert werden, wenn sie nicht extrem fleischig und saftreich sind. Verhindert die Größe und Sperrigkeit des Vegetationskörpers das Herbarisieren ganzer Pflanzen, dann muß man sich mit Blüten oder Blättern begnügen. Herbarblätter sollten möglichst platzsparend gestapelt werden können.

III.3.2.1 Das Sammeln von Pflanzen für das Herbar

Beim Sammeln sollten folgende Regeln beachtet werden:

1. Naturschutzgesetze berücksichtigen (vgl. Kap. 0).
2. Bei mehrjährigen Pflanzen grundsätzlich keine Wurzeln ausgraben.
3. Nur sorgfältig ausgewählte Exemplare sammeln. Das bedeutet:
   - zuerst bestimmen
   - dann überprüfen, ob das Exemplar alle wesentlichen Merkmale zeigt (hängt auch vom Entwicklungsstand der Pflanze ab).
4. Alle Standortbedingungen notieren.
5. Gesammeltes Material möglichst schnell weiterverarbeiten.

Der Anfänger macht häufig den Fehler, zu viel Material zu sammeln. Er verläßt sich darauf, daß er zu Hause die Pflanzen nachbestimmen kann, und da nicht jede Pflanze alle Merkmale zeigt, werden möglichst viele Exemplare mitgenommen. Genau dieses Verhalten sollte aber ein verantwortungsbewußter Botaniker niemals zeigen. Also nur bereits bestimmte und sorgfältig ausgewählte Exemplare mitnehmen!

Die oft gestellte Forderung, die Pflanzen gleich am Standort in die Presse zu legen, läßt sich selten verwirklichen. Zum einen ist es sehr umständlich, dauernd eine große Pflanzenpresse mitzuführen, und zum anderen erschwert of Regen oder starker Wind ein sorgfältiges Arbeiten. Man sollte sich deshalb darauf einrichten, gesammelte Pflanzen in fest geschlossenen Plastiktüten mitzunehmen. Das in die Tüten mit eingeschlossene Luftpolster schützt die Pflanzen beim Transport.

Um Verwechslungen zu vermeiden, sollten alle Daten zum Fundort und zur Pflanze auf einen Zettel geschrieben werden, der mit der Pflanze in die Tüte gesteckt wird. Günstig ist immer eine Fotografie des Standortes (vgl. Kap. V) mit zusätzlichen pflanzensoziologischen Angaben (vgl. Kap. I.2).

III.3.2.2 Das Trocknen der Pflanzen

Die gesammelten Pflanzen werden möglichst schnell in Einlagebögen aus saugfähigem Fließpapier gelegt. Zur Not geht auch Zeitungspapier. Es sollten möglichst einmal gefaltete Doppelbögen im Format der verwendeten Pflanzenpresse sein. Also etwa 26 x 40 cm.

Die Pflanzen werden in möglichst naturgetreuer Anordnung in die Einlagebögen gelegt. Wichtige Merkmale sollten leicht zu erkennen sein. Einige Blätter werden umgedreht und Blüten sollten sowohl von oben als auch von unten und von der Seite gesehen werden. Während die eine Hand die Pflanze in der gewünschten Stellung hält, schließt die andere den Deckel des Einlagebogens. Tragen Pflanzenteile dick auf, wird mit dazugelegtem Papier ausgeglichen. Die fertigen Einlagebögen werden mit Zwischenlagen aus saugfähigem Papier (z. B. Löschpapier) gestapelt und in die Pflanzenpresse gelegt (vgl. Abb. III/24).

Eine **Pflanzenpresse** kann aus 2 Brettern bestehen, die mit Gewichten beschwert werden. Bei häufigerem Gebrauch sollte man sich eine Gitterpresse, wie in Abb. III/25 gezeigt, anschaffen. Mit Spannketten wird der Preßdruck eingestellt und durch die Gitter kann die Abgabe von Feuchtigkeit schneller erfolgen. Die Zwischenlagen müssen öfters erneuert werden, bei sehr saftigen Pflanzen schon nach Stunden. Normalerweise genügt ein täglicher Wechsel, der nach etwa 4 Tagen auch auf einen 2-3-Tage-Rhythmus umgestellt werden kann. Nach etwa 2 Wochen sind die Pflanzen ausreichend trocken.

Neben diesem Standardverfahren wurden viele Methoden entwickelt, um den Trocknungsvorgang zu beschleunigen (vgl. STEHLI/BRÜNNER 1976). Alle Verfahren, die dieses Ziel erreichen, ohne daß das Pflanzenmaterial zu stark schrumpft oder sonst geschädigt wird, können als gut bezeichnet werden.

Eine Reihe von Pflanzen müssen vor dem Einlegen noch besonders behandelt werden. Zwiebeln und Wurzelstöcke oder dicke Blütenköpfe werden

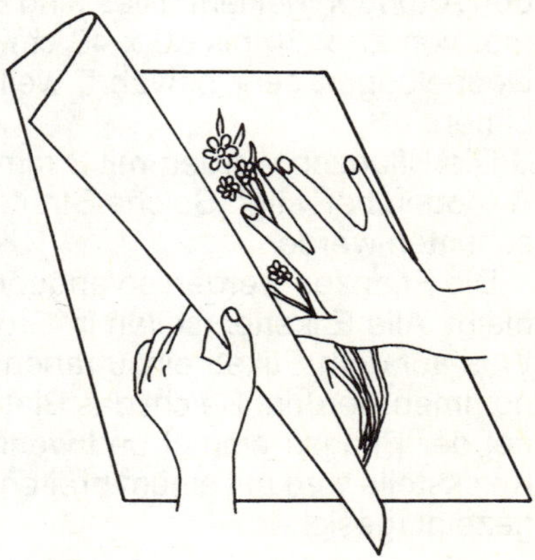

Abb. III/24: Das Einlegen der Pflanzen in Einlageböden.

Abb. III/25: Gitterpresse mit Spannketten.

halbiert. Saftreiche Früchte werden angeritzt, damit sie die Gewebs- und Zellflüssigkeit schneller abgeben. Blätter von Sukkulenten werden beim Pressen meist gelb. Dies ist auf die autolytische Wirkung von Enzymen beim langsamen Absterben zurückzuführen. Andere Pflanzen werden aus dem gleichen Grund schwarz. Hier kann ein kurzzeitiges Erhitzen Abhilfe schaffen. Bei derben Pflanzen genügt das kurze Eintauchen in kochendes Wasser. Empfindlichere Pflanzen werden mit dem Einlagebogen auf einem Gitter einige Minuten über kochendes Wasser gehalten. Auf diese Weise werden die Enzymsysteme der Pflanzen funktionsuntüchtig gemacht.

III.3.2.3 Der Artbogen

Nach der Entnahme aus der Presse werden die getrockneten Pflanzen auf den Artbogen geklebt. Dies sind Bögen aus kräftigem Papier mit einem Format von 22 x 34 bis 30 x 43 cm. In der Praxis haben sich einmal gefaltete Doppelbögen sehr bewährt, weil sie den Pflanzen einen besseren Schutz bieten.

Die Pflanzen werden mit 3 mm breiten selbstklebenden Streifen auf dem Artbogen befestigt. Solche Streifen können aus Selbstklebeetiketten ausgeschnitten werden.

Die Pflanzen werden so angeordnet, daß rechts unten Platz für das Etikett bleibt. Alle Etiketten sollen in Größe und Anordnung des Textes gleich sein. Was auf dem Etikett einzutragen ist, kann dem Beispiel der Abb. III/26 entnommen werden. Reicht das Blatt für die Pflanze nicht aus, so wird der Stengel der Pflanze einmal und wenn nötig mehrere Male scharf geknickt. Die Knickstelle wird mit einem breiten und geschlitzten Streifen, wie in Abb. III/26 gezeigt, gesichert.

Die Klebestreifen werden an mehreren Stellen um Stengel und Blattstiele geklebt. Dabei ist darauf zu achten, daß die Streifen um die ganze Rundung des Stengels angedrückt werden. Blätter sichert man, indem Streifen quer über die Blattspitzen geklebt werden. Die Artbogen faßt man dann zu Gattungen oder Familien zusammen, indem sie in andersfarbige Doppelbögen aus dünnerem Material eingeordnet werden. Alles zusammen wird dann in einer Herbarmappe aufbewahrt. Diese kann aus 2 Pappdeckeln bestehen, die durch Gurte zusammengehalten werden.

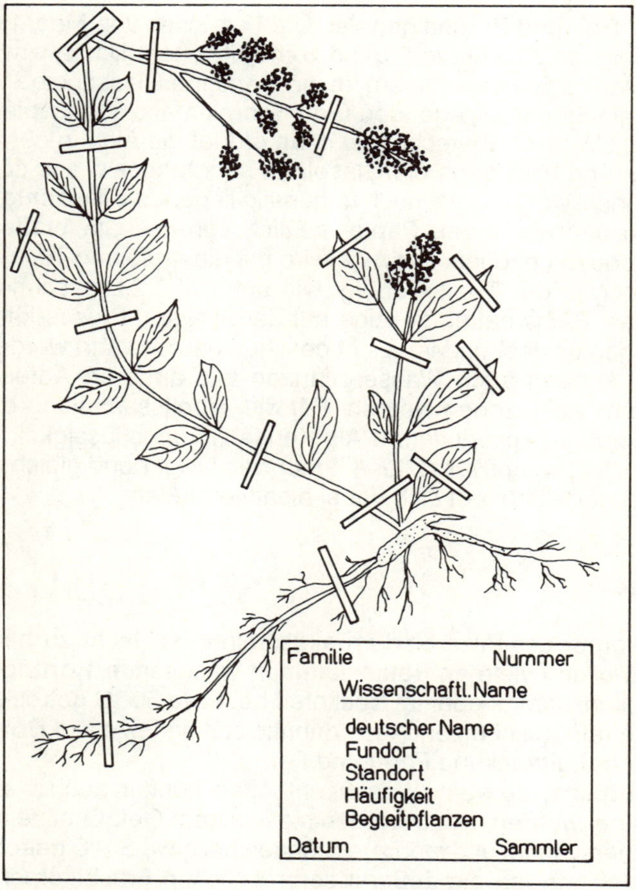

Abb. III/26: Muster eines Artbogens. (Nach Stehli/Brünner 1976, verändert.)

III.3.3 Die systematisch geordnete Sammlung

Wie bereits angedeutet, können botanische Sammlungen auf Grund unterschiedlicher Einteilungskriterien geordnet werden. Neben systematischen sind ökologische, soziologische und auch ökonomische Ordnungssysteme möglich. Meist wird die Sammlung jedoch systematisch gegliedert.

In der folgenden Übersicht wird gezeigt, wie Vertreter aus verschiedenen Abteilungen des Pflanzenreichs zu sammeln und zu konservieren sind. Dabei soll sowohl die Schau- als auch die Arbeitssammlung berücksichtigt werden.

III.3.3.1 Algen

Viele Grün-, Rot- und Braunalgen des Uferbereiches von Meer und Binnengewässern eignen sich hervorragend zum Aufziehen. Dazu verwendet man flache Schalen (z. B. Fotoschalen), in die man eine Glasscheibe von DIN A 4 Format mit einem daraufliegenden Blatt Schreibmaschinenpapier legt. Dies wird dann mit Wasser überschichtet. Man ordnet die Alge in der gewünschten Form an und hebt dann die Glasplatte sehr langsam aus dem Wasser. Mit einem Pinsel werden jetzt noch ungünstig liegende Pflanzenteile zurechtgerückt und dann wird das Papier seitlich von der Glasplatte auf einen Fließpapierbogen gezogen. Die Alge wird mit einem feinen Tuch abgedeckt. Die Trocknung in der Presse erfolgt wie unter III.3.2.2 beschrieben. Nach Abziehen des Tuchs haftet die Alge auf dem Papier. Dieses kann jetzt auf einen Artbogen geklebt und vor Licht geschützt aufbewahrt werden. In ähnlicher Weise können auch Wasserpflanzen aus anderen Abteilungen des Pflanzenreichs aufgezogen werden. Für die Arbeitssammlung empfiehlt es sich, Algen naß zu konservieren. Als Konservierungsflüssigkeit eignet sich 70%iger Alkohol, wobei vergällter Alkohol weit billiger und gleich gut ist. Das Ausbleichen der Algen läßt sich dabei nicht verhindern.

III.3.3.2 Pilze

Die Fruchtkörper der Pilze sind im allgemeinen schlecht zu herbarisieren. Ausnahmen bilden viele an Baumstämmen wachsende **Porlinge**. Sie werden im Trockenschrank oder im Backofen bei etwa 50 °C getrocknet, um sie vor Insektenfraß zu schützen. Auch dünnfleischige Pilze wie **Boviste** behalten nach einer Lufttrockung Form und Farbe.

Kleine Hutpilze, die wenig Wasser enthalten, können auch in einem Sandbad getrocknet werden. Dazu werden sie in einem Gefäß mit feinstem Sand vorsichtig überschüttet und mehrere Stunden bei etwa 50 °C getrocknet. Nach dem Abkühlen werden die äußerst zerbrechlichen Fruchtkörper vom Sand befreit und in Glasgefäße eingeschlossen.

Gut zur Aufbewahrung in einem Herbar sind **Sporenbilder** von Pilzen geeignet. Dazu verwendet man junge Fruchtkörper von Blätter- oder Röhrenpilzen, deren Hüte sich gerade erst entfaltet haben. Die Hutränder sollten möglichst noch weich sein. Der Stiel wird abgeschnitten und der Hut auf ein Papier gelegt. Bei weißen Sporen ein schwarzes, bei dunklen Sporen ein weißes Papier. Über das Ganze wird eine Glasglocke gestülpt. Ein Kontrollpilz, der daneben gelegt und öfters kontrolliert wird, zeigt an, wann alle Sporen ausgefallen sind. Dann hebt man den Pilz vorsichtig vom Papier ab und besprüht das Sporenbild aus etwa 50 cm mit Fixativspray (auch Haarspray ist geeignet). Über das Blatt sollte man noch eine selbstklebende Klarsichtfolie spannen, um so das Sporenbild völlig wischfest zu machen.

III.3.3.3 Flechten

Flechten werden am besten in Papiertaschen aufbewahrt. Dazu faltet man einen DIN A 4 Bogen einmal auf DIN A 6 Format. Dann werden die Ränder so eingefalzt, daß eine Papiertasche in Postkartenformat entsteht. Auf der Vorderseite werden alle Angaben wie auf den Herbaretiketten eingetragen. Diese Papiertaschen mit den Flechtenarten können in Karteikästen oder in Schuhkartons einsortiert werden.

Bei den Flechten unterscheidet man Gallertflechten, Strauchflechten einschließlich der Bart- und Bandflechten, Blattflechten und Krustenflechten. Entsprechend unterschiedlich muß beim Sammeln und Herbarisieren vorgegangen werden. Größere **Strauch- und Blattflechten** werden in feuchtem Zustand zwischen saugfähiges Papier gelegt und unter sehr leichtem Druck getrocknet. Kleinere Strauchflechten und alle **Krustenflechten** werden zusammen mit einem Teil ihrer Unterlage herbarisiert. Dazu müssen Rindenstücke abgeschnitten oder Gesteinsstücke weggeschlagen werden. Bei **Erdflechten** wird das Zerfallen der Erdprobe verhindert, indem die Erde in flüssiges Paraffin getaucht wird.

III.3.3.4 Moose

Moose werden wie Flechten in Papiertaschen (s. oben) herbarisiert. Beim Sammeln ist darauf zu achten, daß möglichst Pflanzen mit Kapseln ausgesucht werden. Bei Moosen, die dichte Polster bilden, wie z. B. das Weißmoos (*Leucobrium glaucum*), können die Polster ausgeschnitten werden, um den Aufbau deutlich zu machen. Beim Trocknen unter leichtem Druck ist die Anordnung der einzelnen Moospflänzchen nicht bedeutsam. Moose sind wechselfeuchte Pflanzen, die bei Austrocknung in einer Art Trockenstarre fallen. Bei Wiederbefeuchtung, auch nach längerer Trockenzeit, erlangen die Moose ihren vitalen Zustand schnell zurück. Will man im Unterricht mit Moosen arbeiten, so werden die Pflanzen dem Herbar entnommen und in Wasser gelegt. Nach kurzer Zeit können sie wie Frischmaterial untersucht werden.

III.3.3.5 Farne und Samenpflanzen

Die meisten Farne und Samenpflanzen werden wie unter III.3.2 beschrieben herbarisiert. Für Farne empfiehlt sich jedoch ein größeres Format der Artbögen. Bei Nacktsamern macht man meist die Erfahrung, daß die Nadeln sich nach kurzer Zeit ablösen. Deshalb werden Nadelhölzer in feuchtem Zustand angetrocknet. Dann bestreicht man die Rückseite des Zweige mit einem transparenten Kunstharzkleber und klebt den Zweig auf den Artbogen. Der wird dann zwischen Fließpapier gut beschwert weiter getrocknet.

III.3.3.6 Lagerung eines Herbars

Herbarien sollten kühl und trocken gelagert und regelmäßig durchgesehen werden. Trocken konservierte Pflanzenteile zwischen eng aufeinanderliegenden Herbarbögen können einer Reihe von Schädlingen gute Lebensbedingungen bieten. Teppichkäfer (*Anthrenus scrophulariae* L.), Tabakkäfer (*Lasioderma serricorne* F.) und Mottenarten der Gattung *Ephestia* können das Herbar stark gefährden. Die einfachste Vorsichtsmaßnahme ist eine mehrstündige Lagerung im Wärmeschrank bei 50 °C. Diese Behandlung bietet jedoch keinen Dauerschutz. Sie muß von Zeit zu Zeit wiederholt werden. Einen besseren und länger anhaltenden Schutz bieten Fraßgifte. Das früher verwendete Sublimat (Quecksilber II Chlorid) wird heute wegen seiner starken Giftigkeit nicht mehr verwendet. Dafür wird eine 4%ige Lösung von Pentachlorphenyllaurat (als Mystox LPL im Handel) vorgeschlagen, mit der die Pflanzen einzupinseln sind. Wenn man aber weiß, daß das ebenfalls fungizid und insektizid wirkende PCP (Pentrachlorphenol) in Holzschutzmitteln wegen gesundheitlicher Gefahren verboten wurde, muß man sich fragen, was wichtiger ist: das Herbar oder die eigene Gesundheit. Deshalb sollte man auf Fraßgifte in einem Herbar, mit dem viel gearbeitet wird, ganz verzichten.

IV. Mikrotechnik

IV.1 Frischpräparate

IV.1.1 Einfache Lebenduntersuchungen und Direktverfahren

Einzeller, Rädertiere, Bakterien oder kleine Parasiten – letztere kann man häufig auf und in der Kiemenregion von Fischen oder im Darm von Wirbellosen und Wirbeltieren finden – werden am besten im hängenden Tropfen untersucht (Abb. IV/1). Dazu verwendet man einen Objektträger mit Hohlschliff. In die Deckglasmitte wird die Untersuchungsflüssigkeit getropft, das Deckgläschen umgedreht und auf den Kunststoffring aufgelegt. Das Präparat kann für längere Beobachtungen mit einem Vaselinering abgedichtet werden. Wenn man Algenfäden mit aufsitzenden Rädertieren in die Kammer bringt, so muß der umgebende Luftraum ausreichend groß sein. Die Präparate dürfen nicht extremen Temperaturen ausgesetzt sein. Deshalb untersucht man in einem kühlen Raum unter Verwendung einer möglichst kühlen Lichtquelle oder eines Mikroskopspiegels.

Zur Herabsetzung der Bewegungsgeschwindigkeit bei Einzellern verwendet man mit Wasser stark verdünnte Nährsalzlösungen (z. B. den flüssigen Pflanzendünger „Substral"). Die Verdünnung muß jeweils neu für einzelne Arten getestet werden. Sie liegt in der Regel zwischen 1:30 bis 1:100, je nach Tiergröße und Art.

Soll zwischen Cytoplasma und Kern im Lebendzustand differenziert werden, so benutzt man 3-5%ige Essigsäure, 2%iges Fuchsin oder 1%iges Neutralrot. Wenn sich der Kern anfärbt, beginnt die Zelle abzusterben. Lebhafte Einzeller können auch gut beobachtet werden, indem man eine hauchdünne Wattelage auf einen feuchten Objektträger drückt, einen Tropfen mit dem Untersuchungsmaterial vorsichtig mit einer Pipette darauf gibt und ein Deckglas darauflegt. Die Tiere bleiben infolge der gekreuzten Wattefäden in kleinen, künstlichen Kammern eingesperrt. Nun kann man zusätzlich noch die Betäubungsflüssigkeit oder Farbstofflösungen durchsaugen (Abb. IV/2).

Zur Untersuchung der Wachstumsgeschwindigkeit und der Vermehrungsrate von Mikroorganismen in kurzen Zeitabständen wird anstelle des hängenden Tropfens ein Stück Agarnährboden mit Wasser auf das Deckglas aufgeklebt und mit Mikroorganismen (Schimmel, Bodenpartikel, Kolonie einer Agarplatte) beimpft. Es muß steril gearbeitet werden. Vergleiche dazu Kap. IV.3. Eine Direktuntersuchung von Mikroorganismen auf Bodenkrümeln, Holz- und Blattstücken ist unter dem Stereomikroskop rasch durchführbar. Dazu müssen die Präparate nicht abgedeckt werden. Für eine Durch- und Auflichtuntersuchung kann man zur raschen Ermittlung der Besiedlungsdichte eine spezielle Färbung verwenden: 15 ml 5%ige, wäßrige Phenollösung +1 ml 6%ige wäßrige Anilinblaulösung + 4 ml Eisessig; Lösung nach 1 Stunde filtrieren, Probekrümel 1 Stunde in einem in die Lösung getauchten Teesieb aus Plastik färben. Der Farbüberschuß wird entfernt, indem man die Probe vorsichtigt in Wasser eintaucht. Die Untersuchung kann bei guter Beleuchtung sogar unter dem Stereomikroskop erfolgen. Dabei bleibt die Probe im Sieb.

Als Einführung in das mikroskopische Arbeiten anhand der Erarbeitung des Zellbegriffs wird auf botanische und einfache zoologische Präparate zurückgegriffen (mit Iod angefärbtes Zwiebelhäutchen; abgeschabte Epithelzellen von der Wangeninnenseite des Mundraumes, die mit wäßrigem Methylenblau angefärbt werden).

Diese Untersuchungen sollten durch stereomikroskopische Untersuchungen ergänzt werden. Der räumliche Eindruck von Zellgrenzen und der plastische Eindruck z. B. bei Epidermisuntersuchungen und die Erkundung von Oberflächenstrukturen, bei denen Zellgrenzen deutlich hervortreten (z. B. Moosblättchen), lassen erst erkennen, welche Abstraktion eine optische Schnittebene darstellt.

Starke Vergrößerungen sind mit Stereomikroskopen jedoch nicht möglich, man wird bei Frischpräparaten immer auf gute Mikroskope mit großem Auflösungsmöglichkeiten angewiesen sein.–

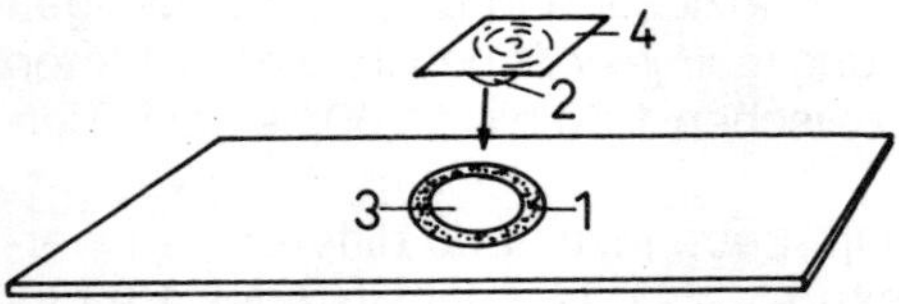

Abb. IV/1: Hängetropfenpräparat auf Kunststoffring. 1 Kunststoffring, 2 Flüssigkeitstropfen, 3 Luftraum, 4 Deckglas.

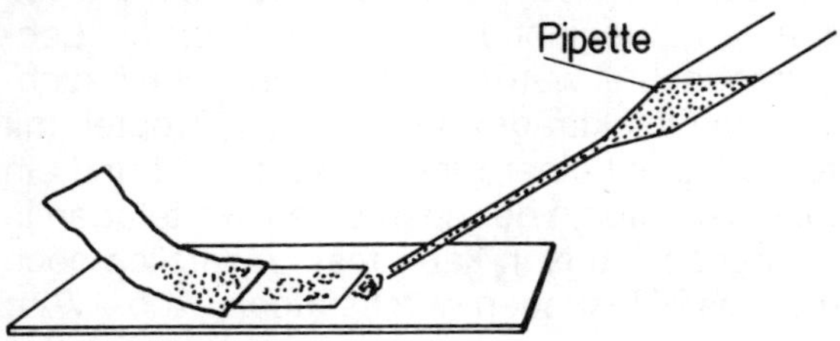

Abb. IV/2: Durchsaugen einer Flüssigkeit durch ein Frischpräparat.

Eine besondere Form der Färbung stellt eine Methode dar, bei welcher die Objekte während der Färbung absterben, die sogenannte Supravitalfärbung. Mit einem Mikroskop, das mit einer Ölimmersion für starke Vergrößerungen ausgerüstet ist, kann man dies nachverfolgen. Chlorophyllfreie Zellen (z. B. Zwiebelhäutchen oder Zellsuspension von Vegetationskegeln) werden mit Janusgrün beschichtet (vgl. Abb. IV/2). Während der Zelltod eintritt, werden die Mitochondrien angefärbt.

IV.1.2 Handschnitte und einfache Nachweisreaktionen

Die Anfertigung von Handschnitten ist in der botanischen Mikrotechnik unerläßlich. Dünnschnitte unter 15 µm werden mit dem Mikrotom, einem Gerät zur automatischen Dünnschnittherstellung, geschnitten (Kap. IV.2). Wenn die Objekte bis zur Bearbeitung längere Zeit aufbewahrt werden sollen oder für die Schnittanfertigung zu weich sind, gibt man sie in ein Alkohol-Formalin-Eisessig-Gemisch:

Ethanol (Spiritus), 70%ig	90 ml
Eisessig	5 ml
Formol, 40%ig	5 ml

Dieses Fixiergemisch eignet sich für die Fixierung anatomisch wichtiger Lagebeziehungen.

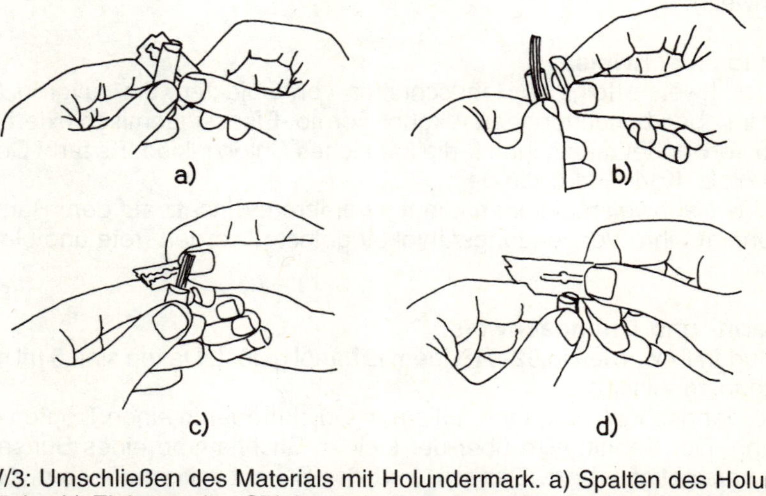

Abb. IV/3: Umschließen des Materials mit Holundermark. a) Spalten des Holundermarkstücks, b) Einlegen des Objekts zwischen die beiden Spalthälften, c) Herstellen einer Schnittfläche, d) Schneiden.

Für cytologische Untersuchungen verwendet man ein Alkohol-Eisessig-Gemisch:

Alkohol (ca. 92%ig)	75 ml
Eisessig	25 ml

Die zu schneidenden Objekte hält man zwischen Daumen, Zeige- und Mittelfinger der einen Hand, mit der anderen Hand zieht man die Rasierklinge über die Schnittfläche. Drückt man die Rasierklinge durch das Objekt, so entstehen zu dicke Schnitte. Die Handgelenke liegen beim Schneiden locker auf der Tischkante. Es werden stets mehrere Schnitte angefertigt und mit einem Pinsel in ein Schälchen mit Wasser gelegt.

Danach legt man die Schnitte auf einen Objektträger, der zuvor mit einem Tropfen Wasser versehen wurde. Dann wird das Deckglas von der einen Seite aus an den Tropfen angelegt und mit einer Präpariernadel oder Pinzette vorsichtig, ohne Luftblasenbildung, abgesenkt. Viele pflanzliche Objekte sind dünn oder unhandlich. Deshalb klemmt man sie zwischen Holundermark und schneidet sie von diesem Umschließungsmittel aus an (Abb. IV/3).

In der folgenden Aufstellung sind einfache und gängige Nachweisreaktionen für botanisch-anatomische Untersuchungen zusammengestellt:

Ligninnachweis:
5 g Phloroglucin werden in 100 ml 92-94%igem Ethanol gelöst. Davon läßt man einen Tropfen ca. 1 Minute auf den Schnitt einwirken. Danach saugt man einen Tropfen konzentrierte, aber nicht rauchende Salzsäure unter dem Deckglas durch. Dabei färben sich die verholzten Zellwände rot an (Xylem-Nachweis).

Cellulosenachweis:
Der Nachweis erfolgt an Handschnitten von Objekten, die zuvor in Alkohol oder im oben beschriebenen Alkohol-Formol-Eisessiggemisch fixiert wurde. Dazu verwendet man schon fertig käufliches Chlorzinkiod. Es färbt Cellulose blau, Holz, Kork und Cutin gelb.

Beide Nachweisreaktionen können vor ihrem Einsatz auf dem Rand einer Zeitung auf ihre Verwendungsfähigkeit getestet werden (rote und blaue Reaktion).

Suberin- und Cutinnachweis:
2 g Sudan IV werden in 92-94%igem Ethanol gelöst. Davon sind 5 ml mit 5 ml Glycerin zu mischen.

Die Handschnitte kommen auf einen Objektträger in einen Tropfen der Mischung. Der Schnitt wird über der kleinen Stichflamme eines Bunsenbrenners vorsichtigt erhitzt. Danach wird der Schnitt mit verdünntem Glycerin ausgewaschen und in derselben Lösung untersucht.

Kork und Cutin sind rot gefärbt.

Nachweis von Lignin und Zellulose mit Polarisationsfolien:
Ein ökonomischer Vergleich mit den oben beschriebenen Methoden ist mit Polarisationsfolien möglich (z. B. Fa. Selzle, Taufkirchen). Dazu wird eine Folie als Polarisator dem Kondensor des Mikroskops aufgelegt, ein anderes, zugeschnittenes Stück wird in den Blendenring des Okular eingelegt. Wenn man durch Okulardrehung eine Polarisation herbeiführt, so lassen sich Cellulose- und Ligninanteile differenzieren.

Pektine:
Die Schnitte werden mit Eau de Javelle gebleicht. Dann färbt man 10 Minuten mit Methylenblau (1 g auf 100 ml destilliertes Wasser). Die Pektinfärbung fällt blau aus.

IV.1.3 Schnellmethoden zur Chromosomenuntersuchung

Für die einfachen Schnellmethoden werden zunächst Vorschläge für Untersuchungsobjekte gemacht und anschließend die Farblösungen beschrieben.

Dipterenlarven (z. B. *Drosophila*, aber auch viele andere; *Culex*- und Tipulidenlarven eignen sich ebenfalls; vgl. dazu Kap. II.3.3):

Man entnimmt den mit Ethylacetat narkotisierten Larven die Speicheldrüsen, indem man sie in einen Tropfen Karmin-Essigsäure (K.E.) auf den Objektträger bringt und mit einer Pinzette mit einem Ruck den Kopf abtrennt. Man kann auch den Kopf abschneiden, während man auf den Körper drückt, so daß die Speicheldrüsen hervorquellen. Die am Kopfbereich oder Rumpf hängenden Drüsen löst man ab, bringt sie in einen neuen Tropfen K.E. und färbt 10-15 Minuten. Dann wird das Deckglas aufgelegt, überschüssige K.E. abgesaugt und das Deckglas leicht angedrückt, so daß die Drüsen flach ausgebreitet werden. So ist eine erste Übersicht möglich. Für weitere Untersuchungen überträgt man die Drüsen in 45%ige Essigsäure, der etwas K.E. zugesetzt wurde, und legt ein Deckglas auf. Dieses darf weder schwimmen, noch darf die Adhäsion zu stark sein, da man den Zellverband kontrolliert sprengen sollte. Dazu klopft man das Deckglas vorsichtig so lange, bis die Speicheldrüse in einzelne Zellen zerfällt. Man isoliert die Einzelzellen durch vorsichtiges Verschieben des Deckelglases. Danach kann man die Zellen durch verstärkten Druck auf das Deckglas bzw. durchAbsaugen der 45%igen Essigsäure sprengen. Die Riesenchromosomen werden annähernd in einer Ebene sichtbar.–

An Dipterenlarven kann man außerdem in Zupf- und Quetschpräparaten Mitosen im Gehirnganglion untersuchen. Der Vorteil liegt in der geringen Chromosomenzahl begründet; nachteilig ist jedoch, daß die Chromosomen sehr klein sind.

Weitere Mitosen sind bei älteren Feldheuschreckenlarven und Imagines von Mai bis Oktober zu erkennen. Dazu werden die spermatogonialen Mitosen oder

Mitosen im Ei-Follikelepithel untersucht. Man fertigt Zupf-Quetschpräparate an. Bei den ganzen freipräparierten Eischläuchen entfernt man die ältesten zu dikken Eier. Die Chromosomen sind groß. In der Regel kann man bei den Männchen ein x-Chromosom, bei den Weibchen zwei x-Chromosomen erkennen.

Bei den durchsichtigen *Asplanchna*-Arten (Rädertiere), die man aus Plankton bis in den Herbst kleinen Tümpeln entnehmen kann, sind nach einer Alkohol-Eisessigfixierung Eifurchungen in K.E. vorzüglich zu untersuchen.

Meiosestadien untersucht man in Quetsch- und Zupfpräparaten der Hodenschläuche von Feldheuschrecken und Wanzen. Bei letzteren eignen sich Lygaeiden (Ritterwanzen). Vorsichtig beim Fang, diese Tier stechen empfindlich! Blatt- und Lederwanzen sind aber ebenfalls zu verwenden. Die Chromosomen ordnen sich bei diesen Tieren oben in der Äquatorialebene und sind deshalb leicht zu zählen.

Anstelle der Färbung mit K.E. kann auch Orcein-Essigsäure verwendet werden. Diese färbt das Plasma weniger stark als K.E.!

Bei Pflanzen eignen sich Wurzelspitzen der Küchenzwiebel, Tulpen, Hyazinthen, die man 6 Tage vorher in Wasser ansetzt und dann sehr früh morgens erntet, bis zur Weiterbehandlung in Eiswasser legt und dann in Alkohol-Eisessig fixiert. Diese Objekte werden nach der Kochmethode weiterbehandelt. Dazu fixiert man die Wurzelspitze in Alkohol-Eisessig. Es ist zu empfehlen, die Wurzelspitzen mit einer scharfen Rasierklinge mehrfach längs zu schneiden. Darauf kocht man die Objekte ca. 2 Minuten lang in K.E. ohne Deckglas; nicht austrocknen lassen! Nach dieser Mazeration drückt man vorsichtig auf das aufgelegte Deckglas, so daß sich eine dünne, regelmäßige Schicht bildet. Damit der Druck senkrecht ausgeübt wird, kann man den Objektträger samt Deckglas gegen eine dicke Schicht Filterpapier drücken. Wenn zuvor ausreichend gekocht wurde, so enthalten die Präparate genügend Zellgruppen in dünner Schicht. Junge Blütenhüllblätter vom Maiglöckchen, von Lilien, *Tradescantia* u.a. besitzen an der Basis leicht untersuchbare Meristeme, die man ohne Schneiden und Quetschen in Alkohol-Eisessig fixiert und in K.E. bzw. Orcein-Essigsäure untersucht.

Herstellung der Lösungen:

Alkohol-Eisessig: 3 Teile absoluter Alkohol + 1 Teil Eisessig, jeweils direkt vor den Untersuchungen anzusetzen, als Vorfixierung anzuwenden, wenn in K.E. untersucht wird.

Karmin-Essigsäure (falls nicht käuflich): 45 Teile Eisessig + 55 Teile Wasser + 1 g Carminum rubrum werden im Rückflußkühler wenigsten eine halbe Stunde schwach gekocht.

Orcein-Essigsäure: 2,2 g Orcein + 100 cm^3 Eisessig im Rückflußkühler kochen. Die Lösung wird nach dem Abkühlen mit 100 cm^3 Aqua dest. verdünnt.

IV. 2 Dünnschnittpräparate

Bei der Herstellung durchsichtiger, dünner Gewebeschnitte, die als Dauerpräparate Verwendung finden sollen, ist man auf Schneidegeräte (Mikrotome) angewiesen, mit denen man hauchdünne Schnitte anfertigen kann (Abb. IV/4). Die durchschnittliche Stärke bei den meisten Übersichtspräparaten beträgt 5 µm. Die Schnitte werden auf Objektträger geklebt und gefärbt. Einige Färbemethoden werden beispielhaft herausgegriffen. Bei sämtlichen Arbeitsgängen ist darauf zu achten, daß die Objekte und Schnitte nicht austrocknen. Wenn man mit Kohlenwasserstoffen als Lösungsmittel arbeitet (Benzol, Xylol, Methylbenzoat), so ist auf die geringstmögliche Belastung der Mitarbeiter und Praktikanten zu achten (Belüftung, Wärmeschränke und Gefäße unter den Abzug!) bzw. alternative Langzeitmethoden mit Terpentinöl (Terpineol) in Kap. IV.2.4 anzuwenden.

Da Schlitten- und Rotationsmikrotome sehr teuer sind, kann man auch ein Handmikrotom (z. B. Fa. Jung) und das dazugehörige plankonkave Messer beschaffen. Damit gelingen jedoch nur Schnitte herab bis zu 10 µm (Abb. IV/5).

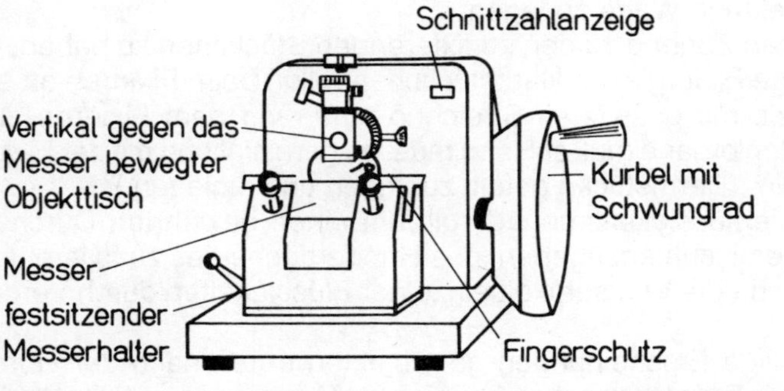

Abb. IV/4: Rotationsmikrotom nach Minot mit automatischer Nachstellung der Schnittdicke - Schlittenmikrotom vgl. Abb. IV/7.

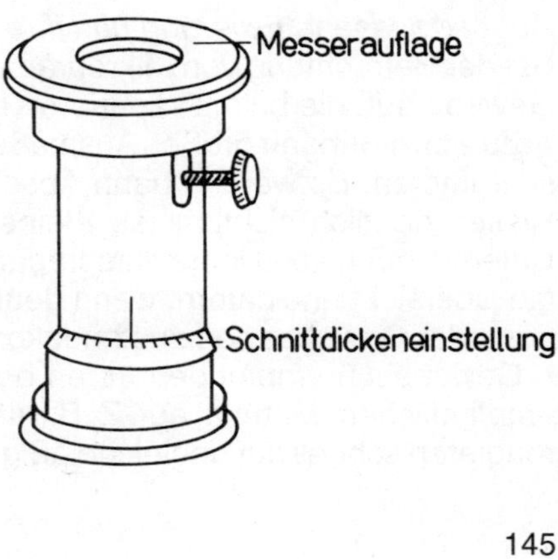

Abb. VI/5: Handmikrotom.

IV.2.1 Fixierung

Schon bei der Entnahme der Objekte muß auf den anatomischen Bau geachtet werden sowie darauf, ob Längs- oder Querschnitte angefertigt werden sollen. Die Länge oder Breite des Objektstückes entscheidet, ob man eine Anzahl guter Schnitte erhält, bevor das ganze Stückchen aufgebraucht ist und die Einbettungsarbeit neu begonnen werden muß. Sofern die Größe des Objektes nicht schon festgelegt ist, entferne man immer mehr, als zur Schnittanfertigung notwendig erscheint, um bei Fehlergebnissen noch weiteres Material zur Verfügung zu haben.

Pressen, Quetschen und Ausreißen von Organen oder Gewebeschichten muß vermieden werden.

Die entnommenen Stücke sollten bei Tieren spätestens 15 Minuten nachdem Tode eines Tieres in der Fixierflüssigkeit sein, da sonst unerwünschte Gewebsveränderungen auftreten.

Das Material muß so schnell wie möglich von der Fixierflüssigkeit durchdrungen werden. Es darf daher nicht zu dick sein. Die Flüssigkeit muß von allen Seiten an das Objekt herankönnen. Deshalb ist es oft angebracht, größere Objekte in Watte zu legen.

Um guten Zugang zu den zu fixierenden Stückchen zu haben, eignen sich weithalsige Fixiergläser. Hautstückchen rollen beim Fixieren oft ein, deshalb werden sie mit gespitzten Streichhölzchen vor dem Fixieren auf Kork gespannt. Hohlorgane (außer Herz) müssen gereinigt und mit der Fixierflüssigkeit gefüllt sein. (Darmstücke gefüllt zubinden und einlegen.)

Die Fixierflüssigkeitsmenge soll, um einen bewährten Durchschnittswert für alle Gemische anzugeben, das Hundertfache des zu fixierenden Stückes betragen, da die Wirksamkeit einzelner Flüssigkeiten durch Verdünnung abnimmt.

Nachteilige Erscheinungen an Objekten treten nach der Überschreitung bestimmter Fixierungszeiten bei einigen Gemischen auf. Deshalb werden in der folgenden Tabelle Fixierzeiten für einige Gemische angegeben.

Abgeschlossene Fixierung und ihre Beurteilung:
Bei der Betrachtung von Mikropräparaten fallen immer wieder Hohlräume im Gewebe auf, die beim Präparieren entstanden sein müssen.

Zu Zerreißungen großen Ausmaßes kommt es, wenn die Gewebe ungleich schrumpfen. Es werden dann Abscherkräfte wirksam, deren Auswirkung in Rissen deutlich sichtbar ist. Kleine Schrumpfungsspalten hindern bei der Untersuchung von Übersichtspräparaten kaum. Manchmal können sie sogar die Übersicht erleichtern, wenn deutlichere Trennungslinien zwischen Organen oder Gewebearten zustandekommen.

Gewebeschrumpfungen treten besonders stark bei nicht sofort fixiertem, empfindlichem Material auf. Z. B. Nierengewebe und Drüsengewebe aller Art reagieren schnell auf ungleichmäßige Fixierung. Man schneide deshalb Total-

Tab. IV-1: Die gebräuchlichsten Fixationsmittel (zusammengesetzte Fixationsmittel). – Es ist günstig, die zusammengesetzten Fixationsmittel kurz vor dem Gebrauch zu mischen. Dringend wird empfohlen, den Eisessig den Gemischen erst unmittelbar vor der Fixierung zuzusetzen. Alle Fixierungen sollten unter dem Abzug durchgeführt werden.

Fixationsmittel nach	Zusammensetzung	Anwendung	Fixationszeit und Bemerkungen
BOUIN	1 Volumenteil Eisessig 5 Volumenteile konz. Formalin 15 Volumenteile konz. wäßrige Pikrinsäurelösung	Übersichtspräparate, Kerne und Plasma, embryologische und Chromosomenuntersuchungen bei botanischen und zoolog. Objekten	Stunden bis Tage
CARNOY	60 Vol. % Ethylalkohol abs. 30 Vol. % Chloroform 10 Vol. % Eisessig	Nervenzellen, Kerndarstellung Glykogen und botanische Übersichtspräparate	Nicht über 24 Stunden, sonst starke Härtung. Große Eindringgeschwindigkeit. Zunächst Schwellung, dann Schrumpfung fettlösend
FSE (nach STIEVE) = Formalin-Sublimat-Eisessig	76 Vol. % gesätt. wäßr. Sublimatlösung 20 Vol. % konz. Formalin 4 Vol. % Eisessig	Übersicht, Zelle, Kerne, embryologisches Material	Nicht über 24 Stunden, sonst starke Sublimatniederschläge. Große Eindringgeschwindigkeit
MAXIMOW	100 ml MÜLLERSCHE Flüssigkeit* 10 ml konz. Formol; 5 g Sublimat 10 ml 2%ige Osmiumsäure	Blut und blutbildende Organe	24 Stunden, eventuell auch etwas mehr
MÜLLER	2,5 g Kaliumbichromat 1 g Natriumsulfat 100 ml Aqua dest.	Knochengewebe, Nervengewebe und Markscheiden	Tage bis Wochen
SCHAFFER	2 Volumenteile 80%iger Alkohol 1 Volumenteil konz. Formalin	Übersicht, Granula, Glykogen, Muskulatur, Neurofibrillen, zoologische und botanische Übersichtspräparate	Tage bis Wochen
Susa (nach (HEIDENHAIN)	4,5 g Sublimat; 0,5 g Kochsalz; 80 ml dest. Wasser; 2 g Trichloressigsäure; 4 ml Eisessig; 20 ml Formalin konz.	Übersichtspräparate, Kerne, fibrilläre Strukturen, embryologisches Material	Nicht über 24 Stunden, darunter praktisch keine Sublimatniederschläge. Rasches Eindringen.

Forts. Tab. IV-1.

Fixationsmittel nach	Zusammensetzung	Anwendung	Fixationszeit und Bemerkungen
ZENKER	100 ml MÜLLERSCHE Flüssigkeit* 5 g Sublimat 5 g Eisessig (vor Gebrauch)	Übersicht, Zelle, Kerne, Blut	Nicht über 24 Stunden, sonst Sublimatniederschläge.
FLEMMING	15 ml Chromsäure, 4 ml Osmiumsäure, 1 ml Eisessig	botanisch-cytologische Untersuchungen	mindestens 24 Stunden, nicht länger als 2 Tage.

* MÜLLERSCHE Flüssigkeit: 1 g Na_2SO_4, 2,5 g $K_2Cr_2O_7$, 100 ml H_2O

organe, wie Niere, Leber und Drüsenteile z. B. von Kleinsäugern, an einer oder zwei Stellen an, damit die Fixierflüssigkeit sofort eindringen kann. Totalveränderungen, die keinerlei Rückschluß auf die ursprüngliche Gestalt zulassen, sind Artefakte. Diese treten nicht nur bei schlechten Fixierungen auf. Sie entstehen auch, wenn Schnitte während der Behandlung austrocknen.

IV.2.2 Auswaschen und Konservieren

Für jedes Fixiergemisch gibt es Auswaschflüssigkeiten. Die Fixierflüssigkeitsreste müssen früher oder später restlos entfernt werden, damit die Färbung in den Schnitten nicht ungünstig beeinflußt wird. Für die oben angegebenen Fixierflüssigkeiten benützt man die in Tab. IV-2 angegebenen Waschflüssigkeiten.

Die Nachbehandlung und Aufbewahrung kann auch in Methylglykol (M) oder Ethylglykol (E) erfolgen.

Versuche mit Ethyl- und Methylglykol zeigten, daß Objekte und Schnitte direkt, ob fixiert, unfixiert (Pflanzenteile) oder in Wasser gelegen, in die Flüssigkeiten überführt werden konnten, ohne daß allzu große Schrumpfungen entstanden. Bei Fixiergemischen mit hochprozentigen Alkoholen ist Methylglykol zum Auswaschen geeignet, da Schrumpfungen zum größten Teil schon während des Fixiervorgangs erfolgten. Ethylglykol kann dann bei Gemischen mit oder ohne niederprozentigem Alkohol verwendet werden (BOUIN). Die nachträgliche Schrumpfung kann vernachlässigt werden.

Die Objekte müssen in jedem Fall aus der Fixierflüssigkeit entfernt werden, sobald der Fixiervorgang abgeschlossen ist. Man kann Teile von ihnen konservieren, um noch etwas in Reserve zu haben. Dazu verwende man 5%ige Formalinlösung, der etwas Marmor gegen die sich bildenden Ameisensäure beigegeben wird.

Tab. IV-2: Die Nachbehandlung und Aufbewahrung nach den gebräuchlichsten Fixierungen.

Fixation nach	Nachbehandlung-Waschflüssigkeit	Aufbewahrung	Besonderheiten
Ethylalkohol	Sofortige Einbettung	70% Alkohol (M)	
Formalin	90% Alkohol	Formalin 1:9	Bei Fettdarstellung Leitungswasser
Trichloressigsäure	96% Alkohol	70% Alkohol (M)	Zur Entkalkung geeignet
BOUIN	70% Alkohol mehrmals wechseln	70% Alkohol (E)	
CARNOY	Absoluter Alkohol	70% Alkohol (E)	
FSE	90% Alkohol	70% Alkohol (E)	Sublimatentfernung
MAXIMOW	Leitungswasser	70% Alkohol (E)	Sublimatentfernung
MÜLLER	Leitungswasser	Möglichst bald der weiteren Präparation zuführen	
SCHAFFER	80% bis abs. Alkohol	70% Alkohol oder Formalin 1:9, Aufbewahrung in Stammfixierung möglich, aber nicht empfehlenswert (M)	
Susa	90% Alkohol	70% Alkohol (E)	Sublimatentfernung
ZENKER	Leitungswasser	70% Alkohol (E)	Sublimatentfernung
FLEMMING	Pufferlösung: 100 ml 0,3 M $NaHCO_3$, 2,5 ml 1 N HCl oder: 2 Stunden in fließend. Wasser (Siebchen oder dünner Gewebesäckchen verwenden	Möglichst bald weiterbehandeln	Schwärzungen durch die Osmiumsäure werden in 3%iger H_2O_2-Lösung entfernt (Wasserstoffperoxyd)

Die Nachbehandlung und Aufbewahrung kann auch in Methylglykol (M) oder Ethylglykol (E) erfolgen.

Will man gleichzeitig konservieren und auswaschen, so eignet sich wieder Ethyl- bzw. Methylglykol. Aus in Bouingemisch fixiertem Gewebe löst sich die Pikrinsäure schwer heraus. Hier sollte man die auszuwaschenden und zu konservierenden Stücke in einer dieser Flüssigkeiten, die dann öfters zu wechseln ist, legen.

IV.2.3 Entkalken

Kalksubstanzen schädigen bei der Schnittanfertigung das Messer. Es ist daher notwendig, die Kalkteile zu entfernen. Dafür werden verschiedene Säuren angeboten: 5-7%ige Salpetersäure, 5%ige Trichloressigsäure, 5%ige schwefelige Säure etc. Ameisensäure und Wasser, gemischt im Verhältnis 1:3, genügt jedoch durchaus für gute Übersichten. Vor dem Entkalken muß jedoch fixiert werden, um eine Mazeration des Gewebes auszuschließen. Wenn sich die Knochenteile nach dem Entkalken biegen lassen und beim Einstechen mit einer Nadel ins Gewebe kein Widerstand zu spüren ist, kann die Entkalkung als beendet betrachtet werden. Die Ameisensäure muß man in viel Wasser auswaschen und diesem, um Quellungen zu vermeiden, etwas Formol zusetzen.

Wenn Knochen entkalkt werden, ist zu überlegen, welche Teile im Schnitt überhaupt für die Untersuchung lohnend sind. Um z. B. das Haversche System, Ostea und Spongiosabälkchen zu finden, sind Dünnschliffe eher geeignet. Für Untersuchungen zur Knochenbildung ist die beschriebene Methode nach wie vor erforderlich.

IV.2.4 Einbettung – Paraffinmethode

Um die Objekte schneidbar zu machen, müssen sie in Wachse eingebettet oder in Eis eingefroren werden.

Für die Paraffineinbettung müssen die Objekte vollständig entwässert werden, da Paraffin kein Wasser aufnehmen kann. Gleichzeitig erfolgt eine gewisse Härtung der Objekte. Diese dürfen aber nicht schon durch die Fixierung stärker gehärtet sein als durch das nachfolgende Entwässern, da sonst das Eindringen des Intermediums und das Schneiden erschwert würden (gilt vor allem für Carnoy- und Schaffergemisch).

Bei allen Schnellmethoden sollte geschüttelt werden, damit die Flüssigkeiten das Objekt schneller durchdringen. Ist keine Schüttelvorrichtung vorhanden, so kann man sich mit einem Rührwerk behelfen, dessen Rührarm nicht mit dem Objekt in Berührung kommt (Magnetrührgerät mit eingehängtem Sieb o.ä.).

Die erforderlichen Flüssigkeiten ordne man in der Reihenfolge, in der sie benötigt werden, damit keine Verwechslungen vorkommen. Gebrauchte Flüssigkeiten auf die Seite stellen und kennzeichnen!

Methode für Stücke bis 3 mm Größe (Burck):
(Mit Schnellfixierung, sofern nicht eine oben beschriebene Fixierung verwendet wird.)

1. 3 mm dicke, frische Stücke zurechtschneiden,
2. in 250 ml-Erlenmeyerkolben 3 Min. bei 80 °C in 10%igem Formalin fixieren,
3. in 100 ml 96%igem Alkohol 5 Minuten,
4. dasselbe 5 Minuten,
5. 5 Minuten in absolutem Alkohol,
6. dasselbe 5 Minuten,
7. Aceton-Alkohol abs. zu gleichen Teilen, 5 Minuten,
8. konz. Aceton 5 Minuten,
9. Aceton-Xylol zu gleichen Teilen, 5 Minuten,
10. Xylol als Intermedium zwischen Alkohol und Paraffin, 5 Minuten (Stücke werden durchscheinend),
11. Gewebe mit Pinzette in flüssigem 58 °C grädigem Paraffin ca. 5 Minuten rühren, bis keine Blasen mehr aufsteigen,
12. 10 Minuten in 58 °C grädigem Paraffin rühren und ausblocken.

(Bis zu doppelter Objektgröße dreifache Zeit für jede Stufe. Härtung durch Aceton wirkt sich dann jedoch ungünstig aus).

Für Stücke bis 4 mm Größe (mit vorhergegangener Fixierung):
Flüssigkeitsmenge zwischen 50 ml und 100 ml pro Glas.

1. Ethylglykol bzw. Methylglykol 15 Minuten,
2. dasselbe 20 Minuten,
   (an Stelle der Alkohole kann weiterhin Ethyl- bzw. Methylglykol verwendet werden.)
3. Isopropylalkohol 10 Minuten,
   (besser ist Isobtuylalkohol, falls das Gewebe noch schrumpfen sollte, denn er bewirkt geringere Schrumpfungen.)
4. dasselbe 15 Minuten,
5. Aceton-Isopropylalkohol zu gleichen Teilen, 7 Minuten,
6. Aceton-Xylol zu gleichen Teilen, 7 Minuten,
7. Xylol, 15 Minuten,
8. sonst wie oben 11. u. 12.

Aceton wirkt hier nicht in voller Konzentration auf das Gewebe.

Für Stücke von 7 bis 9 mm Größe:

1. Ethylglykol, 24 Stunden,
   (Durch die Aufbewahrung in Ethylglykol nach dem Fixieren oft schon gut entwässert.)

2. dasselbe 6 Stunden mehrmals wechseln, schütteln bzw. rühren und erwärmen auf 40 °C,
3. Isobutylalkohol 2-3 Stunden,
4. Probestufe – in Methylbenzoat wird Gewebe eingebracht. Warten bis Objekt glasig-durchsichtig wird und untersinkt. 2-6 Stunden. Der Prozeß erfährt durch Erwärmen auf 40 °C und Schütteln eine Beschleunigung.
   Zeigen sich Trübungen im Objekt, so muß noch einmal entwässert werden.
5. Benzol mindestens 2 Stunden unter dem Abzug,
6. Gewebe kommt in flüssiges, 52 °C grädiges Paraffin, welches mehrmals gewechselt wird, bis der Geruch des Benzols nicht mehr wahrnehmbar ist. (Wärmeschrank oder Heizgerät mit Thermostat verwenden! Lüften!).
7. In 58 °C grädigem Paraffin bleibt das Objekt 2-3 Stunden.
8. Ausblocken.

Vorteile dieser Methode: Sie ist sehr objektschonend. Sie hat eine bessere Kontrollmöglichkeit als die übrigen Methoden, bevor man mit dem Schneiden beginnt (Stufe 4 und 6). Methylbenzoat und Benzol sind wesentlich bessere Intermedien als Xylol. Das Gewebe bleibt geschmeidig und ist daher leichter zu schneiden.

Man vergleiche folgende Langzeitmethoden, für Stücke bis 5 mm Dicke, mit den soeben beschriebenen Verfahren:

1. Alkohol 70%ig, 3 mal wechseln, 2-24 Stunden,
2. Alkohol 80%ig, 24 Stunden,
3. Alkohol 95%ig, 24 Stunden,
4. Alkohol 10%ig, 3 mal wechseln, 24 Stunden,
5. Terpentinöl, 1-2 mal wechseln, 12-18 Stunden,
6. Paraffin, 4-24 Stunden,

Für das Ausblocken gibt es eine einfache Methode. Zuerst wird ein Stanniolschiffchen gefaltet, in dem man ein Stanniolrechteck viermal falzt. Die Grundfläche zwischen den Falzen ergibt sich aus dem Objekttisch des Mikrotoms bzw. dem dafür vorgesehenen Holzklötzchen. Darauf werden die zwei Längsseiten und die beiden Stirnseiten in den Falzen heraufgebogen und die an vier Kanten entstehenden Tüten zusammengepreßt. In das Schiffchen wird das flüssige Paraffin gegossen. Man justiere im noch heißen, flüssigen Paraffin das Objektstück mit der Seite nach unten, die angeschnitten werden soll. Dies geschieht am besten in einer Schale, die später mit Kühlwasser gefüllt werden kann, damit das Paraffin schnell, glasig und fein auskristallisiert. Das geht umso besser, je schneller es abkühlt. Je öfter das verwendete Paraffin schon flüssig und wieder fest wurde, desto schöner läßt es sich später schneiden.

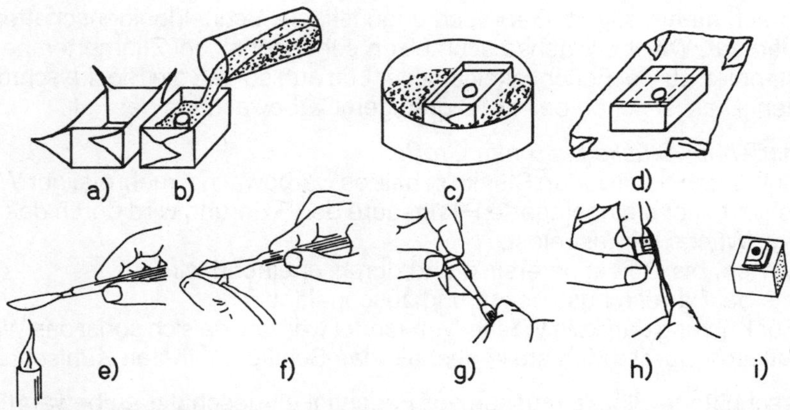

Abb. IV/6: a) - d) Gießen des Paraffinblocks: a) Falten der Gießform aus Alufolie; b) Einlegen des Objekts, Eingießen des flüssigen Paraffins; c) erste Kühlung in einem Wasserschälchen; d) nach dem Auskristallisieren des Paraffins wird die Folie entfernt und der Block mit einem erhitzten Skalpell auf die Größe des Mikrotomtischs bzw. des einzuspannenden Holzklotzes zugeschnitten; e) Erhitzen der Skalpellklinge; f) Auflegen der erhitzten Klinge auf den Holzklotz, auf den einige Paraffinstückchen gelegt wurden; g) der Paraffinblock wird aufgeschmolzen; h) Anschmelzen der Blockseiten; f) fertig zugerichteter Block.

Sobald sich an der Oberfläche eine Haut gebildet hat, kann unter fließendem Wasser vorsichtig der ganze, erstarrende Block gekühlt werden. Erst wenn der Block ganz hart ist und keine Wärme mehr abgibt, entferne man die Folie. Der Block wird umgedreht. Er kann dann mit dem erhitzen Spatel auf die notwendige Größe zugeschnitten werden. Man schneide ihn auf eine stumpfe Pyramide zu, wenn möglich eine Objektkante parallel zur Paraffinaußenkante. Ein 1-2 mm breiter Paraffinrand sollte das Objekt oben noch umgeben (Abb. IV/6).

Angeschnittene Blöcke können unbegrenzt kühl gelagert werden.

IV.2.5 Carbowachsmethode

Der große Vorteil dieser Methode besteht darin, daß das gesamte Einbettungsverfahren in wäßriger Phase abläuft. Damit fällt die vorherige Entwässerung weg. Ebenso werden dadurch die Xylol-, Benzol- u.a. Stufen vermieden. Fette und Lipoide, Glykogen u.a. werden deshalb nicht herausgelöst und gehen bei der Behandlung nicht verloren. Diese Methode eignet sich also gut für histochemische Untersuchungen.

Diese Wachse sind in verschiedenen Härtegraden lieferbar und können untereinander gemischt werden. Sie weisen jedoch – im Gegensatz zu Paraffin – nach mehrmaligem Gebrauch ungünstigere Schneideeigenschaften als Paraffin auf. Weiche Wachse schmelzen sehr schnell bei Zimmertemperatur und nehmen zu viel Feuchtigkeit aus der Luft auf, so daß die Blöcke schmierig werden. Dies ist schon bei 48 °C grädigen Carbowachsen der Fall.

Methoden für Stücke bis 5 mm Größe:

1. Einbringen der fixierten Stücke in heißes Carbowachs; mehrmaliger Wechsel, evtl. noch eingelagerte Pikrinsäure der Fixierung wird durch das flüssige Wachs herausgelöst.
2. Warten, bis Objekt untersinkt und durchscheinend wird.
3. Wie bei Paraffin ausblocken und zuschneiden.
   (Zur Kühlung darf kein Wasser verwendet werden, da sich sonst das Wachs auflösen würde. Man stelle deshalb das Schiffchen in den Kühlschrank.)

Angeschnittene Blöcke müssen vor Feuchtigkeit geschützt aufbewahrt werden. Es sind Gläser mit eingeschliffenen Stopfen, oder Vitamintablettenröhrchen mit Stopfen, die Feuchtigkeit absorbieren, zu verwenden!

IV.2.6 Gefriermethode

Hier wird das Objekt sozusagen in Eis „eingebettet“ und gefroren geschnitten. Für medizinische Zwecke kommen zuweilen unfixierte Stücke zum Schneiden, die dann mit Vital- oder Fluoreszensfarbstoffen angefärbt werden. Für Studienzwecke kann man das zu gefrierende Stück jedoch fixieren. Nach dem Auswaschen mit Alkohol oder Ethylglykol muß langsam zurückgestuft werden. Dies erreicht man, wenn man die Objekte über 75%igen und 40%igen Alkohol oder über 50%iges Glykol in dest. Wasser bringt. Es genügt, wenn die äußeren Schichten der Objekte nach dem Einlegen in dest. Wasser durchdrungen sind, um gefrieren zu können. Später dringt auch die Feuchtigkeit nach mehrmaligen Abtauen während des Schneidens in tiefere Schichten, in denen noch Alkoholspuren sind.

Zum Gefrieren setzt man den Gefriertisch mit Schlauch in den Tischhalter des Mikrotoms ein, schließt den Schlauch mit dem großen Schraubenschlüssel an eine Kohlensäureflasche an und stellt die Flasche auf den Kopf. Um eine gute Schneebildung zu erzielen, muß dies eine halbe Stunde vor dem Gefrieren geschehen.

Zum besseren Angefrieren der Objekte muß ein nasses Seidenpapier auf den Gefriertisch gelegt werden. Darauf kommt das Objekt. Nun wird der Hahn an der CO_2-Flasche aufgedreht. Der Hebelhahn am Gefriertisch wird jeweils für eine Sekunde ruckartig geöffnet. Der Kohlensäureschnee bringt das Objekt zum Gefrieren. Die Wirkung wird wesentlich verstärkt, wenn man ein Glas über den Gefriertisch stülpt, das den Schnee nicht nach allen Seiten wegsprühen läßt. Wenn das Stück ganz gefroren ist, kann mit dem Schneiden begonnen werden.

Man kann jedoch auch ohne Gefriertisch arbeiten, indem man den Kohlensäureschnee einer CO_2-Flasche über das Objekt sprüht, das mit einem Plastikgefäß zugedeckt ist. Für den CO_2-Schlauch wird eine Öffnung eingeschnitten. CO_2-Flaschen müssen durch den TÜV geprüft sein.

Für spezielle Laborarbeiten werden Kryotome angeboten.

IV.2.7 Objekt und Methodenwahl

Kompakte Gewebe:
Gewebeschichten, die untereinander gut zusammenhängen, können, sofern die Schnittdicke keine primäre Rolle spielt, auch in Carbowachsen oder gefroren geschnitten werden.

Stark gegeneinander bewegliche Schichten sollten nur in Paraffin geschnitten werden, damit sie bei der nachfolgenden Präparation den Zusammenhalt nicht verlieren. Paraffinschnitte können dann auch verhältnismäßig geschickt aufgeklebt werden. Um Totalschnitte durch Organe anzufertigen, bette man auf jeden Fall in Paraffin ein.

Nach dem Vorangegangenen wird verständlich, daß ganze Tiere, z. B. Insekten oder Kleinsäugerfoeten, auch in Paraffin eingebettet werden müssen. Die ursprünglich Lagerung der Organe und Gewebe wird besonders schön an solchen Totalschnitten sichtbar. Totalschnitte können vorbereitend oder vertiefend eingesetzt werden. Viele Einzelheiten lassen sich genauer bei stärkerer Vergrößerung erkennen. Was bei einer makroskopischen Präparation nicht klar oder sichtbar wurde, kann anhand von Schnitten wiederholt oder aufgesucht werden. Gegenüber der plastischen Sichtweise beim geöffneten Tier hat die Sicht auf eine Schnittebene den Vorteil, daß Organe und Körperteile angeschnitten werden, so daß ihr Inneres sowie die Gewebsschichtung sichtbar sind, dies trifft aber in befriedigendem Maße nur zu, wenn die Paraffinschnitte 10 µm Dicke nicht überschreiten. Schließlich kann auch in einer Schnittebene mit Hilfe mehrerer Schnitte „plastisch" gesehen werden, wenn eine ausreichende Orientierung erfolgt ist.

Es lohnt sich nicht, botanische Schnitte mit dem Mikrotom anzufertigen, wenn Handschnitte ausreichen. Nur bei benötigten dünnen Schnitten, z. B. bei speziellen gewebekundlichen und cytologischen Arbeiten, sollte man sich dieser Mühe unterziehen. Unfixiert gelingen keine Mikrotomgefrierschnitte mit der obengenannten CO_2-Methode an Pflanzen. Beim Gefriervorgang würden z. B. die Zellen im unfixiertem Objekt durch zu langsame Eisbildung gesprengt.

Bei kompakten Geweben kann die Carbowachs- und Gefriermethode Anwendung finden; nicht aber bei Vegetationszonen des Sprosses. Die Paraffin- und Carbowachsmethode ist bei cytologischen Untersuchungen in den Wurzelspitzen möglich, sofern mit Chrom-Osmiumsäure (Flemming) fixiert wurde.

Bei nicht aufgeklebten Schnitten werden oft Zellkerne ausgeschwemmt, was die Untersuchungen etwas stört.

Tab. IV-3: Übersicht über Beispiele zur Methodenwahl.

Objektbeschaffenheit	Paraffin-methode	Carbowachs-methode	Gefrier-methode
Zoologisches Material:			
Kompakte Gewebeschicht	+	+	+
Gewebe und Organe mit gegeneinander verschiebbaren Schichten	+	-	-
Mucosa mit elastischen Fasern; Muskelfasern in Submocosa und Bindegewebe	+	+	mit Einschränk.
Bindegewebsarmes Drüsengewebe	+	mit Einschränk.	mit Einschränk.
Drüsengewebe mit zerreißbaren, dünnen Bindegewebslamellen	+	-	-
Hautgewebe mit eingelagerten, harten (Knochen-) Substanzen	+	-	-
Hohlorgane und Tiere total	+	-	-
Vorwiegend histochemische Untersuchungen	-	+	-
Botanisches Material:			
Vegetationskegel u.U. Blüten. knospen, Blütenm quer u. längs u.a.	+	-	-
Zusammenhängende Schichten wie Wurzeln quer u. längs	+	+	+

+ = möglich - = schlecht möglich

IV.2.8 Schneidetechnik, Aufkleben und Fehler beim Schneiden

Zum Schneiden mit dem Mikrotom benötigt man ein scharfes Messer. (Abb. IV/7). Die Schärfung wird von einschlägigen Firmen ausgeführt. (Die Mikrotomfabrik Jung - Heidelberg nimmt Messer aller Fabrikate zum Schleifen an; Leitz schickt eigene Messer zum Schleifen von Wetzlar aus nach Tuttlingen.)

Man orientiere den vierseitig, prismatisch zugeschnittenen Paraffin- oder Carbowachsblock auf dem Paraffintisch so, daß zwei seiner Seiten parallel zur Messerschneide liegen.

Bei harten oder großen Objekten versuche man den Block so einzurichten, daß eine Kante zuerst getroffen wird. Dabei muß das Messer vorsichtig durch Wachs und Objekt gezogen werden. Befindet sich eine leere Paraffinschicht über dem Objekt, so kann hier schon das Schneiden vorgeübt werden. Es erweist sich dann, ob das Messer scharf ist, ob es Scharten hat, oder ob die sich evtl. aufrollenden Schnitte vorsichtig mit einem weichen Pinsel an die Schneide gedrückt werden müssen. Man kann diese Schicht aber auch durch anfänglich dickere Schnitte entfernen und die gewünschte Schnittdicke erst dann einstellen, wenn nur noch eine dünne Paraffinschicht über dem Objekt liegt. Es ist verkehrt, sich das Objekt dadurch zu verderben, indem man es schon mit freier Hand anschneidet. Rollen sich die Schnitte zu stark ein, so müssen die kleinen, unteren Schrauben am Messerhalter vorsichtig und leicht nach oben gedreht werden (Abb. IV/8).

Will man Serien, so ist es ratsam, „Bänder" zu schneiden. Bänder entstehen, wenn sich ein Schnitt beim Schneidevorgang an den anderen anschließt. Die hergestellten Schnitte werden nun, sofern sie alle gut sind, zur Serie gereiht oder einzeln weiterverwertet (Abb. IV/9).

Für eine Paraffinschnittserie nehme man die „Bänder" und Schnittfolgen einzeln vom Messer ab und klebe sie in der richtigen Reihenfolge auf Objektträger, die dann numeriert werden. Der Ausfall eines mißlungenen oder ver-

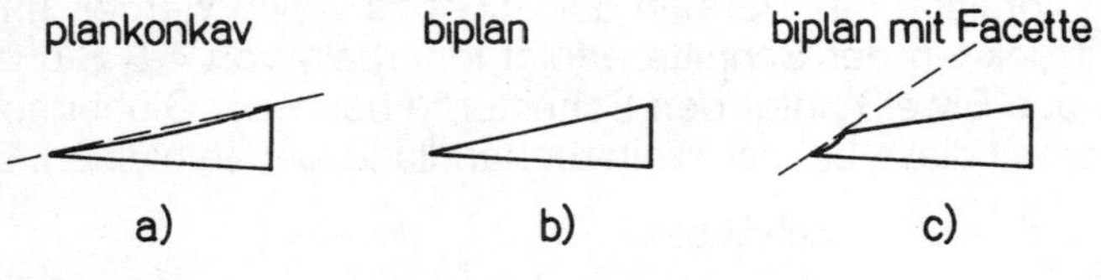

Abb. IV/7: Messertypen im Querschnitt. a) Messer für weicheres Paraffin und Carbowachse; b) Universalmesser für durchschnittlich weiches und hartes Paraffin; c) Messer für Gefrierschnitte.

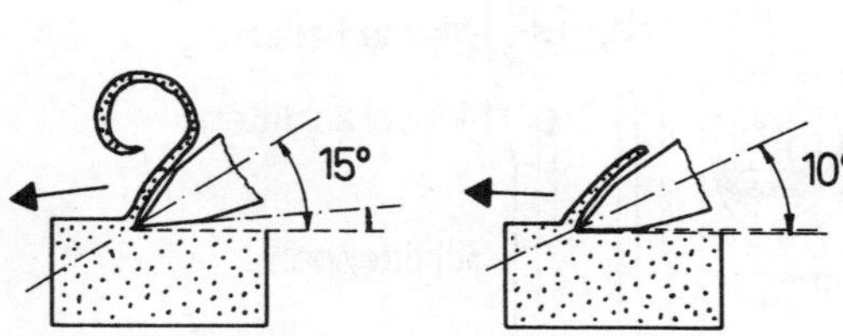

Abb. IV/8: Die Wirkung des Neigungswinkels bei einem Schlittenmikrotom – vgl. den Facettenschliff beim Messer.

loren gegangenen Schnittes wird notiert. (Etwa 3, 2 fehlt = 3. Objektträger, 2. Schnitt fehlt.) Wird nicht die ganze Serie, die oft Hunderte von Schnitten umfassen kann, weiterbehandelt, so klebe man die Schnitte auf große, dünne Folien (z. B. Overheadfolien), die bei späterer Verwendung leicht mit der Schere geschnitten werden können.

So sind dann einzelne oder mehrere Schnitte aus der Serie herausnehmbar.

Das Aufkleben oftmals gerollter Schnitte bringt einige Schwierigkeiten mit sich, Mißerfolge mit reinem Eiweißglycerin kann man mit der folgenden Mischung vermeiden:

Aceton 2 ml
Methylbenzoat 1 Tropfen.

Beides zuerst kräftig schütteln, dann erst 8 ml dest. Wasser zugeben. Dazu kommen noch 2 Tropfen Eiweißglycerin hinzu, die sich mit der angegebenen Lösung mischen.

Herstellung des Eiweißglycerins:

Reines Hühnereiweiß schaumig schlagen; abstehen lassen, bis es wieder flüssig wird. Filtrieren und im Filtrat einige Thymol- oder Salizylkristalle gegen die Fäulnis auflösen.

Vorteile und Anwendung der Lösung:
Die aufgeklebten Schnitte schwimmen bei der Weiterbehandlung nicht davon. Die Lösung bringt auch stärker gerollte Schnitte wieder zur Ausbreitung. Dies geschieht schon durch Anhauchen oder gelindes Erwärmen über einer Glühbirne. (Vorsicht, das Paraffin darf nicht zu weich werden und schmelzen!) Das Trocknen der Schnitte erfolgt innerhalb von 4-8 Stunden. Dann bringt man das Eiweiß unter den Schnitten (über einer Glühbirne) zum Koagulieren, damit diese bei der Weiterbehandlung kleben bleiben. Das Paraf-

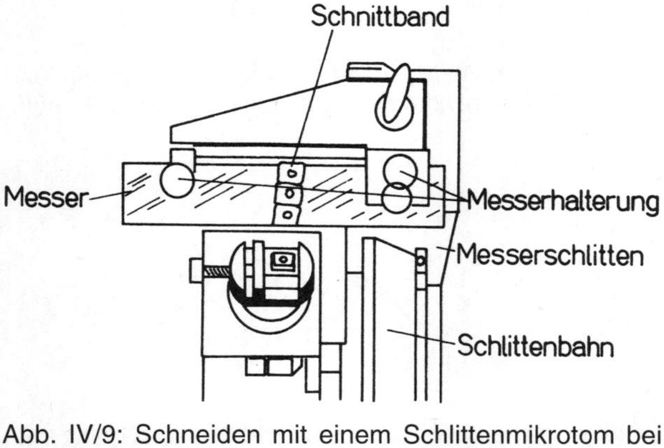

Abb. IV/9: Schneiden mit einem Schlittenmikrotom bei Paraffinblöcken. Hier wird das Messer auf einem Schlitten gegen das eingebettete Objekt bewegt.

Tab. IV-4:

	Mißstand	Ursache	Behebung
1.	Paraffin bröckelt	Paraffin zu langsam gekühlt oder zu kalt	neu ausgießen, anhauchen
2.	Material löst sich vom Paraffin	zu kalte Einbettg. oder: Material alkoholhaltig	neu ausgießen, zurück bis zum Intermedium
3.	Schnittfläche rissig weiß	schlecht entwässert	zurück bis zum Alkohol
4.	Messer „springt"	zu hartes Material	Schnittwinkel vergrößern und Block anwärmen
5.	Schnitt spaltet sich	Messerscharte oder Kalk (Sandkorn)	Messer weiterschieben, entkalken
6.	Schnitt streifig	schartiges Messer	neues Messer (-stück)
7.	Schnitt wird zerdrückt	zu hohe Zimmertemperatur, zu weiches Paraffin, stumpfes Messer	Block kühlen, Umbetten in hartes Paraffin, Messer weiterschieben
8.	Jeder 2. Schnitt kommt	Neigungswinkel zu flach, - Einstellung zu niedrig	Messer steiler stellen Schnittdicke erhöhen
9.	Schnitt klebt am Messer	trockene Luft	hauchen
10	Objekt schiebt sich zusammen, Schnitt aber nicht	schlechte Paraffindurchtränkung, schlecht entwässert	umbetten oder zurück- und neu einbetten

fin darf dabei nur angeschmolzen, aber keineswegs flüssig werden. Darauf können die Schnitte für die Weiterbehandlung entparaffiniert werden (Kap. IV.2.).

Die Weiterbehandlung der nicht aufgeklebten Carbowachsschnitte erfolgt in einem selbstgefertigten Sieb (Metallrahmen mit darübergespanntem Strumpfgewebe). Dieses sollte kleiner sein, als die verwendeten Petrischalen. Man kann so die Schnitte von einer Lösung in die andere bringen, sofern man keine Einzelpräparation auf dem Objektträger vorzieht. Das Carbowachs löst sich in Wasser, so daß die Schnitte frei flottieren.

Die Einzelpräparation sollte geübt werden, da in der Literatur angegebene Färberichtzeiten im Einzelfall oft nicht zutreffen (Mikroskopkontrolle).

Fehler beim Schneiden:
Die hier übernommene Fehleranalyse (Tab. IV-4) weist auf Fehler hin, die häufig auftreten können.

IV.2.9 Weiterbehandlung, Färbung

Aufgeklebte Paraffinschnitte müssen vor der Färbung in Xylol entparaffiniert und über Zwischenstufen in dest. Wasser übergeführt werden. Die Entparaffinierung geschieht in 3-4 Minuten. Es folgen:

Überführungen in Ethylglykol	2-3 Minuten
Überführungen in Ethylglykol/dest. Wasser 2:1	2-3 Minuten
Überführung in Ethylglykol/dest. Wasser 1:1	2-3 Minuten
Überführung in Ethylglykol/dest. Wasser 1:2	2-3 Minuten
Überführung in Ethylglykol/dest. Wasser	

Diese zeitsparende Überführung von wasserfreien zu wasserhaltigen Schnitten kann anstelle einer absteigenden Alkoholreihe verwendet werden.

Bei Carbowachs- und Gefrierschnitten ist sie nicht notwendig, da hier ja alle Behandlungen in wäßriger Phase ablaufen. Flottierende Schnitte werden im Sieb weiterbehandelt, Paraffinschnitte können, aufgeklebt auf Kunststoff-Folie, sofort in die Petrischalen mit den betr. Flüssigkeiten gegeben werden. Damit Verwechslungen ausgeschlossen sind, stellt man zur Sicherheit anfangs stets hinter die Petrischale die betr. eingegossene Lösung in der Flasche oder kennzeichnet die Schalen mit einem Glasschreiber.

Färbungen:

Hämatoxylin-Eosinfärbung (HE)

1. Färbung in Haematoxylin (Delafield) 10-30 Minuten.
2. Spülen in Leitungswasser (Farbumschlag von Rot nach Blau)
3. Gegenfärbung mit wäßriger Eosinlösung, oder vorsichtig mit Alkohol. Eosinlösung 2-4 Min.
4. Kurz differenzieren in 96%igem Alkohol.
5. Entwässern und aufhellen in Ethylglykol (vorsichtig, Mikroskopkontrolle!)
6. Einschließen der Schnitte in Euparal, Euparal ist wegen seiner schnellen Trockenzeit und Löslichkeit in allen Alkoholen gut zu verarbeiten. Caedax wird nicht mehr in den Handel gebracht, da es cancerogene Lösungsmittel enthält. Man begnügt sich deshalb mit Einschlußmedien, deren Berechnungsindices niedriger sind.

Euparal ist bei zoologischen und botanischen Präparaten gleichermaßen zu verwenden. Es trocknet sehr rasch und kann ohne Schwierigkeiten mit Spiritus abgewischt werden, wenn die Objektträger verschmiert sind.

Auch kommt der früher gebräuchliche natürliche Kanadabalsam wieder zu Ehren. Dieser weist einen ausgezeichneten Berechungsindex auf, bleicht aber die obige Färbung mit der Zeit aus. Vor dem Einschluß in Kanadabalsam muß eine Xylol-Zwischenstufe eingeschaltet werden. Entellan (Merck u.a.), Mallinol sind wie Euparal einsetzbar.

Damit *aufgeklebte* Schnitte, die später stückweise von der Folie abgeschnitten werden, vor dem Auseinanderschneiden und nach dem Färben nicht austrocknen, tropfe man Einschlußflüssigkeit auf.

Die HE-Färbung ist als Plasma- und Kernfärbung bei allen allgemeinen histologischen Untersuchungen bei botanischen und zoologischen Objekten einsetzbar.

Haematoxylin-Heidenhain

1. Beizen in Eisensalzlösung Heidenhain I, 30 Minuten bis 3 Stunden (ein Überbeizen ist nicht möglich.)
2. Waschen in Wasser.
3. Färben mit Haematoxylin Heidenhain II, 1-3 Stunden.
4. Waschen in Wasser.
5. Differenzieren in Heidenhain (unbedingt Mikroskopkontrolle!)
6. Waschen in Wasser 5-10 Minuten.
7. Entwässern, aufhellen, einschließen (wie oben).

Diese Färbung ist etwas zeitraubend, läßt jedoch bei zoologischen und botanischen Schnitten starke Kontrastierungen zu, durch welche feinste Strukturen sichtbar werden.

Azanfärbung nach Heidenhain-Geidies

1. Färben in Kernechtrot-Aluminiumsulfatlösung 30 Minuten (Überfärbung ist nicht möglich)
2. Spülen in Wasser.
3. Beizen in Phsphorwolframsäue (5 g auf 95 ml des. Wasser) 5-8 Minuten.
4. Spülen in Wasser.
5. Färben mit Anilinblau-Orange-Eisessig, 5-10 Minuten.
6. Spülen in Wasser.
7. Differenzieren und entwässern in Isopropylalkohol (Mikroskopkontrolle!).
8. Aufhellen und einschließen wie oben.

Eine Modifikation mit Kernechtrubin ist der vorgenannten Methode aus zwei Gründen vorzuziehen.

Die Kerne der Zellen färben sich intensiver rot und der Zeitaufwand ist geringer (Mikroskopkontrolle!).

Anstelle des Anilinblau-Orange nach Helmi-Konecny verwendet man Anilinblau-Orange-Eisessig.

1. Färben in Kernechtrubin 5-8 Minuten (länger schadet überhaupt nicht).
2. Abspülen in des. Wasser.
3. Einlegen in Phosphorwolframsäure (wie vor) 5-8 Minuten.
4. Abspülen in dest. Wasser.
5. Übertragen in Anilinblau-Orange-Eisessig für 4-6 Minuten.
6. Abspülen in dest. Wasser.
7. Kurz differenzieren in 96%igem Alkohol.
8. Aufhellen und einschließen wie oben.

Färberergebnis: Kerne intensiv rot, Bindegewebe blau, Erythrocyten orange, Gliafasern rot, Protoplasma rötlich, Muskeln blau-violett-rötlich, je nach Differenzierungsgrad oder Farbauszug vor dem Einschließen.

Diese ausgezeichnete Übersichtsfärbung ist nur für zoologische Untersuchungen. Für Meiose- und Mitosestadien, differenzierte Darstellung von Kern- und Zellstrukturen, ist die Färbung nach Flemming auch im Zeitalter der Elektronenmikroskopie für den botanischen Bereich unübertroffen:

Flemming

1. Schwärzungen der Osmiumsäurefixierung mit Wasserstoffsuperoxyd entfernen.
2. Auswaschen in fl. Wasser ca. 5 Minuten (darauf achten, daß Schnitte nicht davonschwimmen).
3. Abspülen mit Ethylglykol.
4. Färben in Safranin (2 g in 100 ml. abs. Alkohol und 100 ml kalkhaltigem Wasser sowie etwas Anilinwasser).
   Herstellung des Anilinwassers:
   Filterpapier wird in Anilinöl getränkt und in einen Glastrichter eingesetzt. Man filtriere Wasser durch das getränkte Filterpapier. Dadurch wird das Wasser mit dem nötigen Anilin versetzt).
5. Schnitte mit 70%igem Alkohol auswaschen.
6. Nochmals mit 70%igem Alkohol und 0,1%ig. Salzsäure auswaschen. (Nur kurz, sonst wird Safranin ganz ausgezogen!).
7. Abspülen mit Wasser.
8. In eine etwa 1%ige, wäßrige Gentianaviolettlösung bringen, 1-3 Minuten.
9. Rasch mit Wasser auswaschen.
10. Wäßrige, nicht dunkle Lösung von Orange-G, höchsten 2 Min.
11. Rasch auswaschen in Wasser und
12. in Ethylglykol, sowie in Nelkenöl bringen, bis keine blauen Wolken mehr ausfließen.
13. Einschuß in Entellan oder Euparal.

Histochemische Nachweisreaktionen:

Periodsäure-Schiff-Reaktion:
Diese Reaktion stellt Polysaccharide wie Stärke, Zellulose, Chitin, und Glykoproteide (Eiweiße mit Zuckerkomponenten) rot-violett dar. (Geeignet bei Carbowachsschnitten ohne Eiweißaufklebung.)

1. Einlegen in Schiffsches Reagenz. Schnitte müssen vorher einige Stunden in Alkohol abs. gelegen sein. Mit gewissen Einschränkungen (längere Färbedauer in Schiff) genügt auch Ethylglykol.

2. Einbringen in dest. Wasser für kurze Zeit (absteig. Ethylglykolreihe).
3. Spülen in Natriumperiodatlösung (1%ig-wäßrig) 30 Minuten.
4. Spülen in dest. Wasser.
5. Einlegen in Schiffsches Reagenz (Gefäß abdecken!); zoolog. Material bis 2 Stunden.
6. In SO_2-haltige Spülflüssigkeit übertragen.
7. Auswaschen in Leitungswasser 5-10 Minuten.
8. Entwässern und Einschluß in Euparal.

Ein Kontrollversuch muß bei der Präparation dabei sein. Färbt sich der Kontrollschnitt ohne Natriumperiodatspülung auch rot, so müssen die Lösungen überprüft werden! (Schiffsches Reagenz ist nur im Dunkeln haltbar.)

DNA- und RNA-Reaktion:

1. Methylgrün-Pyronin-Pappenheim 6 Minuten.
2. Isobutylalkohol kurz; mit Filterpapier absaugen.
3. Xylol 5 Minuten.
4. Zedernöl 5 Minuten.
5. Einschluß in Entellan (Brechungsindex günstiger).

Die Methylgrün-Pyroninfäbrung bei botanischen Schnitten muß nach gelungener Durchführung das Plasma der Zellen rot, die DNA des Kernes grünbläulich und die RNA (vor allem im Bereich vorhandener Nucleoli) rötlich zeigen. (Ölimmersion verwenden!)

IV.2.10 Arbeitspläne für Schnellmethoden

Universelle Methoden für zoologische und botanische Präparate:

Hierzu beachte man die Tabellenübersichten auf den folgenden Seiten, Färbungen: Mikroskopkontrolle.
Über Dauerpräparate von Kleinarthropoden und Insektenteilen vgl. Kap. III.3.

IV.3 Plattengußverfahren für Mikroorganismen

Zur Untersuchung von Mikoroorganismen sind Nährböden erforderlich. Diese können fertig bezogen werden. Als Bakteriennährboden für einfache Zwekke bezieht man Standard-Agar, für Pilze empfiehlt sich Würz-Agar (Merck).

Petrischalen, Pipetten und Reagenzgläser werden im Trockenschrank bei 160 °C 1 Stunde sterilisiert. Dazu packt man die Geräte in Zeitungspapier ein. Dann können sie steril aufbewahrt werden. Einwegpetrischalen sind schon steril abgepackt erhältlich.

Universelle Methode für zoologische und botanische Präparate:

Fixieren nach SCHAFFER und BOUIN, FLEMMING u.a. 24 Std.

↓

Ethylglykol 24 Std. (gleichzeitig Auswaschen der Fixierflüssigkeit)

↓

dasselbe 6 Std. bei vorsichtigem Schütteln und Erwärmen auf 40°C

↓

Isobutylalkohol 3 Std.

↓

Probestufe - Methylbenzonat bis zum Untersinken, bzw. Glasigwerden ca. 5-6 Std.

↓

Benzol 2 Std.

↓

Paraffin (weich) bis Benzolgeruch nach mehrmaligem Paraffinwechsel nicht mehr wahrnehmbar ca. 3 Std.

↓

Härteres Paraffin 2 Std.

↓

Einbetten, Ausblocken, Kühlen und Zuschneiden ca. 30-40 Min.

↓

Schneiden und Aufkleben

↓

Entparaffinieren in Xylol 4 Min., in Ethyglykol überführen

↓

Absteigende Ethylglykolstufe 6-8 Min., Aqua dest. zu Ethylglykol 1:2, 1:1, 2:1; dann Aqua dest.

↓

Färbung (Azan 40-60 Min., Haematox. Delaf.-Eosin 40-60 Min., Haematox.-Heidenhain 2-3 Std.) u.a.

↓

Differenzieren, Entwässern, Aufhellen, und Einschluß

Carbowachseinbettung:

Fixieren (SCHAFFER, BOUIN) 24 Std.

↓

Auswaschen (nicht vollständig) 3 Std.

↓

Einlegen in erwärmtes flüssiges Carbowachs 20 Min.
(Pikrinsäure diffundiert aus)

↓

Dasselbe 20 Min. (Objekt noch gelb)

↓

Einbetten und Ausblocken, Kühlen in Kühlschrank 25 Min.

↓

Zuschneiden des Blocks 3 Min.

↓

Kühlen 5 Min.

↓

Schneiden

↓

Lösen des Wachses in dest. Wasser (mit Spur „Pril" o. ä.), Schnitte sinken unter,
Pikrinsäurereste diffundieren vollends aus

↓

Waschen in dest. Wasser und evtl. Aufkleben

↓

Färbung Schiff oder Pyronin und andere histochemische Methoden, Differenzieren, Entwässerung, Aufkleben und Einschluß, ca. 60, evtl. mehr Min.

Gefriermethode mit vorausgegangener Fixierung:

Fixierung (CARNOY) 24 Std.

↓

Auswaschen (für alle Präparierbeispiele geltendie in Kapitel IV.2.2 vorgeschlagenen Waschflüssigkeiten!)

↓

Gefrieren 5 Min.

↓

Schneiden

↓

Färbung (HE), Differenzieren, Entwässern, Aufhellen und Einschluß
ca. 60 Min. und histochemische Methoden. -

Die angerührten und aufgekochten Nährböden werden in Autoklaven oder in Hochdruckdampftöpfen sterilisiert. Man kann sie zuvor in Form von 10 ml-Protionen in Reagenzgläser füllen und mit Watte bzw. Alufolienkappen verschließen. Diese kleinen Nährbodenröllchen enthalten dann schon die Portionen für je einen Plattenguß.

Einmaliges Sterilisieren tötet Keime und Sporen innerhalb von 90 Min. bei N $1{,}5 \cdot 10^5$ Pa (= 112 °C), innerhalb von 30 Min. bei N $3 \cdot 10^5$ Pa (= 120 °C) und innerhalb von 10 Min. bei N $6 \cdot 10^5$ Pa (= 134 °C). Da in den einzelnen zu untersuchenden Medien die Mikroorganismenzahl sehr hoch sein kann und das Auszählen der entstandenen Kolonien dann nicht mehr möglich wäre, müssen Verdünnungsreihen hergestellt werden. Dazu sind Gefäße mit sterilem Wasser notwendig. Von der Untersuchungslösung (Milch, Trinkwasser, Pfützenwasser, Regenwasser, Bodenaufschwemmung u. a.) – Vorsicht, Testsubstanzen nicht in Wunden oder in den Mund bringen! – wird 1 ml entnommen und in die erste Verdünnungsstufe gebracht und von dieser 1 ml in die folgende usw.

Nach einigen Tagen können die entstandenen Kolonien, die sich an je einem Keim entwickelt haben, abgezählt werden. Die Keimzahl wird für die Untersuchungslösung berechnet, in dem man den an mehreren Plattengüssen gleicher Verdünnung erhaltenen Mittelwert mit dem Verdünnungsfaktor multipliziert.– Gewässer der einzelnen Güteklassen unterscheiden sich sehr stark in der Zahl der Bakterien/ml (Keimzahl). Während in der polysaproben Stufe pro ml mehr als 1 Million Keime vorkommen können, sind es in der oligosaproben Stufe weniger als 1000 pro Liter. Im Trinkwasser darf die Keimzahl nicht über 100 pro Liter liegen. Die Bestimmung der Keimzahl wird über die Kultur von Bakterien vorgenommen. Sie erfordert wie alle mikrobiologischen Techniken steriles Arbeiten. Man kann die Zucht auf Standardnährböden nach Verdünnungsreihen vornehmen oder mit der Membranfiltermethode.

Auch die Membranfiltermethode arbeitet damit, daß den vorhandenen Bakterien die Möglichkeit zur Entwicklung gegeben wird, damit nach einer Zeit von den entstandenen Kolonien auf die Zahl der Keime geschlossen werden kann. Man setzt dabei voraus, daß sich sämtliche Keime zu Kulturen entwikkeln und daß jeder Keim vom anderen soweit getrennt liegt, daß ihre Kolonien nicht verschmelzen und für eine gehalten werden. Die Membranfiltermethode setzt das Vorhandensein eines Membranfiltergeräts, einer Saugflasche und einer Wasserstrahlpumpe voraus.

Alle mit der zu untersuchenden Probe in Berührung kommenden Teile der Apparatur müssen vor der Untersuchung sterilisiert werden. Das kann zum größten Teil durch Abflammen mit einem Bunsenbrenner geschehen, läßt sich aber auch mit dem Dampftopf durchführen. Die Filter werden zusammen mit den Nährkartonscheiben, auf denen die Zucht der Keime erfolgt, in steriler Verpackung geliefert.

Das Filter entnimmt man mit einer durch Abflammen sterilisierten Pinzette aus der Packung und legt es auf die Glasfritte. Nun wird das Oberteil des Filtergeräts aufgesetzt und mit den Metallklammern befestigt.

Die zu untersuchende Wassermenge muß vor der Filtration in aller Regel stark verdünnt werden, da sonst die Zahl nicht mehr auszählbar ist. Man pipettiert dazu 0,25 oder 1 ml mit steriler Pipette in ein steriles Reagenzglas und füllt mit keimfreiem destilliertem Wasser bis zur gewünschten Verdünnung auf. Die verdünnte Probe wird nun in den Oberteil des Membranfiltergeräts gegossen und kann mit der Wasserpumpe durch das Filter gesaugt werden.

In eine sterile Petrischale hat man inzwischen 3-3,5 ml steriles destilliertes Wasser pipettiert. In dieses Wasser legt man eine Nährkartonscheibe (mit dem Filterpapier nach unten) ein. Das Filter wird nun aus dem Membranfiltergerät genommen und auf die Nährkartonscheibe gelegt (Schichtseite nach oben). Die Petrischale wird nun verschlossen und kann bebrütet werden. Nach 48 Stunden bei 30 °C (Brutschrank) kann die Zahl der Kulturen, die sich entwickelt haben, gezählt werden. Bei Zimmertemperatur geht die Entwicklung etwas langsamer. Zum Zählen sollte die Petrischale nicht geöffnet werden, da immer die Gefahr besteht, daß auch pathogene Keime mit gezüchtet werden (Abb. IV/10).

Weitere beliebte und anschauliche Untersuchungen zur Bakteriologie stellen folgende Möglichkeiten dar:

- Fingerabdrücke vor und nach dem Händewaschen
- Lippen auf Platte drücken
- Wasserhahn an der Wasseraustrittstelle
- Luft am Boden, in Sitzhöhe, in Gängen, geschlossenen und ungelüfteten sowie gelüfteten Klassenzimmern bei unterschiedlich lang geöffneten Petrischalen (3 sec.-1 Min.)
- Türklinken
- Geldstücke

Die Platten werden nie ganz geöffnet, sondern nur leicht schräg, wenn Gegenstände auf den Nährboden gedrückt werden. Dasselbe gilt für das Gießen der Platten, damit keine zusätzlichen Kolonien entstehen. Es empfiehlt sich, die Schalen mit Klebestreifen sicher abzudichten, damit nach dem Wachstum der Kolonien keine Keime entweichen. Im Laborhandel gibt es dazu dehnfähige Folien.

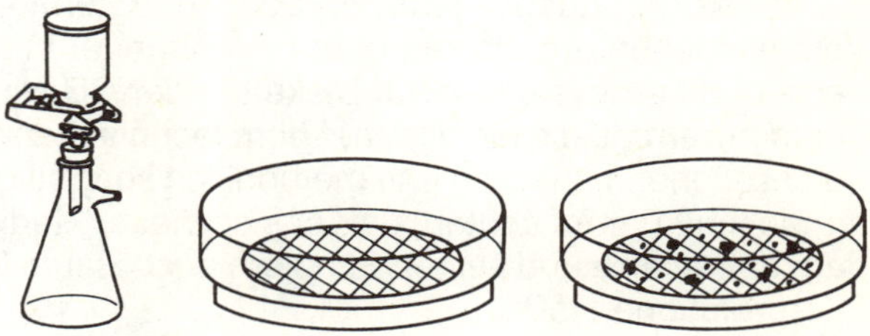

Abb. IV/10: Bestimmung der Keimzahl mit der Membranfiltermethode.

V. Bilderfassung und Bildbearbeitung zur Dokumentation und zur Herstellung von Medien

V.1 Ein kritischer Einstieg

Viele moderne Menschen haben die Fähigkeit verloren, die Natur mit der fast unerschöpflichen Formenvielfalt an Lebewesen zu erfassen. Sie haben verlernt zu beobachten, alle Sinne zu gebrauchen und sie begnügen sich mit dem Betrachten von Bildbänden, Filmen, Videos oder sonstigen Medien. Dieser Einstieg in ein Kapitel, das sich auch mit der Herstellung von Medien befaßt, soll deutlich machen, daß Medien niemals die originale Erfahrung mit der lebendigen Natur ersetzen können. Es ist ein Plädoyer für die Begegnung mit den Organismen, um auf diese Weise Interesse, emotionale Betroffenheit und verantwortliche Handlungsbereitschaft zu entwickeln.

Während sich früher die Möglichkeiten, Organismen in ihrer Formenvielfalt oder in ihrem Einzelverhalten zu dokumentieren, auf das Sammeln in Herbarien oder Schaukästen sowie das Zeichnen und Fotografieren beschränkten, stehen heute zusätzlich eine Vielzahl von Methoden der Bilderfassung und Bildbearbeitung zur Verfügung. Diese neuen Methoden sollten unbedingt genutzt werden, da unser Zeitalter nicht nur durch Computer, sondern auch durch eine erschreckende Verringerung der Artenvielfalt gekennzeichnet ist. Es ist deshalb jeweils streng zu prüfen, ob das Sammeln und Präparieren von Organismen noch zu verantworten ist (vgl. Kap. III).

Die Tatsache, daß intelligente Software und preiswerte Hardware am PC Ergebnisse ermöglichen, die bislang nur professionellen Studios vorbehalten waren, hat auf das Angebot an Lehr- und Lernmittel voll durchgeschlagen. Vom einfachen Arbeitsblatt über Folienbände, Videos bis hin zu interaktiven Lehr- und Lernsystemen auf Diskette oder CD wird der Markt mit Produkten überschwemmt, die nicht immer dem technischen Standard entsprechen und noch seltener didaktisch und methodisch sorgfältig aufbereitet sind. Der Pädagoge muß darauf achten, daß er sich dieser Medienflut nicht ausliefert, sondern daß er sich und seinen Schülern noch Raum für eigene Sichtweisen und Interpretationen läßt.

Besonders kritisch sind Medien zu beurteilen, wenn sie dem Nutzer suggerieren, es handle sich um „Selbst-Lehrsysteme", die den Lehrenden ersetzen. Medien können dem Lehrer die Strukturierung des Unterrichts nicht abnehmen. Es sind Lehr- und Lernhilfen, die vom Lehrenden zusätzliche didaktische und methodische Kompetenz und sehr viel Phantasie bei der unterrichtlichen Funktionszuordnung erfordern. Je leichter der Lehrende deshalb in diese Mediensysteme eingreifen, sie verändern, dem eigenen unterrichtlichen Sturkturierungskonzept anpassen kann, um so problemloser wird ihr Einsatz.

In der Biologie sollen durch Medien nicht nur Kenntnisse vermittelt werden. Ein wichtiges übergeordnetes Ziel ist das Wecken von Interesse an der Natur. Bezogen auf dieses Ziel wird der Einsatz von Medien sicherlich überzeugender, wenn sie der Lehrende selbst hergestellt hat und deshalb originale Erfahrung mit der Natur in den Vermittlungsprozeß mit einfließen kann.

In diesem Kapitel sollen allen, die an der Natur interessiert sind oder die die Natur vermitteln wollen, moderne Möglichkeiten der Bilderfassung und Bildbearbeitung aufgezeigt werden. Gleichzeitig werden aber alle Naturfreunde aufgefordert,

- sich mit dem Naturobjekt original zu beschäftigen
- dem Sammel- und Dokumentationsbestreben nachzukommen ohne die Naturobjekte zu schädigen
- Medien selbst herzustellen und zu bearbeiten, um so anderen die eigene Begegnung mit der lebendigen Natur besser vermitteln zu können.

V.2 Kamera und Beleuchtung

V.2.1 Objektive und Abbildungsmaßstab

Zum Fotografieren biologischer Objekte, die sehr groß, sehr klein oder weit entfernt sein können, ist ein ausbaufähiges **Kamarasystem** notwendig, das schnelles Arbeiten zuläßt. Da die Kosten für Geräte und Filmmaterial nicht die Möglichkeiten des Amateurs übersteigen sollten, bieten sich Kleinbild-Spiegelreflexkamaras mit Wechselobjektiven an. Größere Formate steigern die Kosten beträchtlich und kleinere lassen in der Bildqualität stark nach. Bei Sucherkameras mit getrenntem Sucher- und Aufnahmestrahlengang tritt die „Sucherparalaxe" in Erscheinung: Je mehr die Kamera dem Objekt genähert wird, um so weniger stimmen der Bildausschnitt auf dem Film und im Sucher überein. Unabhängig von der Ausstattung des Kamaragehäuses bleibt die richtige Wahl des Objektives in Abhängigkeit von der Größe des Naturobjektes von entscheidender Bedeutung.

Der Einsatz von **Wechselobjektiven** hängt von der gestellten Aufgabe ab. Jedes Objektiv hat eine bestimmte Brennweite, die den Bildwinkel (Ausschnitt) und damit die Abbildungsgröße festlegt. Die Nahgrenze der Objektive liegt in der Regel bei der zehnfachen Brennweite. Eine Übersicht gibt die Abb. V/1.

Während früher das Standardobjektiv ein Festobjektiv von rund 50 mm Brennweite war, sind heute Zoom-Objektive von 35 - 100 mm Brennweite zum Standard geworden und ermöglichen einen flexibleren Einsatz bei guten Ergebnissen.

Zusätzlich benötigt der Naturfotograf ein Zoom-Objektiv im Telebereich, um entfernte Objekte heranzuholen, und ein Makroobjektiv, um im Nahbereich Aufnahmen mit variablem Abbildungsmaßstab machen zu können.

Unter dem **Abbildungsmaßstab** wird das Verhältnis zwischen der wirklichen Größe eines Objektes und der Größe seiner Abbildung in der Kamera verstanden (vgl. Abb. V/2).

Nahaufnahmen können mit einer Spiegelreflexkamera über verschiedene Hilfsmittel erreicht werden: durch Nahlinsen, über eine Auszugsverlängerung, durch Zwischenringe, Balgengeräte oder Makroobjektive.

Nahlinsen werden in die Filterfassung des Objektivs eingeschraubt. Sie verkürzen die Brennweite des Objektivs, erlauben einen geringeren Aufnahmeabstand und bilden dadurch das Objekt größer ab. Nahlinsen können mit Objektiven der Brennweiten 35 - 135 mm kombiniert werden.

Vorteile der Nahlinse:
- geringer Preis
- geringeres Gewicht
- die Lichtstärke des Objektivs bleibt praktisch erhalten

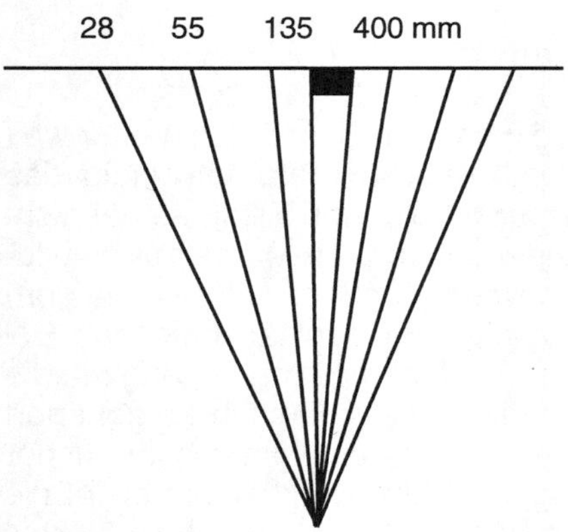

Brennweite (mm)	Benennung	Nahgrenze
28	Weitwinkelobjektiv	28 cm
55	Standardobjektiv	55 cm
135	kleines Teleobjektiv	135 cm
200	mittl. Teleobjektiv	200 cm
400	langes Teleobjektiv	400 cm

Abb. V/1: Bildwinkel, Brennweiten und Nahgrenze verschiedener Objektive.

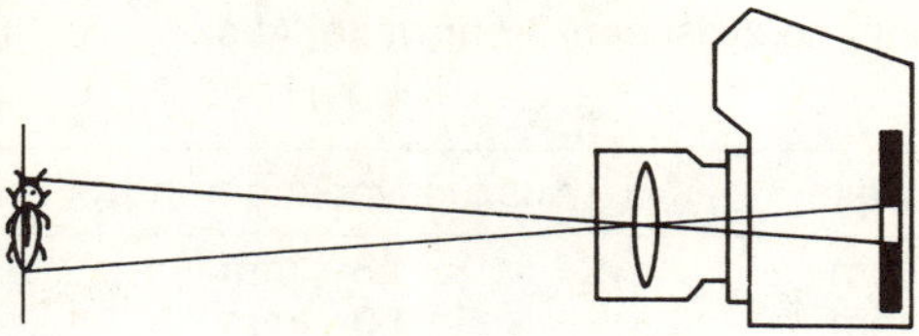

1:2
Objekt größer als Bild auf dem Film

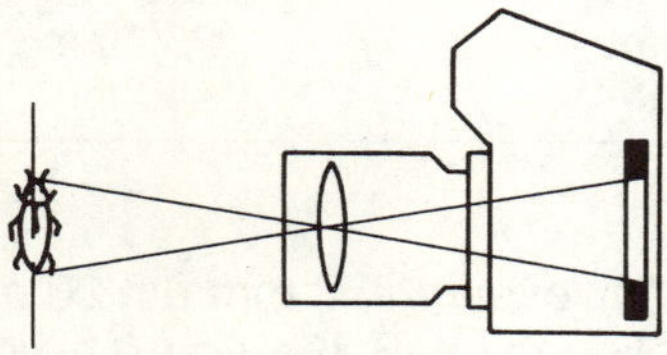

1:1
Objekt genauso groß wie Bild auf dem Film

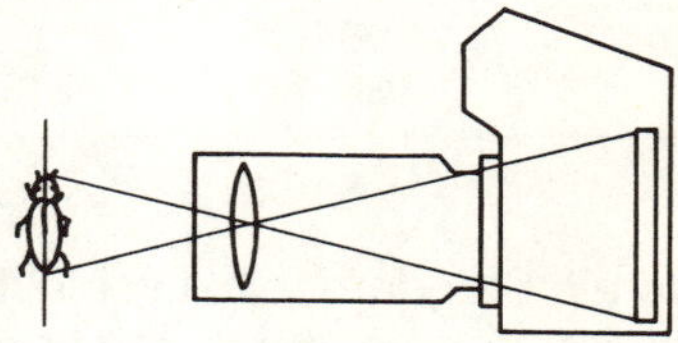

2:1
Objekt kleiner als Bild auf dem Film

Abb. V/2: Abbildungsmaßstäbe in der Makro- oder Lupenfotografie.

Nachteile der Nahlinse:

- kleiner Einstellbereich, deshalb umständliche Kombination mehrerer Nahlinsen
- bei geöffneter Blende Verringerung der optischen Qualität des Objektivs, deshalb Abblenden auf Blende 8 - 16 nötig.

Trotz der genannten Nachteile sind Nahlinsen besonders für Anfänger ein gutes Hilfsmittel, um auch ohne Blitz in den Nahbereich einzudringen.

V.2.2 Verlängerung des Objektivauszuges

Wird ein Objektiv um eine bestimmte Distanz vom Kameragehäuse und damit von der Bildbühne entfernt, spricht man von Auszugsverlängerung. Der Abbildungsmaßstab der dabei erreicht wird, kann leicht über eine Formel berechnet werden:

AM = AV/f

AM = Abbildungsmaßstab
AV = Auszugsverlängerung
f = Brennweite

Tab. V-1: Zusammenhang zwischen Brennweite, Auszugsverlängerung und Arbeitsabstand.

AM	Brennweite	Auszugsverlängerung	Arbeitsabstand
1:1	28 mm	28 mm	10 mm
1:1	50 mm	50 mm	50 mm
1:1	90 mm	90 mm	130 mm
1:2	28 mm	14 mm	20 mm
1:2	50 mm	25 mm	120 mm
1:2	90 mm	45 mm	250 mm
1:2	135 mm	67,5 mm	400 mm

Wird ein Standardobjektivobjekt mit einer Brennweite von 50 mm um 20 mm vom Gehäuse entfernt, ergibt dies einen Abbildungsmaßstab von 0,4 oder 1: 2,5. Das Objekt erscheint auf dem Film als 0,4 mal kleineres Bild. Bei einer Auszugsverlängerung muß das Licht einen längeren Weg bis zur Bildebene zurücklegen. Es tritt ein Lichtverlust ein, der mit zunehmender Auszugslänge stärker wird. Neue Zeit/Blenden-Kombinationen sind nötig, die mit der normalerweise eingebauten Lichtinnenmessung automatisch berücksichtigt werden.

Entsprechend der Formel AM = AV : f ergibt sich bei gegebenem Abbildungsmaßstab eine Abhängigkeit der Auszugsverlängerung von der Brennweite des Objektivs. Für den Abbildungsmaßstab 1:1 bedeutet dies, daß die Auszugsverlängerung etwa der Brennweite des Objektivs entsprechen muß. Wie nun Abbildungsmaßstab, Brennweite des Objektivs und Arbeitsabstand (Vorderkante des Objektivs bis Objekt) zusammenhängen, zeigt die Übersicht in Tab. V-1.

Bei der Kleintierfotografie und bei Pflanzenaufnahmen im Nahbereich liegen die günstigsten Brennweiten von Objektiven zwischen 80 und 230 mm. Bei einem Abbildungsmaßstab von 1:2, der meist völlig ausreicht, ergeben sich dann noch Arbeitsabstände, die eine genügende Entfernung zum Objekt und die Möglichkeit zur zusätzlichen Beleuchtung garantieren.

Mit Hilfe von Zwischenringen und Balgengeräten können für die meisten Objektive die gewünschten Auszugsverlängerungen erreicht werden. Die Arbeit mit Zwischenringen und Balgengerät wird sehr erleichtert, wenn die Springblendenautomatik übertragen wird.

Zwischenringe (Verlängerungstuben) werden zwischen Objektiv und Kamera eingebaut

Vorteile der Zwischenringe:
- stabil und leicht
- nicht so sperrig wie ein Balgengerät
- für fast alle Objektive zu verwenden

Nachteile der Zwischenringe:
- begrenzter Einstellbereich
- umständliche Kombination mehrerer Zwischenringe notwendig

Balgengeräte können als variabler Zwischenring aufgefaßt werden.

Vorteile von Balgengeräten:
- großer Einstellbereich
- kontinuierliche Verstellung
- universal ausbaufähig

Nachteile von Balgengeräten:
- sperriger und schwerer als Zwischenringe

Für Balgengeräte werden zusätzliche Objektivköpfe angeboten. Sie sind preisgünstiger und sehr leicht, weil sie keine Einstellschnecke benötigen, da die Entfernungseinstellung über das Balgengerät erfolgt. Außerdem sind diese Objektivköpfe speziell für den Nahbereich berechnet. Im extremen Makrobereich empfiehlt es sich, die Objektive in umgekehrter Stellung (Retro-Stellung) mit Hilfe eines Umkehrringes zu montieren. Normale Objektive sind auf unendlichen Objektabstand und kurzen Abstand zum Film korrigiert. Beim extremen Heranrücken des Objekts werden diese Verhältnisse umgekehrt und dadurch die Abbildungsleistung des Systems verringert. Durch Umkehrung des Objektivs wird sein Korrektionszustand den veränderten Bedingungen angepaßt. Bei diesem Verfahren entfallen natürlich alle Kupplungsfunktionen zwischen Gehäuse und Objektiv. Die Springblende funktioniert nicht mehr und man muß eine Arbeitsblende-Messung entsprechend der Gebrauchsanweisung der Kamera durchführen.

In einem **Makroobjektiv** ist die Auszugsverlängerung gleich eingebaut und ermöglicht mit entsprechenden Zwischenstufen Abbildungsmaßstäbe bis 1:1. Echte Makroobjektive verzichten auf hohe Lichtstärke. Sie sind für den Nahbereich berechnet und das Linsensystem ist deshalb symmetrisch aufgebaut. In der Naturfotografie haben sich Makroobjektive mit einer Brennweite von 100 mm bewährt. Der Arbeitsabstand wird größer und kleine Tiere können ungestört fotografiert werden. Andererseits deckt ein 50 oder 55 mm Makroobjektiv auch den Bereich eines Normalobjektivs ab.

Insgesamt gesehen sind Makroobjektive nicht die billigste und universellste Lösung für den Nahbereich, vielleicht aber die eleganteste. Sie sind kompakt, decken den Normalbereich des Fotografierens ab und erlauben ohne zusätzlichen Aufwand das Eindringen in den Nahbereich.

V.2.3 Licht und Beleuchtung

Natürliches Sonnenlicht kann die Farbwirkung von Naturobjekten wunderbar zur Geltung bringen. Von der Sonne durchstrahlte Blüten bestechen durch leuchtende Farben und zarte Tönungen. Aus dem natürlichen Wechselspiel zwischen Licht und Schatten ergeben sich gestalterische Möglichkeiten, die auch bei fachwissenschaftlich orientierten Aufnahmen ästhetische Belange zu ihrem Recht kommen lassen. Abb. V/3 gibt einen Überblick über Beleuchtungsmöglichkeiten.

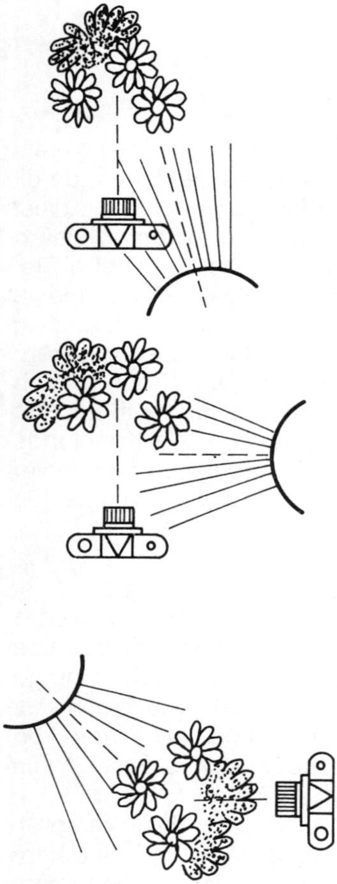

Vorderlicht:
- einfachste Beleuchtungsart
- durch gleichmäßige Ausleuchtung Gefahr von „flachen" Fotos
- wenig Kontraste
- gute Bildwirkung muß durch die besondere Struktur und Form oder durch die Farbe der Pflanze erreicht werden.

Seitenlicht:
- unterstreicht die Struktur und Form der Pflanze
- gute plastische Bildwirkung
- harte Schlagschatten, die zusätzlich unruhige Bildwirkung ergeben (Aufhellen mit Reflektor oder Blitz)

Gegenlicht:
- vielseitig und wirkungsvoll einzusetzen
- Lichtreflexe und Lichtsäume bringen Stimmung
- durchleuchtete Blüten und Blätter ergeben effektvolles Spiel von Licht und Farbe
- bei Belichtung auf den transparenten Hintergrund treten Silhouetten klar hervor, da das Objekt unterbelichtet wird
- beste Wirkung bei tiefstehender Sonne
- nie Sonne direkt anvisieren

Streulicht:
- bei diesigem Wetter
- durch zarte Schattierungen wird ein Objekt besonders im Nahbereich plastisch herausmodelliert
- Farbabstufungen treten deutlich heraus

Abb. V/3: Beleuchtungsarten und ihre Wirkung.

Diese Beleuchtungsmethoden sind im Prinzip auf den Nah- und Makrobereich übertragbar. Trotzdem erhält man häufig enttäuschende Ergebnisse. Die Bilder lassen in Schärfe und Kontrastreichtum zu wünschen übrig. Werden dann

Tab. V-2: Schärfentiefe bei Nah- und Makroaufnahmen.

Abbildungsmaßstab	Schärfentiefe in mm bei Blende 5,6	8	11	16
1 :10	41,1	58,7	80,7	117,3
1 : 8	26,9	38,4	52,8	76,8
1 : 6	15,7	22,4	30,8	44,8
1 : 5	11,2	16,0	22,0	32,0
1 : 4	7,5	10,7	14,7	21,3
1 : 3	4,5	6,4	8,8	12,8
1 : 2	2,2	3,2	4,4	6,4
1 : 1,5	1,4	2,0	2,8	4,0
1 : 1	0,75	1,1	1,5	2,1
1,5 : 1	0,41	0,59	0,81	1,19
2 : 1	0,28	0,40	0,55	0,80
3 : 1	0,17	0,24	0,33	0,47
4 : 1	0,12	0,17	0,23	0,33
5 : 1	0,09	0,13	0,18	0,26

die Daten der Aufnahmen überprüft, so zeigt sich, daß meist mit weit geöffneter Blende und langen Verschlußzeiten gearbeitet wurde. Das ist zunächst auch verständlich, denn der Lichtverlust durch die Auszugsverlängerung mußte ja ausgeglichen werden. Dabei dürfen jedoch sowohl bei der Belichtungszeit als auch bei der Blende einige Grenzwerte nicht überschritten werden.

Ab einem Abbildungsmaßstab von 1:2 sollte man auf keinen Fall mit längeren Zeiten als 1/125 sec arbeiten. Bei Objektiven mit längerer Brennweite müssen oft noch kürzere Zeiten gewählt werden, weil hier die Verwacklungsgefahr noch größer wird. Sicherlich kann ein Stativ dabei das Zittern des Fotografen ausschalten. Aber wer hält den Grashalm, der beim leichtesten Windzug schwankt, und wer hält das Insekt fest, bis das Stativ aufgebaut ist?

Das weite Öffnen der Blende auf Grund einer großen Auszugsverlängerung verringert die Schärfentiefe des Bildes. Bei einem Abbildungsmaßstab von 1:2 beträgt die Schärfentiefe, das heißt der Tiefenbereich, in dem das Objekt scharf abgebildet wird, bei Blende 2,8 etwa 1 mm. Zu beachten ist, daß bei gegebenem Abbildungsmaßstab die Brennweite des Objektivs die Schärfentiefe nicht beeinflußt. Die einzige Möglichkeit die Schärfentiefe zu erhöhen, ist das Abblenden. Durch das Abblenden um 2 Stufen steigt der Schärfentiefenbereich um das Doppelte, bei zunehmendem Abbildungsmaßstab nimmt er wieder ab. (s. Tab. V-2.)

Ein zu starkes Zuziehen der Blende kann auf Grund der Beugungsunschärfe zu insgesamt unscharfen Bildern führen. Dabei wird die Bildentstehung ab Blendenzahlen von 64 durch Lichtbeugung am Blendenrand gestört. Die Blendenzahlen der Objektive gelten für Einstellungen auf ferne Gegenstände. Werden diese Verhältnisse umgekehrt, so kann eine eingestellte Blendenzahl von 11 bereits einer tatsächlichen Blende von 60 entsprechen. Jedes weitere Zuziehen führt dann zu Beugungsunschärfen.

Die Wahl der Blende hängt insgesamt davon ab, ob nur ein kleiner Teil des Objekts scharf abgebildet werden soll oder ob eine maximale Schärfentiefe angestrebt wird. Da im Makrobereich sicherlich nicht das ganze Objekt scharf sein kann, schlägt PFLETSCHINGER (1973) vor, drei verschiedene bildbestimmende Körperteile scharf abzubilden. Diese Teilschärfe vermittelt dann den Eindruck einer Gesamtschärfe.

V.2.4 Blitzen im Makrobereich

Im Nah- und Makrobereich reicht das volle Sonnenlicht nur in den seltensten Fällen für gute Aufnahmen aus. Schon der schwächste Schatten bringt selbst ein lichtstarkes Objektiv bei entsprechender Auszugsverlängerung an die Grenze seiner Leistungsfähigkeit. Deshalb sollte man sich von vornherein darauf einstellen, im Nah- und Makrobereich zu blitzen.

Blitz und Kamera sollten fest verbunden sein, um die Hände für andere Aufgaben frei zu halten. Eine Möglichkeit dazu sind Blitzhaltegeräte von NOVOFLEX, oder am Kameraboden montierte Blitzschienen (Abb. V/4). Um das Objekt möglichst optimal auszuleuchten, sollte mit 2 Blitzgeräten gearbeitet werden, eines frontal über dem Objektiv, das andere seitlich angeordnet. Das seitliche Gerät kann durch Milchglasscheiben oder Transparentpapier etwas abgeschwächt werden, um Schlagschatten aufzuhellen. Beide Geräte werden über eine Blitzweiche mit der Kamera verbunden und sollten möglichst kleine, leichte und trotzdem schnelle Elektronenblitzgeräte sein.

Computerblitzgeräte dosieren im normalen Bereich die Lichtstärke automatisch. Wird der Beleuchtungsabstand geringer, so kann die Leuchtzeit auf 1/50000 sec verkürzt werden. Diese kurzen Blitzzeiten sind dann besonders günstig, wenn sehr schnelle Abläufe eingefangen werden sollen. Außerdem erhöht sich dadurch die Blitzfolge, so daß mit Motor 2-3 Bilder/sec möglich werden. Zu beachten ist, daß kleine Objekte vor dunklem, wenig reflektierendem Hintergrund häufig überbelichtete Bilder ergeben. Der Computer berücksichtigt auch nicht automatisch die Auszugsverlängerung und den damit verbundenen Lichtverlust. Durch Graufilterfolien vor dem Sensor kann das Gerät jedoch überlistet und zu längeren Belichtungszeiten gezwungen werden. Optimal sind Geräte, die sich umschalten lassen und ein Abblenden bis Blende 16 gestatten.

Geblitzt wird mit einer festen Zeiteinstellung (1/60 sec oder 1/125 sec). Diese an der Kamera eingestellte Verschlußzeit ist für die Aufnahme völlig bedeutungslos. Die Belichtungszeit wird ausschließlich durch die Leuchtdauer des Blitzes bestimmt und das können Zeiten von 1/500 sec bis 1/50000 sec sein. Die Befürchtung, daß nach einem solch extrem kurzen Blitz durch das normale Licht „Geisterbilder" erzeugt werden ist, ist grundlos. Der Vorgang

Tab. V-3: Blendenwerte beim Blitzen im Nahbereich. Objektivbrennweite 100 mm. (Nach Pfletschinger 1973.)

Auszugsverlängerung	Blende
20 mm	16
35 mm	16
50 mm	16/22
75 mm	16/22
100 mm	16/22
125 mm	16
150 mm	11/16

läßt sich mit dem Versuch vergleichen, ein Fußballfeld direkt nach dem Abschalten des Flutlichts mit einer Taschenlampe auszuleuchten.

Die **Lichtmenge**, die beim Blitzen auf den Film trifft, wird durch die Blendenöffnung bestimmt. Die vom Blitz abgegebene Lichtmenge ist von einer Konstanten des Gerätes, der Leitzahl, abhängig. Mit dieser Leitzahl kann bei Geräten mit kleinem Reflektor (betrifft fast alle handelsüblichen Geräte) auch im Nahbereich gearbeitet werden, obwohl das häufig bestritten wird. Die Formel „Leitzahl: Blitzentfernung = Blende" hat jedoch im Nahbereich keine Gültigkeit. Hier ergeben sich für die Blendenweite folgende Abhängigkeiten:

1. Leitzahl des Blitzgeräts (Leuchtstärke)
2. Abstand Blitz/Objekt
3. Abbildungsmaßstab
4. Pupillenmaßstab des Objektives (s. technische Daten des Objektivs)

Tab. V-3 zeigt die Ergebnisse einer Berechnung der Blendenweite auf Grund der genannten Abhängigkeiten (Pfletschinger 1973).

Solche Tabellen, die man an das Blitzgerät kleben kann, sind sehr sinnvoll. Bei gegebener Auszugsverlängerung eines bestimmten Objektivs, die am Balgengerät oder am Zwischenring direkt abgelesen werden kann, wird die dazugehörige Blende angeben. Aus der Auszugsverlängerung läßt sich dann nach AM = AV : f leicht der Abbildungsmaßstab errechnen.

Die Tabelle zeigt außerdem, daß mit Blende 16 praktisch bei jeder Auszugsverlängerung gearbeitet werden kann. Dieser glückliche Umstand ist auf die Tatsache zurückzuführen, daß bei Objektiven mit Brennweiten zwischen 90 und 135 mm die erforderliche Belichtungsverlängerung ziemlich genau durch den kleiner werdenden Beleuchtungsabstand ausgeglichen wird. So erhält man mit dieser „Blitzautomatik" bei Abbildungsmaßstäben zwischen 1:5 und 1:1 in der Regel richtig belichtete Bilder.

Belichtungstabellen können empirisch ermittelt werden. Für jedes Objektiv wird der Blendenwert bestimmt, der einer Auszugsverlängerung entspricht. Bei diesen Testserien sollten dunkle und helle Objekte bei Blendenwerten zwischen 11 und 22 fotografiert werden. Ein weiteres Öffnen der Blende erscheint wegen der Schärfentiefe nicht sinnvoll. Ergeben diese Testserien überbelichtete Bilder, so kann einerseits ein weniger empfindlicher Film benutzt werden, andererseits können vor dem Reflektor einfache Milchglasscheiben oder Neutralgraufilter (auch als Folien) angebracht werden. Zur Not kann auch ein Teil des Reflektors ganz abgedeckt werden. Bei unterbelichteten Bildern hilft ein empfindlicherer Film oder leistungstärkere Blitzgeräte. Auf keinen Fall sollte man aber die Blende öffnen.

V.2.5 Aufgaben und Beispiele zur Naturfotografie

Die Natur ist kein Fotostudio, in dem eine Aufgabenstellung in aller Ruhe vorbereitet und erledigt werden kann. Die Natur ist voll von Überraschungen und deshalb reicht die Spiegelreflexkamera mit entsprechenden Wechselobjektiven und ein Blitzgerät oft nicht aus. Für den fortgeschrittenen Naturfotograf wird in Abb. V/4 ein sehr „subjektiver" **Ausrüstungsvorschlag** gemacht:

- Objektivköpfe mit Blendenautomatik am Automatikbalgen
  1:4/105 mm Makro: gegenüber normalem 105 mm Tele sehr klein und leicht bis unendlich einstellbar (kleines Tele), großer Arbeitsabstand, Abbildungen bis zur natürlichen Größe 1:1
  1:4/60 mm: Für den Makrobereich
- Gegenlichtblende
- 2 Blitzhaltegeräte mit leichten Elektronenblitzgeräten
  Milchglasscheiben oder Neutralgraufilter falls nötig
- 1 Blitzweiche (möglichst 1 Reserve)
- 1-2 Blitzverlängerungskabel

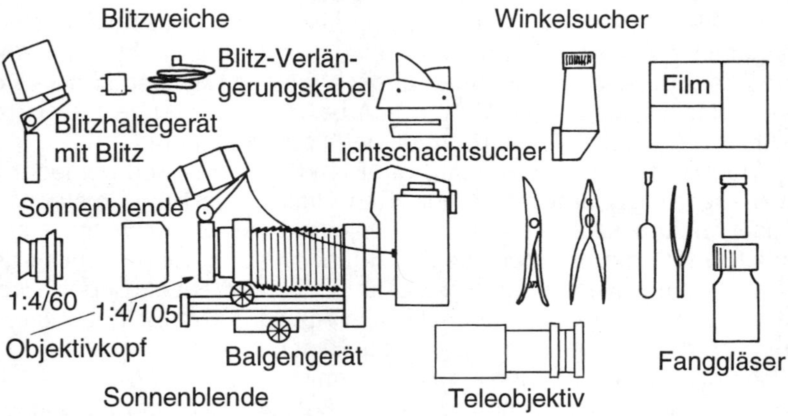

Abb. V/4: Ausrüstungsvorschlag für die Naturfotografie.

- 1 Lichtschachtsucher bzw. Winkelsucher, falls das Suchersystem nicht auswechselbar ist. Erspart dem Fotografen das auf dem Bauch liegen vor Pflanzen und Kleintieren
- 1 kleine Rebschere zum Entfernen störender Zweige
- kleiner Schraubenzieher und Flachzange für Reparaturen
- Pinzette, Schnappdeckelgläser, Schraubdeckelgläser, Plastiktüten sind wichtig, wenn ausnahmsweise Objekte mitgenommen und im Labor fotografiert werden sollen.

Pflanzenaufnahmen können unter rein ästhetischen Gesichtspunkten gemacht werden. Das Farbenspiel sonnendurchleuteter Blüten, die bizarren Formen einer Korkenzieherhasel oder ein Enzian vor überwältigender Bergkulisse ergeben Bildkompositionen wie sie aus Kalendern bekannt sind.

Der Biologe fertigt eher **Sachfotos** mit einer bestimmten Zielsetzung. Deshalb kann es sinnvoll sein, eine Pflanze durch einen künstlichen schwarzen Hintergrund freizustellen, um so den Bauplantypus optimal zu zeigen. In einem anderen Fall muß der natürliche Hintergrund mit einem zweiten Blitzgerät aufgehellt werden, um den ökologischen Bezug der Pflanze zu ihrer Umwelt aufzuzeigen oder um Größenverhältnisse deutlich zu machen.

Der Wind ist meist der Hauptfeind des Plfanzenfotografen. Hier kann ein Computerblitz mit seinen ultrakurzen Beleuchtungszeiten gute Dienste tun. Windschirme aus durchsichtigem Material von mindestens 50 x 50 cm haben sich auch bewährt. Auf keinen Fall sollte man jenen „Profis“ nacheifern, die den halben Biotop nach Hause schleppen und im Labor auf Plastilin eine Dekoration zusammenstecken, die dann bei absoluter Windstille fotografiert werden kann. Dies widerspricht dem Grundsatz, daß Pflanzen an ihrem natürlichen Standort bleiben sollten.

Der Weg zu guten **Wildaufnahmen** führt meist über Informationen der zuständigen Förster oder Jäger. Sie kennen die Wechsel und Tränken ihres Reviers und schlagen geeignete Orte für den Fotoansitz vor. Vorhandene Hochsitze sind jedoch nur in Ausnahmefällen für den Fotografen geeignet, denn das Objektiv sollte sich auf gleicher Höhe mit dem Objekt befinden. Der Tierfotograf muß sich also auf dem Boden einrichten. Dazu dient auf die Dauer am besten ein transportables Ansitzzelt. Entscheidend für ein gutes Tierfoto ist jedoch grundlegendes Wissen über die Verhaltensweisen der Tiere. Sehr hilfreich können auch Hinweise aus der Jagdliteratur sein, die zeigen, wie Wild akustisch oder durch Auslegen von Ködern angelockt werden kann.

Aufnahmen am Gehege und Gatter sollten nie als Freilandaufnahmen deklariert werden. Maschendraht, niedergetretener Boden, entrindete Bäume könnten auf den unnatürlichen Biotop hinweisen. Die Aufnahmen werden mit Objektiven mit langer Brennweite gemacht. Durch den geringen Schärfentiefenbereich löst sich der Maschendraht im Vordergrund auf und es ver-

Tab. V-4: Formatfüllende Wild- und Vogelaufnahmen bei verschiedenen Brennweiten (nach TREUENFELS 1973 verändert.)

Objekt	Entfernung Kamera-Objekt bei Teleobjektiven mit den Brennweiten					
	135	200	280	400	600	
Hirsch	14	21	30	42	63	in Metern
Wildschwein	10	15	21	30	45	
Reh, Graureiher	7	9	12	18	27	
Hase, Birkhahn, Bussard	4	5.5	7.5	11	17	
Ringeltaube, Krähe, Hermelin	2.5	4	6	8	12	
Gr. Buntspecht, Kiebitz	2	3	4	6	9	

schwimmt der Hintergrund. Dadurch wird das Tier bildbestimmend und aus Tab. V-4 kann abgelesen werden, wie groß die Entfernung des Tieres bei Verwendung von Objektiven unterschiedlicher Brennweite sein muß, damit es formatfüllend abgebildet wird.

Bei der **Vogelfotografie** am Nest wird die Tatsache ausgenützt, daß die Altvögel während der Brutzeit ganz auf das Nest fixiert sind und sich bei genügender Vorsicht des Fotografen dort mit Sicherheit einstellen. Es sollte folgendes beachtet werden:

- möglichst große Entfernung der Kamera (Teleobjektiv)
- Fernauslösung oder Ansitzzelt
- langsame Gewöhnung der Vögel an die fremden Gegenstände (geht oft über Tage)
- eine aus menschlicher Sicht gute Tarnung (Verblendung) kann eher in das Feindbild eines Vogels passen als ein wenig getarntes Ansitzzelt
- auf keinen Fall Fotoschneisen schlagen oder schützendes Laubwerk entfernen, um einen besseren Lichteinfall zu bekommen
- das Unternehmen sofort abbrechen, wenn die Altvögel nicht mehr zum Nest kommen
- müssen Jungvögel aus nächster Nähe aufgenommen werden, nie länger als 10 Min. am Nest bleiben.

Besonders günstig sind für den ornithologisch ausgerichteten Naturfotografen die Balzzeiten. Die Vögel sind mit der Partnerwahl und der Revierverteidung so beschäftigt, daß eine optimale Annäherung möglich wird. Manche, die sich normalerweise immer in den Baumkronen aufhalten, kommen während der Balz auf den Boden. Ein weiterer Vorteil ist die Tatsache, daß die Balz häufig im Frühjahr stattfindet, wo die Belaubung den Fotografen noch nicht so stark hindert. Findet die Balz wie bei Birkhähnen oder Kampfläufern an festen Orten statt, lohnt es sich, frühzeitig einen Ansitz zu bauen. Das gleiche gilt für Vogeltränken oder für See- und Teichufer mit großen Populationen.

Bei der **Aquariumsfotografie** kann die Glasscheibe zwischen Kamera und Blitz einerseits und Objekt andererseits stören. Ist diese Glasscheibe nicht plan geschliffen, führt dies zu Verzerrungen. Beim Bau eines eigenen Aquariums sollte man deshalb unbedingt darauf achten, daß plangeschliffenes Spiegelglas verwendet wird und das Aquarium mindestens 40 x 20 x 35 cm groß ist. Um die ganze Tiefe des Aquariums auch bei größeren Abbildungsmaßstäben zu erfassen, sollten Teleobjektive mit 100 bis 135 mm Brennweite verwendet werden. Da Wasser und Glasscheibe Licht schlucken und reflektieren, muß die Blende gegenüber Freilandaufnahmen bei sonst gleichen Bedingungen um etwa einen Wert geöffnet werden. Die Kamera selbst muß möglichst senkrecht auf die gesäuberte Aquariumsscheibe gerichtet werden (vgl. Abb. V/5). Für eine optimale Ausleuchtung sorgen zwei Blitzgeräte. Eines wird auf gleicher Höhe seitlich von der Kamera auf ein Stativ montiert, so daß der Lichtstrahl im Winkel von etwa 45° auf die Glasplatte trifft. Dadurch wird verhindert, daß der reflektierte Strahl in das Objektiv der Kamera trifft und störende Reflexe verursacht. Sehr wichtig ist es, das Verhalten der Tiere im Aquarium vorher zu beobachten. Viele Fische schwimmen nicht willkürlich im Becken herum, sondern verfolgen bestimmte Routen, ähnlich den Bewegungsstereotypien, wie sie Großsäuger im Zoo zeigen. Sie besitzen Lieblingsplätze und Verstecke. Kennt man diese, so läßt sich die Fotoapparatur darauf einstellen und die Wahrscheinlichkeit wird größer, daß der Fisch scharf abgebildet wird.

Ein **Heimatelier** wird für die Fälle eingerichtet, wo Aufnahmen in freier Natur nur sehr schlechte Ergebnisse bringen. Ansonsten gilt immer der Grund-

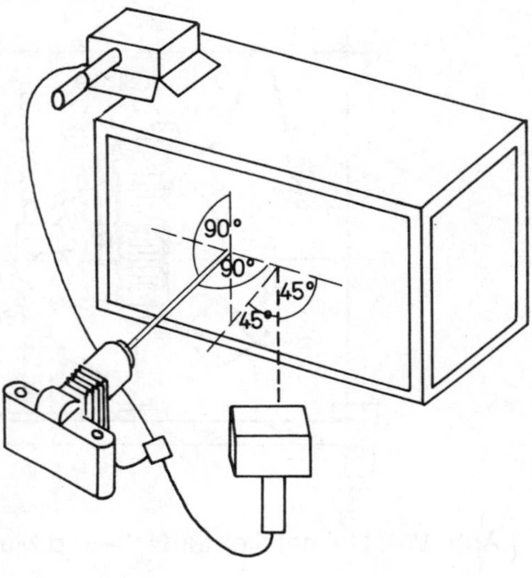

Abb. V/5: Geräteanordnung bei Aufnahmen am Aquarium.

satz: Naturobjekte haben an ihrem natürlichen Standort zu bleiben und werden dort auch fotografiert.

Kernstück eines Heimateliers für den Nah- und Makrobereich ist ein Tischstativ, bestehend aus einer schweren, möglichst großen Grundplatte mit solider Säule. Mit einem Feintrieb sollte die Höhe der Kamera stufenlos verstellt werden können. Das Installieren der Beleuchtungseinrichtungen, das Einrichten des Objekts oder das Anbringen von Reflexionswänden kann durch ein Stativgerüst aus Laborstativen, wie sie im naturwissenschaftlichen Unterricht üblich sind, sehr erleichtert werden (vgl. Abb. V/6).

Die Beleuchtungsmöglichkeiten sind im Heimatelier weit differenzierter als im Freiland. Beginnen wir mit der optimalsten Lösung, einer Kaltlichtquelle, von der das stufenlos regelbare Halogenlicht über mindestens 2 Lichtleiter (Schwanenhälse) ohne Wärmebelastung auf das Objekt gerichtet werden kann (vgl. Abb. V/6).

Bei der Verwendung von 2 Blitzgeräten kann man sich die Wirkung der Ausleuchtung nur vorstellen, oder man muß zunächst 2 Pilotleuchten anstelle der Blitzgeräte einsetzen. Ein Blitzgerät wird in der Regel im Winkel von 30-40 Grad von oben auf das Objekt gerichtet. Von welcher Seite geblitzt wird, bestimmt der bildwichtigste Teil des Objekts. Ist zum Beispiel der Kopf eines Insekts links, wird von links oben geblitzt. Der zweite Blitz dient nur der Aufhellung. Er sollte etwa doppelt so weit vom Objekt entfernt sein wie der Hauptblitz. Bei der Blendenwahl muß er nicht berücksichtigt werden (s. Kap. V.2.4).

Natürlich kann auch mit jeder anderen Lichtquelle beleuchtet werden. Es ist nur darauf zu achten, daß dann bei Farbfilmen Kunstlichtfilme verwendet werden. Bei Tageslichtfilmen muß mit Konversionsfiltern gearbeitet werden.

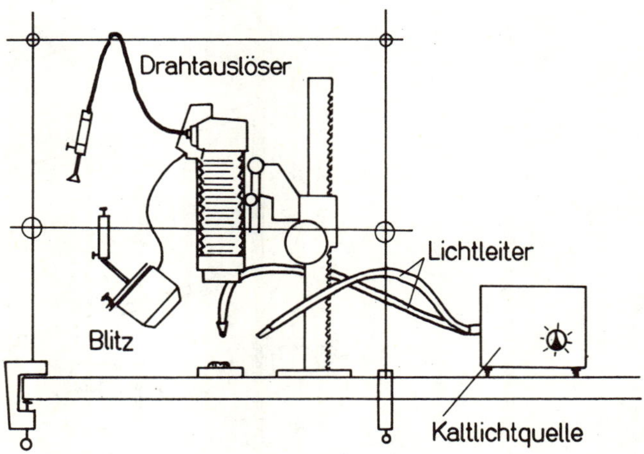

Abb. V/6: Heimatelier für Nah- und Makroaufnahmen.

V.2.6 Mikrofotografie und Videomikroskopie

Bei der **Mikrofotografie** werden mit einer handelsüblichen Spiegelreflexkamera am Mikroskop Mikroaufnahmen von einem mikroskopischen Präparat gemacht. Die Qualität dieser Aufnahmen wird ausschließlich durch die Leistungsfähigkeit des Mikroskopes bestimmt.

Abb. V/7 zeigt ein Kameragehäuse, das ohne Kameraobjektiv über einen Mikrofototubus am Okularstutzen des Mikroskops befestigt wurde. Das Okular des Mikroskops muß unbedingt mit verwendet werden, weil Bildfehler des Objektivs durch das Okular korrigiert werden. Der Mikrofototubus von definierter Länge stellt praktisch einen festen „Balgen" dar und wird bei manchen Firmen im Kamera-Zubehör angeboten.

Das optische System eines Mikroskops besteht aus dem Objektiv, dem Okular und dem Kondensor. Die **Vergrößerung** des Objektiv multipliziert mit der Vergrößerung des Okulars, ergeben die Gesamtvergrößerung des Mikroskops. Sie ist eine scheinbare Vergrößerung, bei der ein virtuelles Bild in einem Betrachtungsabstand von 250 mm hinter dem Okular entworfen wird. Die tatsächliche Vergrößerung des Systems Mikroskop + Kamera auf dem Film errechnet sich durch Multiplikation der Gesamtvergrößerung des Mikroskops mit dem Quotienten Kameraauszug durch Betrachtungsabstand. Da der Kameraauszug durch die Länge des Fototubus festgelegt ist, ergibt sich

$$\text{Bildvergrößerung} = \frac{\text{Vergr. Objektiv x Vergr. Okular x Tubuslänge}}{250 \text{ mm}}$$

Damit wird nochmals deutlich, daß die Kamera mit dem Fototubus eine Konstante im Gesamtsystem darstellt. Da die Fototuben durchschnittlich etwa 11 cm lang sind, erhält man eine Bildvergrößerung von etwa der Hälfte der Mikroskopvergrößerung.

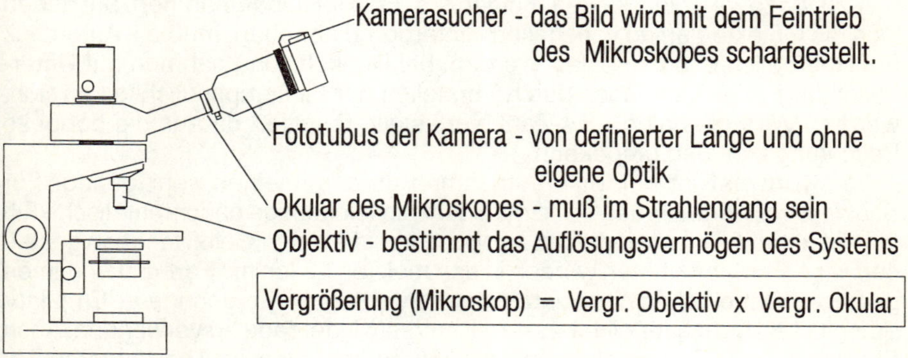

Abb. V/7: Kamera mit Fototubus am Mikroskop.

Ohne den Mikrofototubus muß die Spiegelreflexkamera mit einem Objektiv verwendet werden und mit entsprechendem Lichtschutz über dem Okular des Mikroskops montiert werden. Gut geeignet ist ein auf unendlich gestelltes Makroobjektiv mit einer Brennweite von 50 - 55 mm. Teleobjektive von 85 - 135 mm Brennweite sind ebenfalls verwendbar und leuchten das Kleinbildformat voll aus.

Die **Scharfeinstellung** des Objektes wird mit dem Mikroskop vorgenommen und im Sucher der Kamera überprüft. Dabei erweisen sich die standardmäßig eingebauten Einstellscheiben mit Mikroprismenraster oder Schnittbild-Indikator als ungünstig. Besser sind Mattscheiben mit Klarsichtfleck und Fadenkreuz. Das Bild wird dann scharf, wenn im Sucher Objekt und Fadenkreuz gleichzeitig scharf gesehen werden. Auf Grund der hohen Vergrößerung wirken sich die leichtesten **Erschütterungen** im System Kamera/Mikroskop nachteilig auf die Schärfe der Bilder aus. Deshalb muß auf eine vibrationsfreie Aufstellung der Geräte geachtet werden. Die Auslösung darf nur über einen Drahtauslöser oder über den Selbstauslöser der Kamera erfolgen. Besonders günstig ist die Fußauslösung mit einem pneumatischen Fernauslöser. Die Hände sind dann frei für die Bedienung des Mikroskops.

Die **Belichtungszeit** wird mit der Lichtinnenmessung der Kamera bestimmt. Die günstigsten Zeiten liegen zwischen 1/30 sec und 1/2 sec, da hier die meisten Verschlüsse die geringsten Vibrationen aufweisen. Kürzere Zeiten sollten nicht gewählt werden, längere Zeiten sind jedoch oft nicht zu umgehen. Der Meßvorgang ist eine Arbeitsblendenmessung, wobei die Blende gar nicht benutzt wird. Man verfährt so, als würde ein Fotoobjektiv maximaler Blendenweite verwendet. Durch Veränderung der Beleuchtungsstärke am Mikroskop wird die Meßnadel auf den entsprechenden Wert einreguliert (s. Bedienungsanleitung der Kamera).

Automatische Spiegelreflexkameras mit Zeitsteuerung können im Automatik-Betrieb auf dem Mikroskop eingesetzt werden. Man sollte jedoch auch hier zu kurze Verschlußzeiten meiden s.o. Bei Hellfeldaufnahmen, bei denen sich die Objekte dunkel vom hellen Hintergrund abheben, muß die Automatik auf Überbelichtung eingestellt werden, bei Dunkelfeldaufnahmen auf Unterbelichtung. Dies kann auch durch Verstellen der Filmempfindlichkeit erreicht werden. Wird die halbe ASA-Zahl eingestellt, resultiert daraus die doppelte Belichtungszeit und umgekehrt.

Der **Kontrast** ist bei Mikroaufnahmen im allgemeinen sehr gering. Für Schwarzweiß-Aufnahmen sollte man deshalb feinkörnige panchromatische Filme mit guter Kontrastwiedergabe verwenden, die durch Gelbfilter noch gesteigert wird. Farbaufnahmen werden in den meisten Fällen mit Farbumkehrfilmen gemacht. Dabei ist es nicht unbedingt notwendig, Filme geringerer Empfindlichkeit (12-15 DIN) für eine bessere Kontrastwiedergabe zu verwenden. Auch Filme von 18-21 DIN ergeben brillante Mikroaufnahmen, weil bei längeren Belichtungszeiten die Gradation eines Filmes wesentlich steiler wird.

Tab. V-5: Berechnete Umwandlungswerte der Konversionsfilter für gebräuchliche Lampen/Film Kombinationen (nach GÖKE, 1977 verändert.)

Mikroskop Beleuchtungs-einrichtung	Umwandlungswert des Konversionsfilters für Tageslicht Umkehrfilm 5500 K/18 daM	Kunstlicht Umkehrfilm 3200 K/31 daM
Niedervolt Glühlampe 2850 K/35 daM	-17 daM	-4 daM
Halogen Lampe 3200 K/31 daM	-13 daM	-
Mikroblitz 6000 K/17 daM	1 daM	14 daM

Wichtig ist eine genaue Abstimmung der Beleuchtungsquelle des Mikroskops auf den verwendeten Film. Nur so erhält man farbgetreue Aufnahmen. Die einfachste Möglichkeit ist die Verwendung eines Kunstlichtfilmes. Bessere Ergebnisse bringen jedoch Tageslichtfilme, die mit **Konversionsfiltern** genau auf die Farbtemperatur der verwendeten Mikroskoplichtquelle abgestimmt wurden.

Die Bestimmung des richtigen Filters erfolgt günstigerweise nicht in Grad Kelvin, sondern in Deca-Mired (daM). Dabei bedeutet deca = 10 und Mired ist die Abkürzung für micro reciprocal degree = Kehrwert von Millionstel Grad Kelvin = 10^{-6} [K^{-1}]. Deca-Mired (daM)sind dann 10^{-5}[K^{-1}]. Die Umwandlungswerte der Konversionsfilter werden nach der Formel berechnet

$$\text{Film [daM] - Licht [daM] = Filter [daM]}$$

Aus Tab. V-5 können für die gebräuchlichsten Lampen-Film-Kombinationen die benötigten Umwandlungswerte der handelsüblichen Konversionsfilter entnommen werden.

Bei der **Video-Mikroskopie** wird an Stelle des Auges eine Video-Kamera über dem Okular des Mikroskops installiert. Auf diese Weise ist es möglich, Einstellungen, die am Mikroskop erarbeitet werden, gleichzeitig über einen Monitor zu präsentieren.

Abb. V/8 zeigt einen Kamerakopf ohne Objektiv mit aufgesetztem Netzteil und einem C-MOUNT Adapter, der auf einem Foto-Tubus des Mikroskops sitzt. Das Videosignal wird über einen Video-Verteiler wahlweise auf Geräte wie Monitor, Rekorder oder Personalcomputer gelegt. Mit solch einer Konfiguration, die auch einen Schuletat nicht gleich überfordert, ist man nicht nur für die Video-Mikroskopie bestens gerüstet. Wenn der Kamerakopf über entsprechende Adapter mit belieben Foto-Objektiven verbunden werden kann, eröffnen sich im Makrobereich sehr gute Möglichkeiten, da Foto-Objektive viel leistungsstärker sind als die Standard-Videoobjektive, die vom Tele- bis zum Makrobereich alles abdecken. Leider ist das Angebot an solchen universell einsetzbaren Systemen gering. Gut bewährt hat sich das F 15 System von PANASONIC.

Natürlich können auch handelsübliche Camcorder mit fest eingebautem Zoom-Objektiv, das auf Tele gestellt werden muß, verwendet werden. Dazu ist eine freihängende und gegen Lichteinfall abgeschirmte Montage der Kamera nötig. Insgesamt können aber solche Konfigurationen für den Einsatz in Schulen nicht vorgeschlagen werden. Sie bleiben dem technisch versierten Bastler vorbehalten.

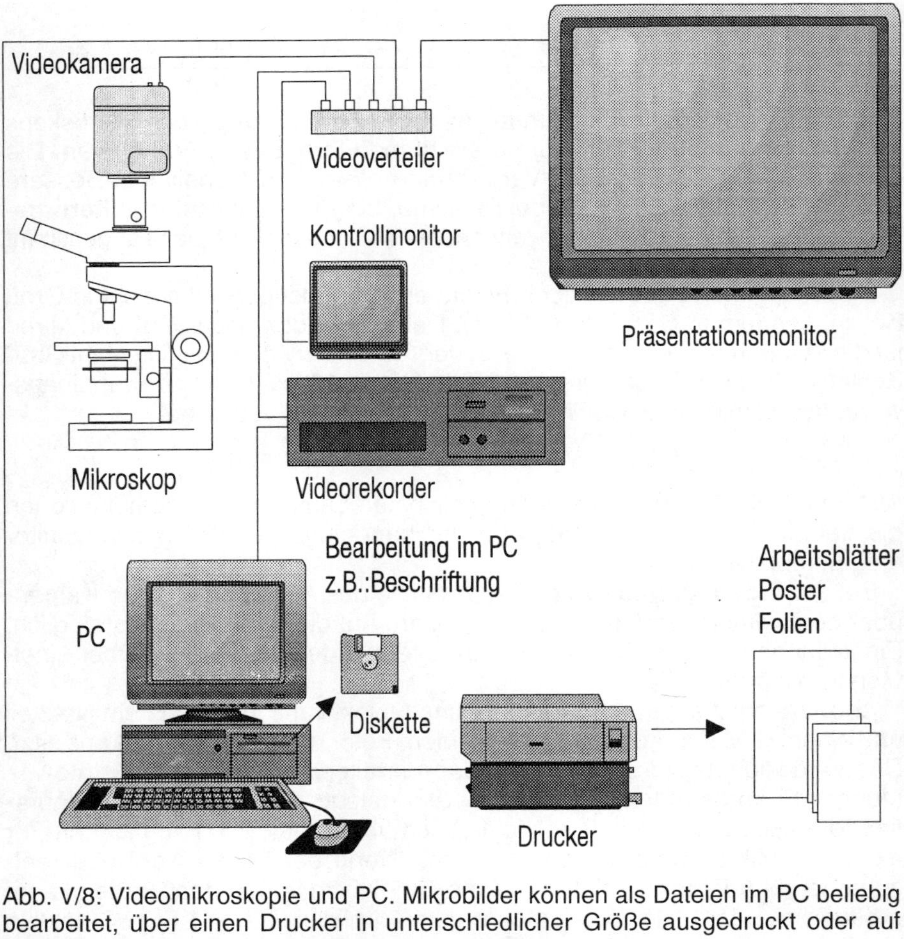

Abb. V/8: Videomikroskopie und PC. Mikrobilder können als Dateien im PC beliebig bearbeitet, über einen Drucker in unterschiedlicher Größe ausgedruckt oder auf Diskette oder sonstigen Speichermedien archiviert werden.

V.3 Elektronische Verfahren zur Bilderfassung und Bildbearbeitung

Die Komplexität der Abb. V/9 und V/10 deutet an, daß es nicht leicht ist, sich in der Vielfalt der modernen Bilderfassungs- und Bildbearbeitungsverfahren zurechtzufinden. Das liegt sicherlich daran, daß die Arbeitsbereiche der **herkömmlichen Fotografie**, der **Videotechnik** und der **digitalen Bilderfassung** und **Bildbearbeitung** mit dem Computer, die bislang unvereinbar schienen, jetzt eine gemeinsame Schnittstelle bekommen haben. Es stellt sich also nicht die Frage, für welche Arbeitstechniken man sich entscheiden soll, sondern wie aus der wechselseitigen Vernetzung und Ergänzung dieser verschiedenen Arbeitstechniken ein optimales Ergebnis für eine bestimmte Aufgabenstellung erreicht werden kann.

Eine sehr wichtige Aufgabenstellung, nicht nur im Bereich der Lehre, ist die Projektion unterschiedlichster Bilder bei variierenden räumlichen Voraussetzungen. Während früher dafür mehrere Geräte notwendig waren, vernetzen moderne elektronische Projektoren die digitale Welt mit der Video-Welt und verarbeiten beide Signale. Den flexibelsten Einsatz ermöglichen neue **Farbdisplays** in Verbindung mit besonders lichtstarken Tageslichtprojektoren, deren Strahlengang auf das Display-Fenster gebündelt werden kann. **Beamer** und **Großbildmonitore** müssen in der Regel fest eingebaut werden, sind sehr teuer und können deshalb trotz der brillianten Bildwiedergabe nur in Sonderfällen zum Einsatz kommen.

Die **Photochemie** umfaßt die vertrauten Verfahren, bei denen ein Film in der Kamera belichtet wird, der nach der Entwicklung als Negativ- oder Diastreifen den eigentlichen „Datenträger“ darstellt. Dieser wird dann in Entwicklungsanstalten „über Nacht“ zu Bildern, Folien oder Dias bester Qualität weiterverarbeitet. Vergleichbare Schärfe, Farbtreue und Brillianz der Abbildung kann zur Zeit über elektronische Verfahren nur mit sehr hohem technischem und finanziellem Aufwand erreicht werden. Der entscheidende Nachteil der Photochemie ist jedoch, daß Bildbearbeitungsmöglichkeiten sehr begrenzt sind und im Normalfall nur dem Profi zur Verfügung stehen.

Bislang konnte dieser Nachteil nur durch das „Scannen“ (Einlesen) der Bilder mit einem Hand- oder Flachbettscanner, einem Diascanner oder einer Scanner-Kamera in einen PC (Personalcomputer) ausgeglichen werden. Jetzt kann man die Bilder in der Entwicklungsanstalt digital und in sehr guter Qualität (bis 2048 x 3072 Pixel) auf eine PHOTO-CD speichern lassen. Die Bilder der CD können über ein CD-ROM-Laufwerk, das auch mehrmals beschriebene CDs lesen können muß, in den PC übertragen werden. Damit wird der PC zu einem Fotostudio und eröffnet alle Möglichkeiten digitaler Bildbearbeitung (Abb. V/9).

Video-Techniken haben in der Biologie in Lehre und Forschung in der Regel den Schmalfilm, für den heute bereits keine Projektoren mehr hergestellt

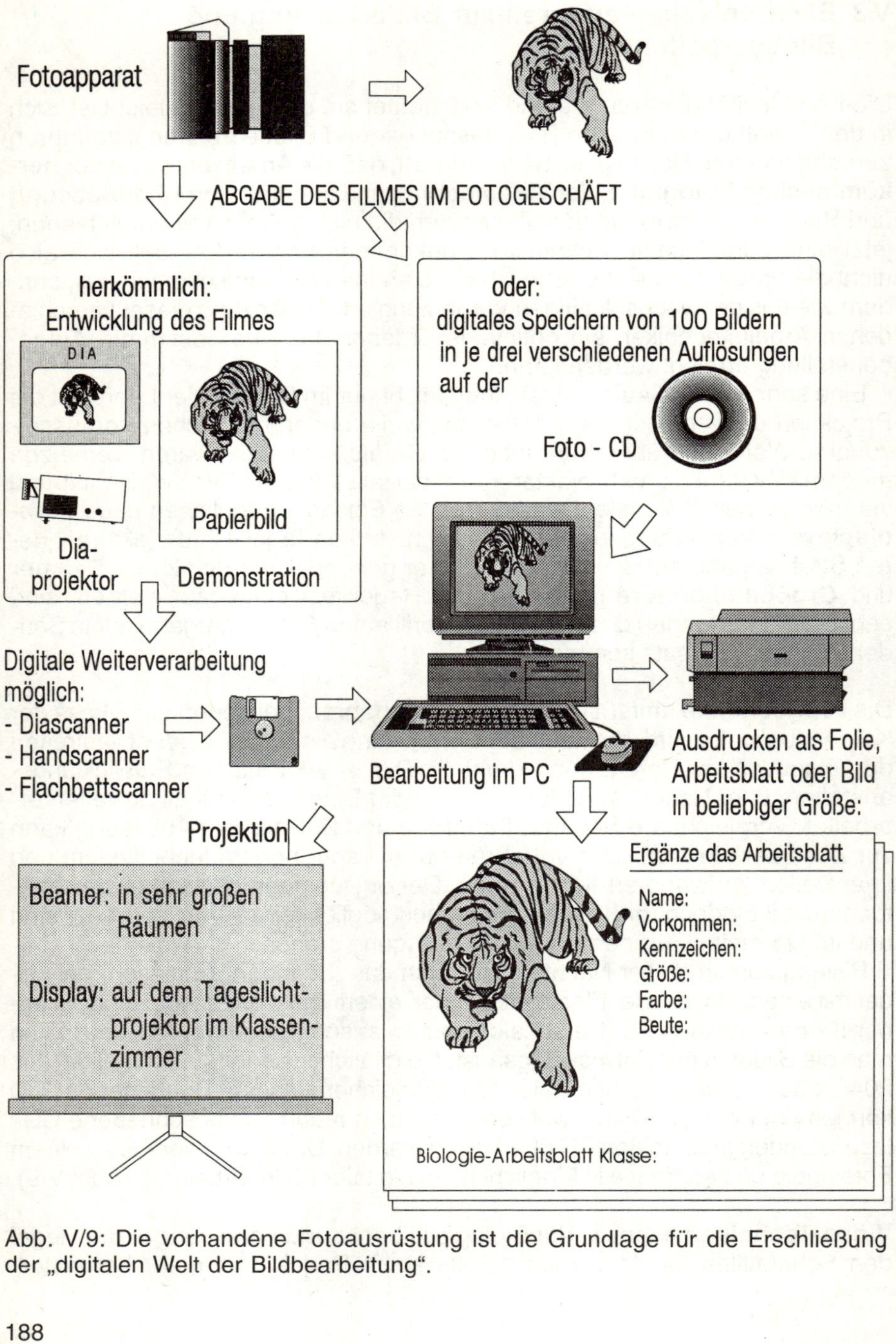

Abb. V/9: Die vorhandene Fotoausrüstung ist die Grundlage für die Erschließung der „digitalen Welt der Bildbearbeitung".

werden, voll ersetzt. So ermöglichen bereits einfache handelsübliche Video-Kameras detaillierte verhaltenskundliche Dokumentationen oder erschließen den Makrobereich der Blütenbiologie. Diese Video-Bänder können dann auf Video-Schnittplätzen geschnitten, mit einem Titelgenerator betitelt oder über sonstige Zusatzgeräte mit Effekten belegt werden (vgl. Abb. V/10). Dasselbe und noch viel mehr ist möglich, wenn die Video-Zusatzgeräte durch einen PC ersetzt werden, der mit einer Karte wie der „Videomachine“ bestückt ist, die die digitale Bearbeitung des Video-Signals ermöglicht. Auf diese Weise wird eine Schnittstelle zu entsprechenden Software-Programmen eingerichtet. Nun können mit einem Zeichenprogramm erstellte Schemazeichnungen oder Schaubilder aus der Tabellenkalkulation oder Texte aus der Textverarbeitung in das Video mit eingebunden und mit Ton unterlegt werden.

Sehr viel einfacher ist das digitale Einfangen einzelner Video-Bilder, egal ob sie aus dem Fernsehnetz, einem Video-Rekorder oder direkt aus der Kamera stammen. Dazu ist ein PC mit einer Zusatzkarte (Framegrabber) wie der „Screen-Machine“ nötig, die Video-Signale digitalisiert und jeweils einzeln in Dateien ablegt. Nach Konvertierung in das entsprechende Bildformat stehen dann wieder alle Möglichkeiten der elektronischen Bildbearbeitung und der Präsentation zur Verfügung.

Eine weitere Möglichkeit, selbstgeschossene Bilder sowohl auf den Fernseher zu legen als auch in den PC über Zusatzkarte einzulesen, stellt das Still-Video-System dar. Die Bilder werden in der Kamera auf kleinen 2 Zoll Disketten gespeichert und können von dort jederzeit übertragen oder gelöscht werden. Da dies keine ausbaufähigen Systemkameras sind, bleibt dem Biologen der Makro- und Mikrobereich verschlossen und auch in der Totalen kann die Auflösung der Bilder noch nicht überzeugen.

Nachdem die Schnittstellen zur **digitalen Welt der Computer** mehrfach angesprochen wurden, sollen allgemeine Hinweise dem Einsteiger die Beurteilung von Geräten (Hardware) und Programmen (Software) zur Bilderfassung und Bildbearbeitung erleichtern.

Bilder werden im Computer auf Festplatte oder Diskette als Dateien in einem bestimmten Grafikformat gespeichert. Leider gibt es eine große Zahl unterschiedlicher Grafikformate, die man an der Endung des Dateinamen erkennt. Die Datei „blatt1.pcx“ ist demnach in dem sehr gebräuchlichen PCX-Grafikformat abgespeichert worden. Läßt man sich am Computer die Größe von Grafikdateien anzeigen, fallen sehr große Unterschiede auf. Einfache Schemazeichnungen kommen mit einigen 10 000 Byte aus, während photorealistische Bilder in Echtfarben und maximaler Auflösung einige Megabyte groß sein können. Daraus ergeben sich Konsequenzen nicht nur für die Ausstattung des Rechners mit Speicherplatz, sondern auch für die verwendeten Programme, die mit diesen Datenmengen angemessen schnell umgehen können müssen. Damit wird deutlich, daß man sich zunächst darüber im Klaren sein muß, mit welcher Zielsetzung in die elektronische Bilderfassung eingestiegen werden soll.

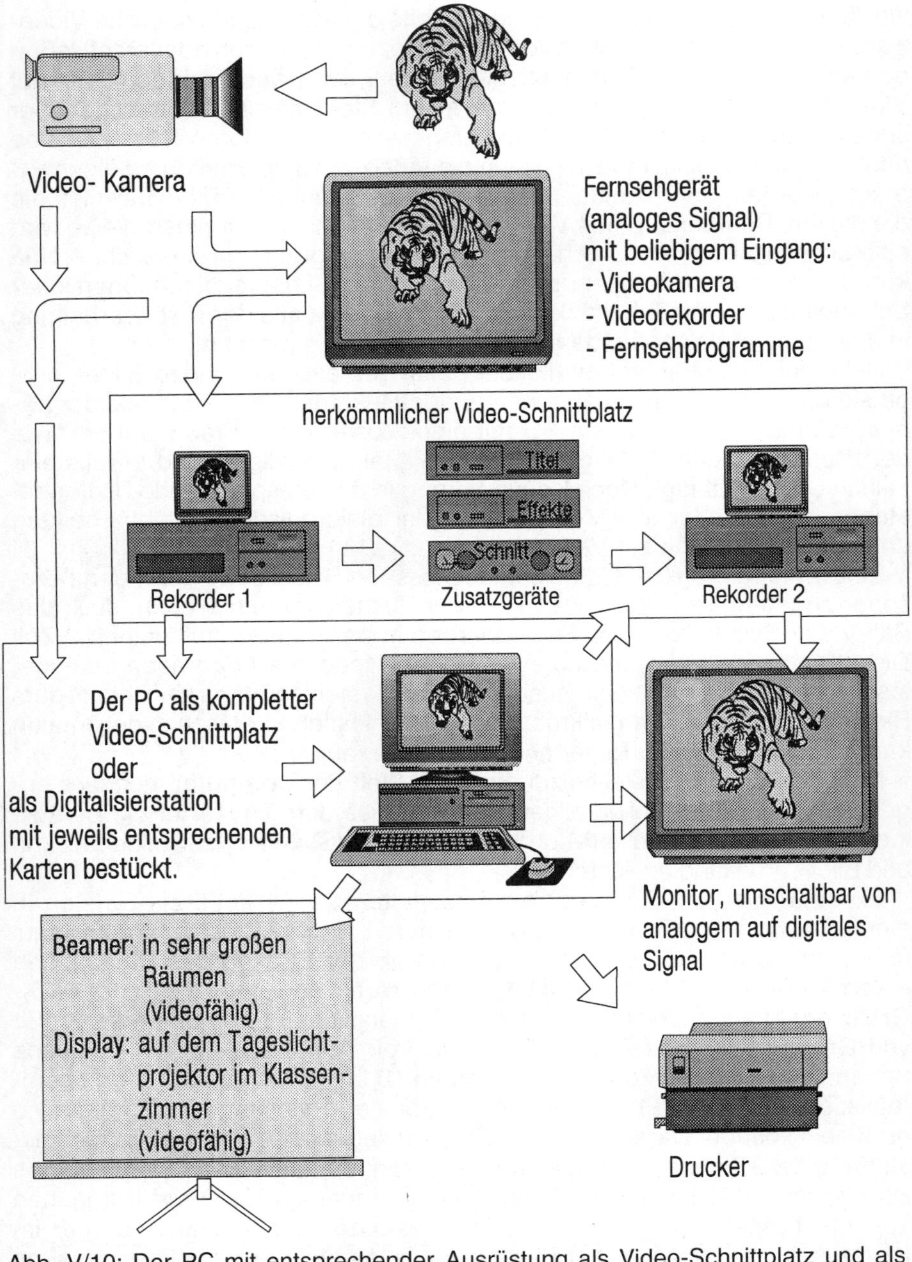

Abb. V/10: Der PC mit entsprechender Ausrüstung als Video-Schnittplatz und als Digitalisier- und Bearbeitungsstation für Video-Signale.

Im Bereich der Lehre in der Biologie, wo häufig mit photorealistischen Bildern gearbeitet wird, hat sich die Beschränkung auf eine Auflösung von 640 x 480 Pixel bei 256 Farben bewährt. Die Dateigrößen liegen dann bei etwa 300 000 Byte pro Bild. Mit solchen Dateien kommen praktisch alle Programme gut zurecht. Die Bearbeitungszeiten sind kurz, die Speicherkapazität des Rechners wird nicht überfordert, die Präsentation über Farbdisplays oder Monitore ist schnell und qualitativ überzeugend und sogar die Ausdrucke als Poster oder Folie können sich noch sehen lassen.

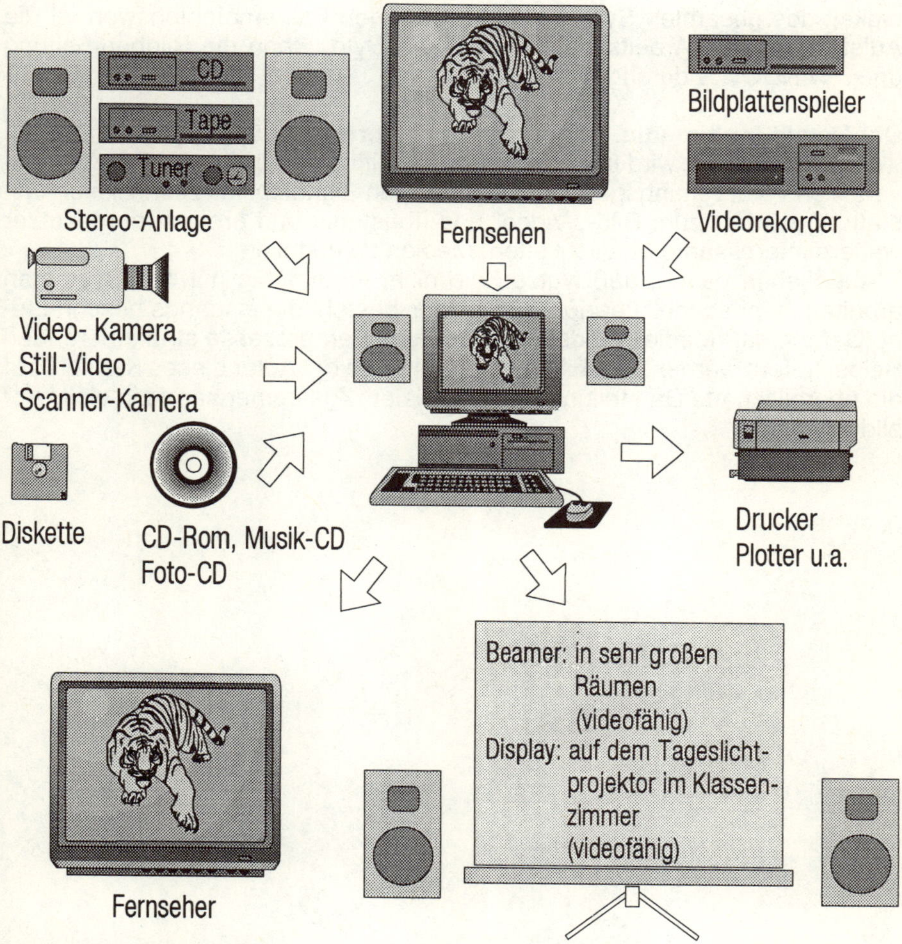

Abb. V/11: Multimedia.

Außerdem sollte man auch an den Bearbeiter selbst denken, der häufig „pixelgenau" am Bildschirm arbeiten muß. Da werden höhere Auflösungen als die vorgeschlagenen sehr anstrengend und nur bei besonderen Anforderungen unumgänglich.

Auch wenn diese vorgeschlagenen Beschränkungen beachtet werden, ist ein angemessen ausgestatteter Computer-Arbeitsplatz eine Grundvoraussetzung für gute Ergebnisse. Ein Rechner mit einem 486er Prozessor, einem Arbeitstakt von 33 MHz, 4 MByte Arbeitsspeicher, mit einer schnellen Super-VGA-Karte und einer Festplatte mit mindestens 500 MByte ermöglicht vernünftiges Arbeiten. Bei einer höherwertigen Ausstattung einzelner Komponenten muß darauf geachtet werden, wo der Flaschenhals für die Geschwindigkeit des gesamten Systems liegt. Auf jeden Fall empfehlenswert ist die Aufstockung des Arbeitsspeichers auf 8 MByte, wenn die Bildbearbeitung unter WINDOWS durchgeführt wird.

Der Begriff **Multimedia,** der in der Computerwelt zu einem neuen Schlagwort geworden ist, wird in Abb. V/11 aufgegriffen. Hier wird der PC zum universellen Verarbeitungsgerät für alle Arten von Signalen. Mit zusätzlicher Ausstattung wird er zum Bild-, Video- und Tonstudio und eröffnet dem Nutzer weitere interessante Möglichkeiten, Medien zu erstellen.

Abgesehen davon, daß Nutzer, die nicht regelmäßig mit den Systemen arbeiten, sehr schnell überfordert werden, besteht die eingangs beschriebene Gefahr, daß Medien zu den die Lehr- und Lernprozesse strukturierenden Selbstläufern werden. Deshalb beschränkt sich der Autor dieses Kapitels auf die überblickhafte Darstellung „multimedialer" Zusammenhänge in einer Abbildung.

VI. Statistische Auswertung von Ergebnissen

In der Biologie wird man bei Untersuchungen auch bei gleicher Meßtechnik nie völlig übereinstimmende Werte erhalten, wie das bei Messungen etwa in der Physik möglich ist. Es ist praktisch immer eine Streuung vorhanden, die geradezu als eine Eigentümlichkeit lebender Systeme anzusehen ist. Da man bei fast allen Messungen eine Auswahl aus den überhaupt möglichen Messungen treffen muß, kommt bei dieser Auswahl der Zufall ins Spiel. Der Zufall ist es aber gerade, der andererseits die Grundlage für statistische Berechnungen bildet. Er folgt nämlich mathematischen Gesetzmäßigkeiten und bietet die Möglichkeit, eine Reihe empirisch gewonnener Zahlen zu analysieren und darzustellen.

Aus der Vielzahl statistischer Verfahren sollen hier nur einige wenige Methoden angesprochen werden, wie sie u.U. auch im Biologie-Unterricht in Frage kommen könnten. Sie gelten für physiologische und anatomische Messungen und ökologische Zählungen gleichermaßen. Es kann hier auch nicht die Aufgabe sein, statistische Formeln herzuleiten – dazu gibt es eine Fülle von Lehrbüchern der Statistik –, es soll lediglich die Anwendung einiger einfacher Methoden besprochen und an einem gleichbleibenden Ausgangsbeispiel durchgerechnet werden. Das konstruierte Beispiel besteht in einer Herzfrequenzmessung von 30 Schülern einer Klasse in Ruhe und nach 10 Kniebeugen.

Folgende Herzschläge/Minute seien gemessen worden (in Klammern die Werte nach Belastung):
71 (86) - 90 (110) - 76 (95) - 81 (99) - 76 (95) - 78 (90) - 83 (102) - 63 (75) - 76 (98) - 83 (99) - 69 (79) - 85 (93) - 75 (92) - 80 (104) - 77 (95) - 85 (102) - 74 (96) - 71 (89) - 75 (96) - 80 (103) - 72 (94) - 77 (87) - 76 (88) - 80 (100) - 72 (91) - 67 (84) - 80 (91) - 84 (103) - 87 (105) - 67 (77).

Anhand dieser Werte werden sämtliche hier vorgestellten Verfahren besprochen und durchgerechnet.

Die Zahl der gefundenen Werte wird mit n bezeichnet, jeder einzelne Wert der Meßreihe mit x; meint man einen bestimmten Einzelwert, so nennt man ihn x_i (Individualwert). Werte der Meßreihe A (ohne Belastung) lassen sich als x_A kennzeichnen und damit von denen der Meßreihe B (in Klammern, nach Belastung) -x_B- unterscheiden.

VI.1 Die graphische Darstellung von Häufigkeiten

Will man von einer Schar von Werten ein Häufigkeitsdiagramm erstellen, wählt man als anschauliche Form das **Säulendiagramm**, das die unterschiedliche Häufung innerhalb der vielen Werte verdeutlichen soll. Dazu müssen erst einmal **Klassen** gebildet werden, die den Gesamtumfang der Werte unterteilen. Selbstverständlich muß der Umfang jeder Klasse gleich sein, um eine Vergleichbarkeit zu gewährleisten. Dazu ist es nötig, die Zahl der Klassen festzulegen, aus der sich dann leicht der Umfang jeder Klasse errechnen läßt. Üblicherweise wählt man als Zahl der Klassen keine höhere Anzahl als den 5fachen Logarithmus der Anzahl der Messungen (hier 30):

$$5 \times \log 30 = 5 \times 1{,}4717 = 7{,}3585$$

Es sollten also 7 Klassen gewählt werden.

Der Meßumfang in unserem Beispiel reicht in der Reihe A von 63 - 90. Die Differenz zwischen Maximal- (90) und Minimalwert (63) geteilt durch die Zahl der Klassen ergibt den Umfang jeder Klasse:

$$\frac{90-63}{7} = 3{,}9$$

Der Klassenumfang bei 7 Klassen liegt in unserem Beispiel also bei 4. Es ergeben sich daraus folgende Klassen, für die man jeweils die absolute Häufigkeit der Werte abzählt, die in sie fällt. Unter Umständen kann es nötig sein, nicht die absolute, sondern die relative Häufigkeit zu wählen. Dieser Fall ist

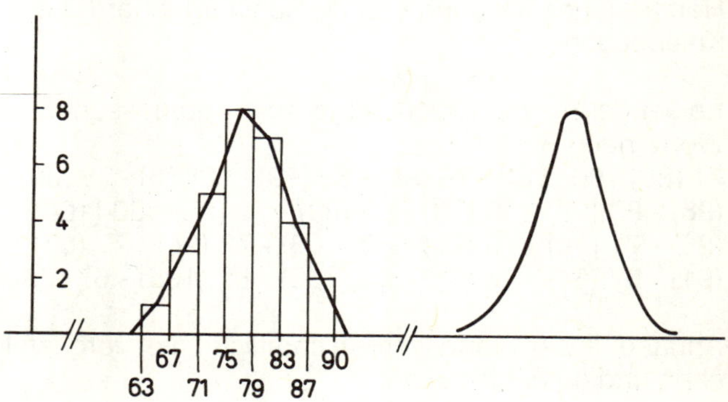

Abb. VI/1: Säulendiagramm der Herzfrequenz-Werte. Rechts: Normalverteilungskurve.

z. B. dann gegeben, wenn man zwei Stichproben vergleichen will, die sich in der Zahl der Messungen unterscheiden. Dazu berechnet man den Prozentsatz, mit dem jede Klasse an der Gesamtzahl vertreten ist. In unserem Beispiel ergibt sich folgende Zusammenstellung:

Klasse	63-66	67-70	71-74	75-78	79-82	83-86	87-90
absolute Häufigkeit	1	3	5	8	7	4	2
relative Häufigkeit	3,3	10	16,7	26,7	23,3	13,3	6,7

Die gefundene Häufigkeitsverteilung kann man nun in ein Säulendiagramm einzeichnen (Abb. VI/1). Eine derartige Auftragung wird als **Histogramm** bezeichnet. Verbindet man die Klassenmittel miteinander, so entsteht eine Glockenkurve, die einer Normalverteilungskurve, deren theoretische Form auf Abb. VI/1 rechts zu sehen ist, ähnelt.

VI.2 Mittelwert und Variabilität

Um eine Werteschar in ihrer Zusammensetzung besser beurteilen zu können, errechnet man den Mittelwert, der in der Regel als **arithmetisches Mittel** benutzt wird. Für Spezialfragen kann aber auch das harmonische, das geometrische Mittel, der Zentralwert oder der Modalwert Anwendung finden. Im Folgenden ist immer das arithmetische Mittel gemeint. Der Mittelwert wird errechnet, indem man die Summe der Einzelwerte (Σx) durch die Anzahl der Zählungen (n) teilt. In unserem Beispiel ist $\Sigma x = 2310$ und $n = 30$. Der daraus folgende Mittelwert ($\bar{x}$) beträgt 77. Man kann also aussagen, daß die Herzfrequenz der Schüler im Durchschnitt bei 77/Minute liegt.

Der Mittelwert allein läßt aber noch keine exakte Aussage zu, vor allem bei kleinen Stichproben. Der errechnete Mittelwert von 77 kann nämlich aus zwei Werten von 76 und 78 hervorgegangen sein, theoretisch aber auch aus zwei Werten von 56 und 98. Deshalb ist es sinnvoll, nicht nur zusätzlich den Stichprobenumfang ($n = 30$) anzugeben, sondern auch Angaben über die Variabilität der Messungen zu machen.

Die Variabilität läßt sich sehr einfach anhand der **Variationsbreite** der Messungen und ihrer Minima und Maxima veranschaulichen. Unter der Variationsbreite versteht man die Differenz zwischen dem höchsten (Maximum, hier 90) und dem niedrigsten Wert (Minimum, hier 63); sie beträgt also in unserem Beispiel 27.

Ein aussagekräftigeres Maß, das nicht nur die beiden Endwerte der Meßreihen berücksichtigt, ist die **Varianz** (s^2) und die **Standardabweichung** (s). Sie werden nach folgenden Formeln berechnet, über deren Herleitung Lehrbücher der Statistik Auskunft geben:

$$s^2 = \frac{\text{Summe der Abweichungsquadrate}}{\text{Anzahl der Freiheitsgrade}}$$

Die Anzahl der **Freiheitsgrade** ist der um 1 verminderte Stichprobenumfang, also n - 1 (hier 29). Die Summe der Abweichungsquadrate erhält man, indem man die Differenz zwischen jedem Einzelwert (x_i) und dem Mittelwert ($\overline{x}$) bildet, diese Differenz quadriert und die Quadrate addiert (s. Beispiel). Da die Differenzen quadriert werden, kommt es nicht auf das Vorzeichen an. Die obige Formel läßt sich mathematisch auch folgendermaßen schreiben:

$$s = \pm\sqrt{\frac{\sum (x_i - \overline{x})^2}{n-1}}$$

Die Berechnung von s anhand der Beispielzahlen:

x_i	$x_i - \overline{x}$	$(x_i - \overline{x})^2$	x_i	$x_i - \overline{x}$	$(x_i - \overline{x})^2$
71	6	36	Übertrag		634
90	13	169	85	8	64
76	1	1	73	3	9
81	4	16	71	6	36
76	1	1	75	2	4
78	1	1	80	3	9
83	6	36	72	5	25
63	14	196	77	0	0
76	1	1	76	1	1
83	6	36	80	3	9
69	8	64	72	5	25
85	8	64	67	10	100
75	2	4	80	3	9
80	3	9	84	7	49
77	0	0	87	10	100
			67	10	100
Zwischensumme		634	$\Sigma(x_i - \overline{x})^2 =$		1174

$$s = \pm\sqrt{\frac{1174}{29}} \qquad s = \pm 6{,}4$$

Die Standardabweichung gibt den Umfang oberhalb und unterhalb des Mittelwertes ($\overline{x}$) an, in dem 2/3 (genau 68,26 %) aller Werte liegen werden, wenn man weitere Messungen vornimmt, in unserem Beispiel also zwischen

70,6 und 83,4. In dem Intervall von $\bar{x}$- 2s und $\bar{x}$ + 2s liegen sogar 95 % (genau 95,45 %) aller zu erwartender Werte, also zwischen 64,2 und 89,8. Will man Untersuchungen, mit welcher Sicherheit der errechnete Mittelwert ($\bar{x}$) dem wahren Mittelwert entspricht, bzw. um wieviel er höchstens vom wahren Mittelwert abweichen wird, bildet man den Standardfehler des Mittelwerts (s_m). Hat man bereits die Standardabweichung (s) berechnet, ist er leicht nach folgender Formel zu ermitteln:

$$s_m = \pm\sqrt{\frac{\sum(x_i - \bar{x})^2}{n(n-1)}} \quad \text{oder} \quad s_m = \frac{s}{\sqrt{n}}$$

Die Standardabweichung betrug: s = ± 6,4; der Standardfehler des Mittelwertes beträgt daher:

$$s_m = \frac{6,4}{\sqrt{30}} \qquad s_m = \pm 1,2$$

Der Standardfehler des Mittelwertes sagt uns, daß mit 95 %iger Sicherheit der wahre Mittelwert zwischen $\bar{x}$ - $2s_m$ und $\bar{x}$ + $2s_m$ liegen wird, also zwischen 74,6 (77 - 2,4) und 79,4 (77 + 2,4).

Analysiert man die Werte der zweiten Meßreihe (die Werte in Klammern, S. 192) auf die gleiche Art und Weise, so kommt man zu folgenden Ergebnissen:

$\bar{x}$ = 93,6 s = ± 8,6 s_m = ± 1,6.

Das Ausrechnen dieser Serie erscheint etwas aufwendiger, da der Mittelwert keine ganze Zahl ist und da (x_i- $\bar{x}$) Werte mit Stellen hinter dem Komma ergibt (7,6, 16,4, 1,4 usw.). Man kann sich das Rechnen aber dadurch vereinfachen, daß man für das Ausrechnen der Abweichungsquadrate den $\bar{x}$ - Wert auf- bzw. abrundet, in unserem Fall auf 94. s und s_m ändern sich dadurch kaum, s lediglich um eine Zahl in der zweiten Stelle hinter dem Komma.

Die Varianz stellt im Zusammenhang mit dem Mittelwert eine Möglichkeit der Berechnung dar, die über die Zuverlässigkeit der ermittelten Werte eine Aussage zuläßt. Beruhen die Einzelwerte nur auf zufallsbedingten Schwankungen innerhalb der Meßreihe, die eine Normalverteilung darstellt, so wird die Variationsbreite nicht beliebig weit nach oben oder unten ausgedehnt sein, sondern die Werte werden nur innerhalb gewisser Grenzen schwanken oder sie höchst selten überschreiten. Diese Grenzen können durch **Dispersionsindex** (χ^2) bestimmt werden. Er hängt noch von der Zahl der Freiheitsgrade, also n - 1, ab. Der Dispersionsindex wird nach folgender Formel berechnet:

$$\chi^2 = \frac{\sum(x_i - \bar{x})^2}{\bar{x}}$$

Tab. VI-1: χ^2-Signifikanzschwellen.

Anzahl der Freiheitsgrade	Irrtumswahrscheinlichkeit 5 %	1 %
1	3,841	6,635
2	5,991	9,210
3	7,815	11,345
4	9,488	13,277
5	11,070	15,086
6	12,592	16,812
7	14,067	18,475
8	15,507	20,090
9	16,919	21,666
10	18,307	23,209
15	24,996	30,578
20	31,410	37,566
25	37,652	44,314
30	43,773	50,892

Nehmen wir aus unserem Beispiel die Herzfrequenzen der Schüler ohne Belastung (71, 90, 76, 81, 76 usw.) und berechnen danach χ^2, so ergibt sich bei einem Mittelwert ($\bar{x}$) von 77 eine Varianz (s^2) von 40,48 und ein χ^2 von 13,341. Dieser errechnete Wert muß nun in einer Tabelle (Tab. VI-1) unter der Zahl der Freiheitsgrade (hier 29) mit dem Tabellenwert für die gewünschte Irrtumswahrscheinlichkeit verglichen werden. Ist der Tabellenwert höher als der errechnete, so bedeutet dies, daß die erhobenen Werte innerhalb einer normalen Streuungsbreite liegen, der Unterschied von Mittelwert und Varianz also nicht signifikant ist. In unserem Beispiel ist der χ^2-Wert sowohl für eine Irrtumswahrscheinlichkeit von 5 % (Tabellenwert 43,773) als auch für einen von 1 % (Tabellenwert 5.892) deutlich niedriger: es ist keine Signifikanz gegeben.

Nehmen wir zu den aus unserem Beispiel genommenen 15 Werten der ersten 15 Schüler ohne Belasung auch noch die ersten 15 Werte nach Belastung hinzu – um wieder auf einen Stichprobenumfang von 30 zu kommen –, so ergibt sich bei einem Mittelwert von 86 eine Varianz von 133. Der errechnete χ^2-Wert liegt nun bei 44,849. Bei einer Irrtumswahrscheinlichkeit von 5 % liegt der Tabellenwert nun niedriger (43,773) als der errechnete. Der Unterschied von Mittelwert und Varianz ist also signifikant. Dies bedeutet, daß außer einer zufallsbedingten Schwankung dieser Werte auf einen Teil derselben ein verändernder Einfluß ausgegangen sein muß. In unserem Fall war dies die Belastung.

VI.3 Der Vergleich zweier Mittelwerte

Um festzustellen, ob sich zwei Mittelwerte statistisch gesichert (signifikant) unterscheiden, oder ob der Unterschied nur zufällig ist, wird der **t-Test** nach STUDENT durchgeführt. Der dabei errechnete t-Wert (t_{Rechn}) wird mit dem t-Wert der Tabelle (t_{Tab}) in der Spalte der Freiheitsgrade ($n_A + n_B - 2$, hier 58) verglichen. Ist t_{Rechn} größer als t_{Tab}, so ist der Unterschied zwischen den Mittelwerten der beiden Meßreihen signifikant.

Der t-Wert wird nach folgender Formel berechnet, die auf den ersten Blick recht kompliziert aussieht, jedoch Elemente enthält, die bereits bei der Berechnung der Standardabweichung auftauchten.

$$t = \frac{\bar{x}_A - \bar{x}_B}{\sqrt{\frac{\sum(x_{iA} - \bar{x}_A)^2 + \sum(x_{iB} - \bar{x}_B)^2}{n_A + n_B - 2} \cdot \left(\frac{1}{n_A} + \frac{1}{n_B}\right)}}$$

Für die Prüfung, ob sich die Herzfrequenzen der Schüler vor und nach 10 Kniebeugen signifikant unterscheiden, werden die Werte in die Formel für t eingesetzt und ergeben:

$$t = \frac{16{,}6}{\sqrt{\frac{3297{,}2}{58} \cdot \left(\frac{1}{30} + \frac{1}{30}\right)}} \qquad t=8{,}5270$$

Dieser t-Wert ist sehr viel größer als die entsprechenden Tabellenwerte. Hieraus ergibt sich, daß sich die Herzfrequenzen mit einer Sicherheit von 99,9 % voneinander unterscheiden.

Die Berechnungen erscheinen auf den ersten Blick kompliziert, zumindest aber zeitaufwendig. Allerdings besitzen heute bereits viele Taschenrechner feste Programme für die meisten dieser statistischen Größen.

Tab. VI-2: Signifikanzschwellen für t.

Zahl der Freiheitsgrade	Irrtumswahrscheinlichkeit 5 %	1 %	0,1 %
1	12.706	63.657	636.619
2	4.303	9.925	31.598
3	3.182	5.841	12.924
4	2.776	4.604	8.610
5	2.571	4.032	6.869
6	2.447	3.707	5.959
7	2.365	3.499	5.408
8	2.306	3.355	5.041
9	2.262	3.250	4.781
10	2.228	3.169	4.587
11	2.201	3.106	4.437
12	2.179	3.055	4.318
13	2.160	3.012	4.221
14	2.145	2.977	4.140
15	2.131	2.947	4.073
16	2.120	2.921	4.015
17	2.110	2.898	3.965
18	2.101	2.878	3.922
19	2.093	2.861	3.883
20	2.086	2.845	3.850
21	2.080	2.831	3.819
22	2.074	2.819	3.792
23	2.069	2.807	3.767
24	2.064	2.797	3.745
25	2.060	2.787	3.725
26	2.056	2.779	3.707
27	2.052	2.771	3.690
28	2.048	2.763	3.674
29	2.045	2.756	3.659
30	2.042	2.750	3.646
60	2.000	2.660	3.460

Literatur

Artenschutz, Biotopschutz, internationale Verpflichtungen

Allgemeine Verwaltungsvorschriften zur Durchführung des Tierschutzgesetzes vom 1. Juli 1988. Bundesanzeiger 139a vom 29. Juli 1988, 1-14

Beck-Texte: Naturschutzrecht (dtv 5528). 6. Aufl.: München 1993

Bekanntmachung der Neufassung des Tierschutzgesetzes vom 18. August 1986. BGBl I Nr. 42 vom 22. August 1986, 1319-1329

Bekanntmachung über den Geltungsbereich des Übereinkommens über Feuchtgebiete, insbesondere als Lebensraum für Wasser- und Watvögel, von internationaler Bedeutung vom 2. Oktober 1986. BGBl II Nr. 33 vom 4. November 1986, 948

Blab, J. (1986): Grundlagen des Biotopschutzes für Tiere. Greven.

Blab, J., Nowak, E., Trautmann, W. u. H. Sukopp (1984): Rote Liste der gefährdeten Tiere und Pflanzen in der Bundesrepublik Deutschland. 4. Aufl., Greven.

Blab, J. u. E. Nowak (1989): Zehn Jahre Rote Liste gefährdeter Tierarten in der Bundesrepublik Deutschland. Greven.

Brucker, G. (1993): Ökologie und Umweltschutz. Heidelberg u. Wiesbaden.

Brucker, G. (1990): Pestizide und Bodenleben. Mikrokosmos 79, 9, S. 275-279

Bundesjagdgesetz in der Fassung vom 29. September 1986. BGBl I Nr. 22 vom 1. Oktober 1986

Bundesministerium des Innern (1979): Was Sie schon immer über Umweltschutz wissen wollten. Stuttgart, Berlin, Köln, Mainz.

Erstes Gesetz zur Änderung des Bundesnaturschutzgesetzes vom 10. Dezember 1986. BGBl I Nr. 66 vom 18. Dezember 1986, 2349-2360

Gesetz zu dem Übereinkommen vom 3. März 1973 über den internationalen Handel mit gefährdeten Arten freilebender Tiere und Pflanzen vom 22. Mai 1975. BGBl II Nr. 35 vom 28. Mai 1975, 773-833

Gesetz zu dem Übereinkommen vom 23. Juli 1979 zur Erhaltung der wandernden, wildlebenden Tierarten (Bonner Konvention) vom 29. Juni 1984. BGBl II Nr. 22 vom 5. Juli 1984, 569-591

Gesetz zu dem Übereinkommen vom 19. September 1979 über die Erhaltung der europäischen wildlebenden Pflanzen und Tiere und ihrer natürlichen Lebensräume vom 17. Juli 1984. BGBl II Nr. 24 vom 20. Juli 1984, 618-643

Gesetz zur Durchführung der Verordnung (EWG) Nr. 3626/82 des Rates zur Anwendung des Übereinkommens über den internationalen Handel mit gefährdeten Arten freilebender Tiere und Pflanzen in der Gemeinschaft vom 22. Dezember 1983. BGBl I Nr. 53 vom 24. Dezember 1983, 1571-1574

HAMPICKE, U. (1991): Naturschutz-ökonomie. Stuttgart.

Landesanstalt für Umweltschutz Baden-Württemberg (1993): Arten- und Biotopschutzprogramm Baden-Württemberg. Band 2. 2 Ergränzungslieferung. Karlsruhe.

LORZ, A. (1990): Tierschutzgesetz. Kommentar. München.

OLSCHOWY, G. (Hrsg.) (1981): Natur- und Umweltschutz in der Bundesrepublik Deutschland. Hamburg u. Berlin.

PLACHTER, H. (1983) : Praxisbezogene Anforderungen an Artenschutzprogramme und Möglichkeiten ihrer Verwirklichung. Jb. Naturschutz und Landschaftspflege 34, S. 36-72

Richtlinie des Rates vom 2. April 1979 über die Erhaltung der wildlebenden Vogelarten (79/409/EWG). Amtsblatt der Europäischen Gemeinschaft (Abl. EG Nr. L 103) vom 25. April 1979, 1-18

Richtlinie des Rates vom 21. Mai 1992 zur Erhaltung der natürlichen Lebensräume sowie der wildlebenden Tiere und Pflanzen (92/43 EWG). Abl. EG Nr. L 206 vom 22. Juli 1992, 7-50

RIEKEN, U. u. J. BLAB (1989): Biotope der Tiere in Mitteleuropa. Greven.

SCHILLINGER, J. u. S. KÜNKELE (1990): Naturschutzrecht für Baden-Württemberg. Stuttgart.

SOJKA, N. (1985): Tiernutz, Tierschutz. Blickpunkt. Quickborn.

SOJKA, N. (1987): Auch Tiere haben Rechte. ECON-Ratgeber. Düsseldorf.

Übereinkommen über Feuchtgebiete, insbesondere als Lebensraum für Wasser- und Watvögel, von internationaler Bedeutung (Ramsar-Konvention). In: HAARMANN, K. u. P. PRETSCHER (1981): Die Feuchtgebiete internationaler Bedeutung in der Bundesrepublik Deutschland. Vogelkundliche Bibliothek 4, S. 97-107.

Verordnung (EWG) Nr. 2384/85 der Kommission vom 30. Juli 1985 zur Änderung der Verordnung (EWG) Nr. 3626/82 des Rates zur Anwendung des Übereinkommens über den internationalen Handel mit gefährdeten Arten freilebender Tiere und Pflanzen in der Gemeinschaft. Ab. EG Nr. L 231 vom 29. August 1985, 1-45

Verordnung (EWG) Nr. 3418/83 der Kommission vom 28. November 1983 mit Bestimmungen für eine einheitliche Erteilung und Verwendung der bei der Anwendung des Übereinkommens über den internationalen Handel mit gefährdeten Arten freilebender Tiere und Pflanzen in der Gemeinschaft erforderlichen Dokumente. Ab. EG Nr. L 344/1 vom 7. Dezember 1983, 1-28

Verordnung (EWG) 3626/82 des Rates vom 3. Dezember 1982 zur Anwendung des Übereinkommens über den internationalen Handel mit gefährdeten Arten freilebender Tiere und Pflanzen in der Gemeinschaft Abl. EG Nr. L 384 vom 31. Dezember 1982, 1-55

Verordnung über den Schutz von Wild (Bundeswildschutzverordnung) vom 25. Oktober 1985, BGBl I Nr. 54 vom 8. November 1985, 2040-2045

Verordnung zum Schutz wildlebender Tier- und Pflanzenarten (Bundesartenschutzverordnung) vom 19. Dezember 1986, BGBl I Nr. 70 vom 31. Dezember 1986, 2705-2761

Verwaltungsvorschrift des Ministeriums für Ernährung, Landwirtschaft, Umwelt und Forsten zur Durchführung des Fischereigesetzes für Baden-Württemberg vom

29. März 1983. Gemeinsames Amtsblatt des Landes Baden-Württemberg Nr. 17 vom 20. Mai 1983, 533-552

Kapitel I

BAER, H.W. u. O. GRÖNKE (1969): Biologische Arbeitstechniken für Lehrer und Naturfreunde. 2. Aufl. Berlin.

BALOGH, J. (1958): Lebensgemeinschaften der Landtiere. Budapest u. Berlin.

BANG, P. u. P. DAHLSTRÖM (1975): Tierspuren. 2. Aufl. München.

BÖHLMANN, D. (1991): Ökologie von Umweltbelastungen in Boden und Nahrung. Stuttgart, New York.

BORMANN, F. H. u. G. E. LIKENS (1974): The nutrient cycles of an ecosystem. In: Ecology, Evolution and Population Biology, San Francisco.

BRAUN-BLANQUET, J. (1964): Pflanzensoziologie. Berlin, Wien, New York.

BRAUNS, A. (1991): Taschenbuch der Waldinsekten, 2 Bde. Stuttgart.

BREHM, J. u. M. P. D. MEIJERING (1990): Fließgewässerkunde. 2. Aufl. Heidelberg und Wiesbaden.

BRUCKER, G. (1993): Ökologie und Umweltschutz. Ein Aktionsbuch. Heidelberg, Wiesbaden.

BRUCKER, G. (1981): Evolution und Ökologie. Eine Einführung in die experimentelle Tierökologie. Köln.

BRUCKER, G. u. D. KALUSCHE (1990): Boden und Umwelt. 2. Aufl. Heidelberg und Wiesbaden.

BUCHWALD, K. u. W. ENGELHARDT (1968): Handbuch für Landschaftspflege und Naturschutz. München, Basel, Wien.

DIERSCHKE, H. (1970): Forschungsgegenstand und Forschungsrichtung der Vegetationskunde. Der Biologieunterricht, Heft 2, S. 4-21, 1970.

DYLLA, K. u. G. KRÄTZNER (1986): Das ökologische Gleichgewicht in der Lebensgemeinschaft Wald. 4. Aufl. Heidelberg u. Wiesbaden.

ELLENBERG, H. (1956): Grundlagen der Vegetationsgliederung. I. Teil: Aufgaben und Methoden der Vegetationskunde. Stuttgart.

ELLENBERG, H. (1978): Vegetation Mitteleuropas mit den Alpen in ökologischer Sicht. 2. Aufl. Stuttgart.

ELLENBERG, H. (1974): Zeigerwerte der Gefäßpflanzen Mitteleuropas. Scripta Geobotanica IV. Göttingen.

ENGELHARDT, W. (1974): Was lebt in Tümpel, Bach und Weiher? 6. Aufl. Stuttgart.

FAHRENBERGER, G. u. J. MÜLLER (1972): Luft und Wasser in Gefahr. Göttingen.

FREY, E. (1969): Flechten. Bern.

FUKAREK, F. (1980): Pflanzensoziologie. ETB Bd. 14. Berlin.

GRAF, J. (1958): Wanderer durch die Binnengewässer. München.

HASELOFF, H.-O. (1982): Bioindikatoren und Bioindikation. BIUZ 12, S. 20-26, 1982.

HERTER, K. (1962): Der Temperatursinn der Tiere. Wittenberg.

HOFMEISTER. H. (1977): Lebensraum Wald. München.

HOFMEISTER, H. u. C. WIENCKE (1977): Vegetationskundlich-ökologische Untersuchungen in Wäldern. Unterricht Biologie, Heft 13, S. 41-43, 1977

ILLIES, J. (1961): Lebensgemeinschaft des Bergbachs. Stuttgart.

JANETSCHEK, H. (Hrsg.) (1981): Ökologische Feldmethoden. Stuttgart.

KALUSCHE, D. (1978): Ökologie. Heidelberg.
KAULE, G. (1991): Arten- und Biotopschutz. 2. Aufl. Stuttgart.
KIEKEBEN, H.-H. (Bearb.) (1972): Versuche zum Umweltschutz. Weinheim.
KLEE, O. (1993): Wasser untersuchehn. 2. Aufl. Heidelberg, Wiesbaden.
KNAPP, R. (1958): Arbeitsmethoden der Pflanzensoziologie und Eigenschaften der Pflanzengesellschaften. 2. Aufl. Stuttgart.
KNAPP, R. (1967): Experimentelle Soziologie und gegenseitige Beeinflussung der Pflanzen. 2. Aufl. Stuttgart.
KNAPP, R. (1971): Einführung in die Pflanzensoziologie. Stuttgart.
LARCHER, W. (1994): Ökologie der Pflanzen. 5. Aufl. Stuttgart.
LIEBMANN, H. (1962): Handbuch der Frischwasser- und Abwasserbiologie. Bd. I. München.
LOBECK, K. u. J. MEINECKE (1966): Wald, Hecke, Strauch. Berlin.
MÜCKENHAUSEN, E. (1968): Tabellen zur Bodenkunde. Veröff. Inst. Bodenk. Bonn.
MÜHLENBERG, M. (1993): Freilandökologie. 3. Aufl. Wiesbaden.
MÜLLER, H. J. (1986): Bestimmung wirbelloser Tiere im Gelände. Stuttgart.
NAGEL, P. (1989): Bildbestimmungsschlüssel der Saprobien. Stuttgart u. New York.
POTT, R. (1992): Die Pflanzengesellschaften Deutschlands. Stuttgart.
RECK, H. (1990): Zur Auswahl von Tiergruppen als Biodeskriptoren für den tierökolgoischen Fachbeitrag zu Eingriffsplanungen. Schr.-R. f. Landschaftspflege u. Natursch. Heft 2, S. 99-119, Bonn-Bad Godesberg.
RUNGE, R. (1973): Die Pflanzengesellschaften Deutschlands. Münster.
SCHLICHTING, E. u. H. P. Blume (1966): Bodenkundliches Praktikum. Hamburg u. Berlin.
SCHMIDT, E. (1974): Ökosystem See. Heidelberg.
SCHUBERT, A. (1972): Praxis der Süßwasserbiologie. Berlin.
SCHWERDTFEGER, F. (1975): Synökologie. Berlin und Hamburg.
SCHWOERBEL, J. (1980): Methoden der Hydrobiologie. Stuttgart.
SEBALD, O. (1970): Untersuchung und Kartierung von Pflanzengemeinschaften. Der Biologieunterricht, Heft 2, S. 22-47, 1970.
SLOBODDA, S. (1988): Pflanzengemeinschaften und ihre Umwelt. Heidelberg u. Wiesbaden.
STEUBING, L. (1965): Pflanzenökologisches Praktikum. Hamburg.
STEUBING, L. u. Ch. KUNZE (1975): Pflanzenökologische Experimente zur Umweltverschmutzung. Heidelberg.
STREETER, D., RICHARDSON, R. u. W. DREYER (1985): Hecken: Lebensadern der Landschaft. Hildesheim.
TISCHLER, W. (1955): Synökologie der Landtiere. Stuttgart.
TISCHLER, W. (1976): Einführung in die Ökologie. Stuttgart.
TÜXEN, R. (1937): Die Pflanzengesellschaften Nordwestdeutschlands. Mitt. Flor.-soz. Arbeitsgem. Niedersachsen, Bd. 3. Hannover.
VOLLMER, F. J. (1969): Bodenbildung und Gesteingsarten. In: BADEN, KUNTZE, NIEMANN, SCHWERDTFEGER, VOLLMER: Bodenkunde. Stuttgart.
WALTER, H. (1960): Grundlagen der Pflanzenverbreitung. I. Standortslehre. 2. Aufl. Stuttgart.
WALTER, H. (1968): Die Vegetation der Erde in öko-physiologischer Betrachtung. Bd. 2: Die gemäßigten und arktischen Zonen. Jena.
WALTER, H. u. H. STRAKA (1970): Arealkunde. Floristisch-historische Geobotanik. Stuttgart.

WESENBERG-LUND, C. (1967): Biologie der Süßwassertiere. Lehre.
WIRTH, V. (1980): Flechtenflora. Stuttgart.
WIRTH, V. (1987): Die Flechten Baden-Württembergs. Stuttgart.

Kapitel II

BAER, H.-W. u. O. GRÖNKE (1969): Biologische Arbeitstechniken für Lehrer und Naturfreunde. 2. Aufl. Berlin.
BRUCKER, G. (1989): Tierökologie in der Petrischale. Mikrokosmos 78, 2, S. 35-41.
FLINDT, R. (1989): Ökologie im Jahreslauf. 4. Aufl. Heidelberg u. Wiesbaden.
FRISCH, K. von (1993): Aus dem Leben der Bienen. Berlin, Heidelberg, New York.
GLEICHAUF, R. (1968): Schmetterlinge sammeln und züchten. Stuttgart.
ILLIES, J. (1956): Wir beobachten und züchten Insekten. Stuttgart.
JOCHER, W. (1965): Futter für Vivarientiere. Stuttgart.
KRUMBIEGEL, J. (1956): Wie füttere ich gefangene Tiere? Frankfurt/M.
LAMPEITL, F. (1982): Bienen halten. Stuttgart.
MENZEL-TETTENBORN, H. (1967): Das bunte Terrarienbuch. Gütersloh.
NIETZKE, G. (1969): Die Terrarientiere, Bd. 1. Stuttgart.
OSTERMÖLLER, W. (1968): Die Aquarienfibel. Reihe: Das Vivarium. Stuttgart.
STEINER, G. (1963): Das zoologische Laboratorium. Stuttgart.
WAGNER, E. (1954): Insektenzucht in der Schule. Hamburg.
WYNIGER, R. (1974): Insektenzucht. Stuttgart.

Kapitel III

BAER, H.-W. u. O. GRÖNKE (1969): Biologische Arbeitstechniken für Lehrer und Naturfreunde. 2. Aufl. Berlin.
BANG, P. u. P. DAHLSTRÖM (1973): Tierspuren, München.
BORNHALM, D. (1976): Präparieren von Vögeln und Säugetieren. Lehrmeister Bücherei 106. Minden.
BROWN, R., FERGUSON, J., LAWRENCE, M. u. D. LEES (1993): Federn, Spuren und Zeichen der Vögel Mitteleuropas. 2. Aufl. Wiesbaden.
BRÜNNER, G. (1959): Moderne Verfahren der Pflanzenpräparation. Mikrokosmos 48. Jg.; S. 329.
CAUS, R. (1966): Hinweise zur Präparation der Moose. Mikrokosmos 55. Jg., S. 373.
FALKUS, H. (1980): Die Sprache der Tierspuren. Rüschlikon-Zürich, Stuttgart, Wien.
FREUDE, H., HARDE, K. W. u. G. A. LOHSE (1965): Die Käfer Mitteleuropas. Bd. 1. Krefeld.
FRIEDRICH, E. (1977): Schmetterlinge, Fang, Zucht, Sammlung. Lehrmeister Bücherei 103. Minden.
GLEICHAUF, R. (1968): Schmetterlinge sammeln und züchten. Stuttgart.
HORION, A. (1949): Käferkunde für Naturfreunde. Frankfurt.
ILLIES, J. (1956): Wir beobachten und züchten Insekten. Stuttgart.
KOCH, M. (1958): Wir bestimmen Schmetterlinge. Bd. 1 - 4. Radebeul.
KOCH, M. (1964): Präparation von Insekten. Radebeul.
MÄRZ, R. (1972): Gewöll- und Rupfungskunde. 2. Aufl. Berlin.

NATHO, G. (1964): Herbartechnik. Wittenberg.
PIECHOCKI, R. (1985/1986): Makroskopische Präparationstechnik. Teil I: Wirbeltiere. 4. Aufl. 1986, Teil II: Wirbellose. 3. Aufl. 1985. Stuttgart.
REITTER, E. (1963): Praktische Entomologie. Krefeld.
RIEDL, R. (1970): Fauna und Flora der Adria. Hamburg.
SAUER, F. (1957): Sammeln und Trocknen von Pflanzen. Stuttgart.
SCHMIDT, G. (1977): Präparieren von Insekten und anderen Wirbellosen. Lehrmeister Bücherei 104. Minden.
SCHROLL, F. (1968): Souvenirs aus dem Meer. Stuttgart.
STEHLI, G. u. G. BRÜNNER (1976): Pflanzensammeln - aber richtig. Stuttgart.
STEINER, G. (1963): Das zoologische Laboratorium. Stuttgart.
ZAHRADNIK, J. (1989): Der Kosmos-Insektenführer. Stuttgart.

Kapitel IV

ADAM, H. u. G. CZIHAK (1964): Arbeitsmethoden der makroskopischen und mikroskopischen Anatomie. Stuttgart.
BRAUNE, W., LEMAN, A. u. H. TAUBERT (1990): Pflanzenanatomisches Praktikum. Band 1: Zur Einführung in die Anatomie der Vegetationsorgane der Samenpflanzen. 3. Aufl. Stuttgart.
BURCK, H.-Ch. (1988): Histologische Technik. Stuttgart.
DARLINGTON, C. D. u. L. F. LA COUR (1963): Methoden der Chromosomenuntersuchung. Stuttgart.
ESCHRICH, W. (1976): Strasburgers Kleines Botanisches Praktikum für Anfänger. 17. Aufl. Stuttgart.
GEITLER, L. (1949): Schnellmethoden der Kern- und Chromosomenuntersuchung. Wien.
GERLACH, D. (1969): Botanische Mikrotechnik. Stuttgart.
KUHN, K. u. W. PROBST (1980/1983): Biologisches Grundpraktikum. Band I. 2. Aufl. 1983, Band II. 1980. Stuttgart.
ROMEIS, B. (1989): Mikroskopische Technik. 17. Aufl. München u. Wien.
SCHRÖDER, H. (1975): Mikrobiologisches Praktikum. Berlin.
WALTER, L. (1976): Chromosomenpraktikum. Köln.

Kapitel V

Direkte Literaturhinweise zum Thema Computergrafik werden nicht gegeben. Es wird auf die anwendergerechten und dem jeweiligen technischen Standard entsprechenden Bearbeitungen in den Handbüchern der Programme und den handelsüblichen Computer-Fachzeitschriften verwiesen.

BECHTLE, H. (1977): Nahfotographie. München.
CROY, O. (1978): Alles über Nahaufnahmen. München.
GÖKE, G. (1977): Konversionsfilter für die Farbmikrofotographie. Mikrokosmos 66/3, S. 82-83.
KAUFMANN, M. (1991): Computereinsatz im Biologieunterricht. Eine praktische Betrachtung der Hard- und Software. Praxis der Naturwissenschaften-Biologie 40/2, S. 40-43.

LANDSBERG-BECKER, J. (1989): Weniger ist oft mehr. Zum Einsatz des Computers im Biologie-Unterricht. Praxis der Naturwissenschaften-Biologie 37/8, S. 30-34.
MENZEL, K., E. R. THODE und M. PLIENINGER (1990).: Computer. Werkzeuge für alle Lehrer. Metzler.
PAYSAN, K. (1966): Naturfotografie für Jedermann. Stuttgart.
PFLETSCHINGER, H. (1973): Die Technik der Wildfotografie. Tierfotografische Bibliothek Bd. 2. Greven.
SITTE, P. (1982): Das Experiment: Tips für Lupen-Photographie. Biologie in unserer Zeit, Heft 6, S. 186-189, 1982
SPONHOLZ, H. (1966): Wie man Tiere photographiert. Bern und Stuttgart.
SPONHOLZ, H. (1968): Wie man Pflanzen photographiert. Bern und Stuttgart.
TREUENFELS, C.-A.v. (1973): Photographieren und Filmen von Wild und Vögeln. Hamburg/Berlin.
WOLF, R., R. u. M. KUFNER (1985): Video-Mikroskopie und Mikro-Fotographie mit einfachen Mitteln. Praxis der Naturwissenschaften-Biologie 34/4 S. 34-41.

Kapitel VI

CAVALLI-SFORZA, L. (1969): Biometrie. Grundzüge biologisch-medizinischer Statistik. Stuttgart.
SACHS, L. (1970): Statistische Methoden. Ein Soforthelfer. Berlin, Heidelberg, New York.
WEBER, E. (1967): Grundriß der biologischen Statistik. Stuttgart.
WOITSCHACH, M. (1978): Läßt sich der Zufall rechnen? Kosmos-Bibliothek Band 300. Stuttgart.

Register